供电可靠性典型经验汇编

国网辽宁省电力有限公司设备管理部　编

中国电力出版社
CHINA ELECTRIC POWER PRESS

内 容 提 要

本书从基础管理、配电网运维、投资建设、计划管控和不停电作业五个方面，对供电可靠性管理提升过程中管理模式、工作方法、主要措施进行了总结，形成了典型经验31篇，列举典型案例8个。

本书适合电网企业从事规划计划、采购招标、工程建设、运维检修、退役报废等资产全寿命周期管理所有过程与供电可靠性相关工作的人员学习、参考。

图书在版编目（CIP）数据

供电可靠性典型经验汇编 / 国网辽宁省电力有限公司设备管理部编著 . —北京：中国电力出版社，2021.4

ISBN 978-7-5198-5358-7

Ⅰ . ①供… Ⅱ . ①国… Ⅲ . ①供电可靠性—经验 Ⅳ . ① TM72

中国版本图书馆 CIP 数据核字（2021）第 025339 号

出版发行：中国电力出版社
地　　址：北京市东城区北京站西街19号（邮政编码100005）
网　　址：http://www.cepp.sgcc.com.cn
责任编辑：丁　钊（010-63412393）
责任校对：黄　蓓　王小鹏
装帧设计：赵姗姗
责任印制：杨晓东

印　　刷：北京博图彩色印刷有限公司
版　　次：2021年4月第一版
印　　次：2021年4月北京第一次印刷
开　　本：787毫米×1092毫米　16开本
印　　张：12.75　2插页
字　　数：266千字
定　　价：98.00元

《供电可靠性典型经验汇编》编写委员会

主　任　王爱华
副主任　陈　刚
委　员　吴建军　王　刚　崔　征　代子阔

编　写　组

主　编　陈　刚　吴建军
副主编　王　刚　代子阔　薛　超　张东升　庞中原
参　编　崔　征　王　阳　聂　宇　崔广富　徐　妍
史可鉴　何　明　张诗洋　杜彦强　吴肖寒
田　野　刘　涛　王　涛（朝阳）　王　涛
（抚顺）　王志强　侯　强　胡亚青　刘　博
杨　旭　陈海雷　许国虎　宋仕达　由　洋
徐　峥　李冰心　程　稹　张　杰　张立啸
兰文轩

前言

随着科学技术的改善和生活水平的提升，人们对供电可靠性要求越来越高，对电能质量需求逐渐上升。供电可靠性直接反映了供电系统对用户的供电能力和服务质量，是一个供电企业技术装备水平和管理水平的综合体现。供电可靠性管理作为提升供电企业管理水平和设备健康水平的一种科学管理办法，对电力系统的安全运行和连续可靠供电发挥的作用日益显著；同时，提升供电可靠性是电网公司履行能源央企政治责任、社会责任、经济责任的使命担当。党的十九大确立的“两个一百年”发展目标，满足人民日益增长的美好生活需要，要求供电企业必须为经济社会发展提供安全、可靠的电力保障。

自2019年以来，国网辽宁省电力有限公司将供电可靠性作为支撑公司经营决策的重要抓手，启动了城市配电网供电可靠性提升工程建设和供电可靠性管理提升三年专项行动，通过可靠性管理的提升全面带动配电网高质量发展、高效率运行、高品质服务，助力公司全面深化企业改革，创建世界一流示范企业，助力国家优化营商环境、提升综合竞争实力。

本书从基础管理、配电网运维、投资建设、计划停电和不停电作业五个方面，对供电可靠性管理提升过程中的管理模式、工作方法、主要措施进行了总结，形成了典型经验31篇，列举典型案例8个，并经多次研讨、校核，形成本书，以作日常学习、参考之用。但由于时间仓促、水平有限，疏漏与不足之处在所难免，恳请专家和读者批评指正。

目 录

1 管 理 提 升

1.1 坚持专业融合，精准施策持续提升供电可靠性

单位:国网辽宁省电力有限公司

导 读 供电可靠性是评价配电网发展水平、运维水平、管控水平、服务水平和衡量配电网管理绩效的重要指标，国网辽宁省电力有限公司（以下或简称“公司”）始终坚持人民电业为人民，将持续提升“获得电力”作为优化营商环境、服务经济社会发展的出发点和落脚点，围绕提升供电可靠性提出一系列举措，将提升供电可靠性作为履行能源央企政治责任、社会责任、经济责任的使命担当，为保障居民用电、助力地方经济发展贡献力量。

1.1.1 总体思路

自2019年以来，公司将供电可靠性作为支撑经营决策的重要抓手，启动了城市配电网供电可靠性提升工程建设和供电可靠性管理提升三年专项行动，通过可靠性管理的提升全面带动配电网高质量发展、高效率运行、高品质服务，助力公司全面深化企业改革，创建世界一流示范企业，助力国家优化营商环境、提升综合竞争实力。从停电管控、配电网投资、运维管理、信息科技、人才培养等等五个方面，对供电可靠性管理提升过程中的管理模式、工作方法、主要措施进行了总结，形成了可复制、可推广的供电可靠性提升举措十三项。

1.1.2 主要做法

1.1.2.1 强化配电网停电计划时户数管控

公司将配电网停电管控作为当前可靠性提升的主要抓手，结合自身实际制订计划管控三项提升措施：①转变传统停电计划编审机制：以年度、月度停电时户数预测为依据，指导停电计划编制，实现停电时户数与目标值偏差在10%以内；②以分级审批为核心，严控配网大范围停电：实施“省—市—县”停电计划分级审批制度，使停电计划安排更加合理，加强停电计划源头把关，对作业必要性不强、时户数控制不到位、停电不合理的作业项目予以调整或剔除，确保“停电范围最小，停电时间最少，停电方案最优”；③以精控施工为手段，压减无效停电时间：合理安排设备停送电操作时间，执行“预到场、预汇报”模式，检修、施工人员提前到场衔接，严格控制停电操作、施工及复电操作的偏差管控。

1.1.2.2　释放数据价值，赋能智慧管理

以国家电网有限公司供电可靠性系统功能建设规范为基础，2020年2月，公司率先完成可靠性常规系统功能建设并试点双轨运行，在实用化期间，打造时户数管控、配电网故障压降、配电变压器异常治理等6大典型应用场景，深入挖掘停电频次等9类有价值数据，实现停电事件自动研判、停电原因自动校核、异常停电预警自动派发。近年来，供电可靠性管理更加规范，停电数据更加准确。2020年圆满完成国家电网有限公司、东北能源局供电可靠性现场检查和资料远程调阅工作。

1.1.2.3　建立供电可靠性工单管控机制

印发《关于进一步做好配电网设备运行管控工作要求的通知》，优先对供电可靠性、频繁停电和超长时间停电三项关键指标执行日监测、周报告制度（年累计发布省级配电网运行周通报52期），形成"发现问题—分析问题—销号治理"清单机制，打造环环相扣、立行立改的问题查改"流水线"，将供电可靠性管理贯穿于全年。

1.1.2.4　举办供电可靠性劳动竞赛

2020年，公司紧密围绕国家电网有限公司"1135"新时代配电网管理总体战略部署要求，以"提升供电可靠性"为主线，联合省总工会举办首届以"供电可靠性提升"为主题的全员性劳动竞赛。竞赛紧密围绕配电网工程时户数管控、供电可靠性提升两方面内容开展，共分供电可靠性工程建设、供电可靠性预算式管控、配网运行管控等8个小项，满分共计100分，采取现场检查和资料评比两种方式。

本次竞赛通过规范供电可靠性管理、扎实预算式管控、严格停电作业分级审批、强化技术措施、开展配电网巡查百日攻坚、森林草原防火、防人身触电、频繁停电、电能质量治理等一系列专项行动，实现供电可靠率、用户平均停电频次、配电网故障压降、配电变压器异常治理、运检类投诉压降等8项关键运行指标全方位提升，打造供电可靠性精品工程14项，凝炼典型经验83篇，发布新闻报道196篇，录制省级宣传视频2部，以"为可靠性供电践行使命、为美丽辽宁充电赋能"为主题，自主设计辽宁可靠性独有LOGO图标。

1.1.2.5　加大供电可靠性管理奖励力度

公司连续两年将供电可靠性管理纳入公司安全生产奖励中，设置专项奖励办法，依据企业负责人指标管理办法，根据各单位用户平均停电时间、大范围停电、重复停电、超长时间停电管控等情况，以月度为周期，对供电公司进行奖励；突出县域可靠性提升，每月额外评选15个成绩优异、管控到位的县公司进行嘉奖。进一步激发各市、县、供电所相关管理人员、班组长和一线员工工作激情，营造以供电可靠性为核心的大氛围。

1.1.2.6　启动高可靠性示范区建设

公司深入贯彻落实国家电网有限公司建设具有中国特色国际领先的能源互联网企业战略部署，坚持"1135"新时代配电管理思路，以客户为中心，以提升供电可靠性为主线，强化标准化建设、精益化管理、数字化转型。公司总结近两年来供电可靠性管理提升先进经验，以服务辽宁振兴为己任，通过1～2年时间，努力开展高供电可靠性示范区建设和高可靠性供电所设备管理标杆创建，以示范为引领，构建全地域供电可靠性共同提升，实现“中国特色”“国际领先”“能源互联网”三位一体的一流配电网，供电可靠率达到国内领先水平。

通过1～2年时间，全省建成4个“网架坚强、智慧管理、智能互动”的城市高可靠性示范区域，用户平均停电时间不超过1h（小时）；建成5个“安全可靠、服务优质、绿色节能”的县域高可靠性示范区域，用户平均停电时间不超过8h（小时）；2021年底前，创建评选出“乡村振兴、数字驱动、文化赋能”共计15座省级高可靠性设备管理标杆供电所，用平均停电时间不超过10h（小时）。计划2022年底前示范建设完成，并按照“成熟一个、验收一个”的工作原则，对提前完成建设的示范区开展验收、评估。

1.1.2.7 推进架空线路合理化分段

深度分析往年大范围停电、重复停电、超时限停电案例，主要原因为架空线路分段不合理、停电范围扩大导致。因此，公司以“严控非有效停电用户”为目标，统筹全年基建、农网、技改大修、用户工程等作业需求，通过4439台开关租赁工程，安装于线路大分支出口及干线分段，专项解决架空线路分段不合理问题，提升线路故障后的快速隔离能力，支撑多分段适度联络的目标网架。

在现有配电自动化设备基础上，积极推进级差保护应用。在充分考虑负荷特点、电网故障特征、线路故障对主网设备的冲击前提下，对配电网逐级保护功能和定值整定原则进行合理配置和制订。组织开展开关保护时限的配合调整，将变电站出口保护时限延长至0.2s，实现了“出口—分支”的两级级差保护配合。对重要用户所在线路率先实现出口保护与下级保护的级差配合，实现了“出口—分支—用户”的三级级差保护。印发《10千伏农村配网架空线路继电保护整定指导意见》。

1.1.2.8 设计阶段绕前防守采取时户数预算式管控

公司在项目前期加入预算式管控、不停电作业分析、过渡方案编制，并在预算中纳入工程取费，做到项目的预算式管控，使项目在实施时可有据可依，有效控制了停电时长，减少停电时户数，从而有利于可靠性管理工作的开展。

1.1.2.9 科学安排施工方案压降大范围停电

针对农网线路存在电源单一、路径长、分支线多、联络点少等问题，在农网改造的大范围停电作业施工过程中，通过新建联络点、集中分段作业等方式科学合理调整施工方案，将停电范围、停电时间压缩精简至最优。

1.1.2.10 全面推广“配网综合大检修”

春检和秋检是供电企业每年必做的重要工作，是集中消除线路隐患，提升线路运行水平的主要手段。公司为了更加充分地利用春检和秋检的停电时间，将送电、变电、配电检修计划进行统一实施，结合生产检修、改造工程、用户接入、市政迁改、用户申请等多项业务进行统筹安排停电计划，坚持“先算后停、一停多用”的原则，实施“配电网综合大检修”，最大限度减少停电用户和停电时间。

1.1.2.11 精准施策持续解决配电网突出问题

每年1月份，公司以解决配电网频繁停电、低电压等突出问题为导向，修编《辽宁省配电网深度诊断分析报告》，发布问题清单，提出措施建议，合理制订改造计划，有序开展配电网提升工程实施，进一步提高电网供电能力和供电质量，杜绝频繁停电和长期低电压发生。

1.1.2.12 创新突破全面推进不停电作业发展

2020年公司配电网不停电作业取得多项突破，全年作业数量突破2万次（20060次），同比增长149.56%，公司多次创新开展不停电作业项目，首次开展东北地区最大规模配电网不停电联合作业，单项工程包含16类带电作业项目；首次以带电作业方式开展裸导线绝缘涂覆工作，降低人身触电及森林火灾隐患；首创高低压综合不停电作业，实施双回线路带负荷加装柱上开关并进行变台标准化改造项目；多家单位成功完成首次三、四类带电作业。在2020年东北电力系统10kV配电网不停电作业技能竞赛中，公司取得了一银一铜的好成绩，四名个人选手全部获得技术能手称号。

1.1.2.13 高效推进配电自动化建设

公司高速推进配电自动化建设，全面铺开馈线自动化实用化应用。自动化研判功能全面上线以来，全省逐步推进实现了故障精准定位、故障快速隔离及恢复供电方案自动生成。目前，配电网自动化系统已具备终端运维、故障查询、终端定值设置等辅助功能，为终端远程运维、故障抢修等工作提供了有力支撑，大幅降低故障查找时间。

1.2 基于全流程优化的供电可靠性提升管理

单位：国网本溪供电公司

导 读 供电可靠性管理贯穿于电力企业的规划计划、采购招标、工程建设、运维检修、退役报废等资产全寿命周期管理的所有过程，具有全局性、系统性、条理性、可优化、可持续性的特点。基于全流程优化的供电可靠性提升管理是优化营商环境、保障电力系统安全经济运行、助力公司发展建设的重要手段。

一、总体思路

基于全流程优化的供电可靠性提升管理，旨在管理提升，重在全流程优化，国网本溪供电公司从管理策略、管理目标、管理模式、新技术应用、计划统筹、评估机制和体系建设七个方面入手，全面提升管理水平，如图 1-4 所示。

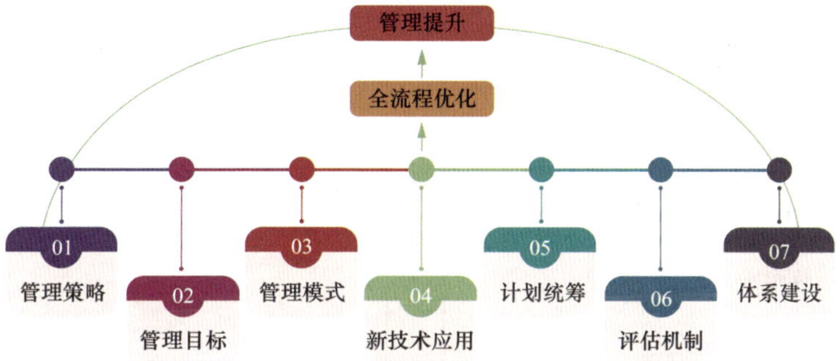

图 1-4 可靠性管理全流程优化图

二、主要做法

（一）发挥顶层设计职能，优化供电可靠性管理模式

1. 建立联动协同机制，助力供电可靠性管理贯穿国网本溪供电公司管理各环节

建立国网本溪供电公司供电可靠性管理组织体系，明确 14 个职能部门、7 个县区供电公司电力可靠性管理工作界面、岗位职责；通过计划平衡会制度、计划审批制度强化专业沟通，细化制度保障，解决主网、配电网工程重复停电问题，解决电网运行方式及网架结构问题，解决生产与客户服务的衔接问题，解决电网工程项目集中实施及难停电问题，构建主网与配电网联动、生产与规划联动、生产与营销联动、生产与基建联动、指标与绩效联动机制；建立可靠性年度、季度、月度分析制度，将供电可靠性分析结果应用于规划设计、工程改造、计划安排、配电网运维等全寿命周期管理环节，如图 1-5 所示。

2. 可靠性专责竞聘上岗，利用优质资源实现高质量可持续管理

为了提高可靠性管理效率、效力，加强各单位、部门之间的交流互助提升，国网本溪供电公司可靠性归口管理部门及相关基层单位设置可靠性专责，实行竞聘上岗制度，

充分利用优质资源实现高质量可持续管理。竞聘上岗人员需要通过专业的笔试、面试及组织推荐，经专家组综合评定后发放聘书上岗（见图 1-6），并接受国网本溪供电公司定期考核、培训，每月组织一次工作经验交流和问题研讨，促进管理技能提升和管理成效共享。

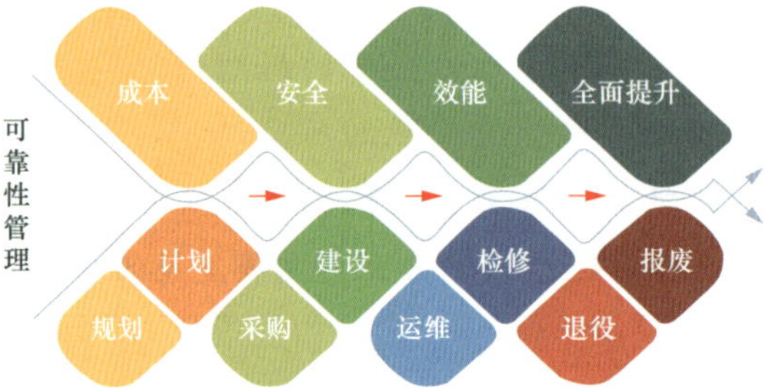

图 1-5　可靠性管理贯穿环节示意图

图 1-6　县区公司可靠性专责聘书

3. 完善考评机制，凝练管理经验，实现管理单位间的互助提升

国网本溪供电公司经过多年的总结提升已形成较为完善的考核评价机制，2020 年编制完善了《国网本溪供电公司供电可靠性管理三年提升方案》《国网本溪供电公司电力可靠性绩效考核方案》《配网精益运维奖考核方案》《地市运维检修部与供电服务指挥中心职责界面梳理方案》支撑可靠性评价工作，鼓励可靠性管理良性循环；依托先进单位、个人编制《可靠性优秀典型经验案例汇编》，总结可靠性管理典型经验、优质工程案例、新技术应用，普及先进管理理念、方法，实现互助提升。

（二）坚持预算式管控，优化供电可靠性管理目标

1.“一停多用”，精打细算，加强停电预算式管控

公司大力加强停电计划源头管控，集中梳理优化检修工作流程，以“综合平衡、一停多用”为原则，对基建、技改、停电检修、业扩项目、用户需求等停电计划进行归整、

优化，切实做到工程项目与设备定检、消缺相结合。每月 15 日前，调控中心、供服中心组织相关部门、单位召开停电计划研讨会，确保停电计划方案最优、影响范围最小、停电时间最短。

根据各项配电网工程停电计划、历年故障趋势和本年管控力度综合预测年度目标值，严格预算式管控，实现“三压降一提升”的目标。2020 年国网本溪供电公司将可靠率目标提升至 99.896%，同时 10kV 线路故障次数、重复停电用户数、大范围停电时户数比例预计同比下降 30%，将目标值横向分解至七家县区供电公司，要求各县区供电公司重复停电用户数占比低于 8%、大范围停电时户数占比低于 15%，见表 1-1。

表 1-1　　本溪市 2020 年供电可靠性“三压降一提升”目标值

单位	停电总时户数	10kV 线路故障次数	用户 5 次及以上停电户数	大范围停电时户数	平均供电可靠率（%）
本溪	92207	425	670	13831	99.896
明山	3030	10	0	454	99.969
本溪县	32969	104	200	4945	99.849
桓仁	29862	152	178	4479	99.847
溪湖	9276	54	150	1391	99.943
南芬	7342	42	80	1101	99.916
高新	6818	57	62	1022	99.900
平山	2910	6	0	436	99.949

同时，充分发挥供电服务指挥中心跟踪管控职能，将供电可靠性管控前置于停电、检修环节，落实停电频次、停电时长管理要求，推动停电管理模式由事后分析向事前预控、在线监测延伸，实现计划停电管理“先算后报、先算后停”，保证月度停电时户数在月度目标值的 80%～120%，季度停电时户数在目标值的 90%～110%，年度停电时户数在目标值的 95%～105%。

2. 建立监控预警机制，执行“日监测、周汇报、月发布”制度

为了保证目标值的实现，国网本溪供电公司建立了监控预警分析机制，执行“日监测、周汇报、月发布”制度，供电服务指挥中心每日对运行指标进行监测，对当日异常情况特别是涉及关键指标的异常情况（供电可靠性、频繁停电和超长时间停电）以工单形式，每日 12 点前发送至各单位进行调查。各单位根据供电服务指挥中心工单，最晚在 24h（小时）内完成原因分析和整改措施制订，由分管领导审核签字盖章后，电子版、书面材料报供电服务指挥中心。国网本溪供电公司运检部定期对运维措施和工程措施执行情况进行督导检查，对于工作不执行、不到位情况进行严肃处理，通过过程跟踪与预警分析，实现频繁停电、超长停电、延时停送电、重复停电等问题智能分析、实时预警及限时督办，如图 1-7 所示。

3. 逐级审核，刚性执行异常停电事件审批制度

按照国家能源局、国家电网有限公司、省电力公司关于供电可靠性管理的要求，尽

量规避停电 5 次及以上频繁停电作业和停电大于 300 时户数的大范围停电作业。按照这一原则，国网本溪供电公司严格管控停电计划，刚性执行异常停电事件审批制度（见图 1-8）。对于大范围停电作业、频繁停电线路停电申请，必须上报国网本溪供电公司可靠性专责审核确认，再经运检部分管主任、生产分管副总经理审核签字后，报送省电力公司审查通过后进行作业。

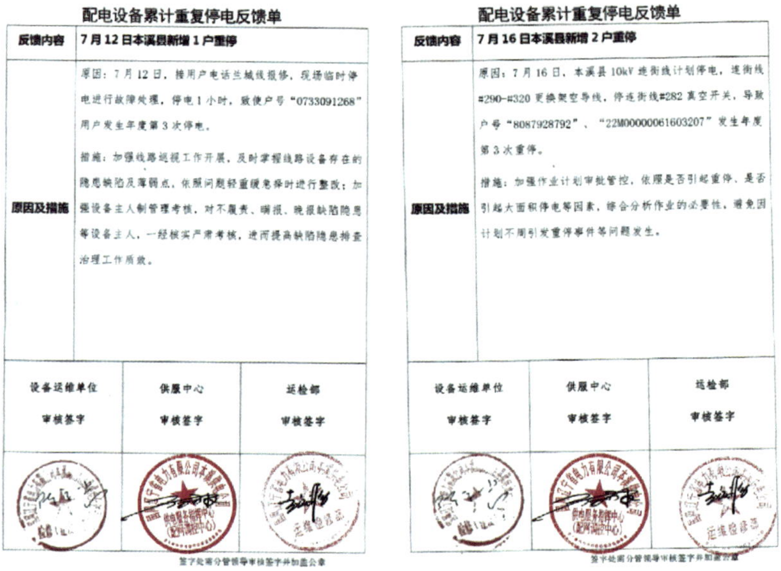

配电设备累计重复停电反馈单

反馈内容	7 月 12 日本溪县新增 1 户重停	
原因及措施	原因：7 月 12 日，接用户电话兰城线报修，现场临时停电进行故障处理，停电 1 小时，致使户号“0733091268”用户发生年度第 3 次停电。 措施：加强线路巡视工作开展，及时掌握线路设备存在的隐患缺陷及薄弱点，依照问题轻重缓急择时进行整改；加强设备主人制管理考核，对不履责、瞒报、晚报缺陷隐患等设备主人，一经核实严肃考核，进而提高缺陷隐患排查治理工作质效。	
设备运维单位 审核签字	供服中心 审核签字	运检部 审核签字

签字处需分管领导审核签字并加盖公章

配电设备累计重复停电反馈单

反馈内容	7 月 16 日本溪县新增 2 户重停	
原因及措施	原因：7 月 16 日，本溪县 10kV 连街线计划停电，连街线#290-#320 更换架空导线，停连街线#282 真空开关，导致户号“8087928792”、“22M00000061603207”发生年度第 3 次重停。 措施：加强作业计划审批管控，依照是否引起重停、是否引起大面积停电等因素，综合分析作业的必要性，避免因计划不周引发重停事件等问题发生。	
设备运维单位 审核签字	供服中心 审核签字	运检部 审核签字

签字处需分管领导审核签字并加盖公章

图 1-7　重复停电督办单

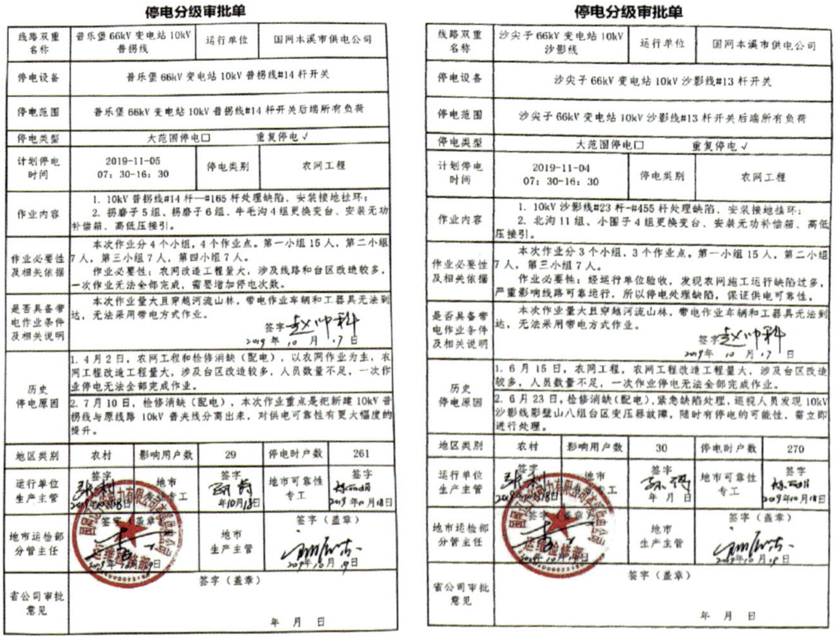

停电分级审批单

线路双重名称	普乐堡 66kV 变电站 10kV 普拐线		运行单位	国网本溪市供电公司	
停电设备	普乐堡 66kV 变电站 10kV 普拐线#14 杆开关				
停电范围	普乐堡 66kV 变电站 10kV 普拐线#14 杆开关后端所有负荷				
停电类型	大范围停电□　重复停电√				
计划停电时间	2019-11-05 07：30-16：30		停电类别	农网工程	
作业内容	1. 10kV 普拐线#14 杆—#165 杆处理缺陷、安装接地挂环； 2. 拐磨子 5 组、拐磨子 6 组、牛毛沟 4 组更换变台、安装无功补偿箱、高低压接引。				
作业必要性及相关依据	本次作业分 4 个小组，4 个作业点。第一小组 15 人，第二小组 7 人，第三小组 7 人，第四小组 7 人。 作业必要性：农网改造工程量大，涉及线路和台区改造较多，一次作业无法全部完成，需要增加停电次数。				
是否具备带电作业条件及相关说明	本次作业量大且穿越河流山林，带电作业车辆和工器具无法到达，无法采用带电方式作业。 签字　2019 年 10 月 17 日				
历史停电原因	1. 4 月 2 日，农网工程和检修消缺（配电），以农网作业为主，农网工程改造工程量大，涉及台区改造较多，人员数量不足，一次作业停电无法全部完成作业。 2. 7 月 10 日，检修消缺（配电），本次作业重点是把新建 10kV 普拐线与原线路 10kV 普夹线分离出来，对供电可靠性有更大幅度的提升。				
地区类别	农村	影响用户数	29	停电时户数	261
运行单位生产主管	签字	地市[illegible]专工	签字 年 10 月 18 日	地市可靠性专工	签字 2019 年 10 月 18 日
地市运检部分管主任	签字（盖章） 2019 年 [illegible] 日		地市生产主管	签字（盖章） 2019 年 10 月 19 日	
省公司审批意见	签字（盖章） 年　月　日				

停电分级审批单

线路双重名称	沙尖子 66kV 变电站 10kV 沙影线		运行单位	国网本溪市供电公司	
停电设备	沙尖子 66kV 变电站 10kV 沙影线#13 杆开关				
停电范围	沙尖子 66kV 变电站 10kV 沙影线#13 杆开关后端所有负荷				
停电类型	大范围停电□　重复停电√				
计划停电时间	2019-11-04 07：30-16：30		停电类别	农网工程	
作业内容	1. 10kV 沙影线#23 杆-#455 杆处理缺陷、安装接地挂环； 2. 北沟 11 组、小围子 4 组更换变台、安装无功补偿箱、高低压接引。				
作业必要性及相关依据	本次作业分 3 个小组，3 个作业点。第一小组 15 人，第二小组 7 人，第三小组 7 人。 作业必要性：经运行单位验收，发现农网施工运行缺陷过多，严重影响线路可靠运行，所以停电处理缺陷，保证供电可靠性。				
是否具备带电作业条件及相关说明	本次作业量大且穿越河流山林，带电作业车辆和工器具无法到达，无法采用带电方式作业。 签字　2019 年 10 月 17 日				
历史停电原因	1. 6 月 15 日，农网工程，农网工程改造工程量大，涉及台区改造较多，人员数量不足，一次作业停电无法全部完成作业。 2. 6 月 23 日，检修消缺（配电），紧急缺陷处理，巡视人员发现 10kV 沙影线影壁山八组台区变压器故障，随时有停电的可能性，需立即进行处理。				
地区类别	农村	影响用户数	30	停电时户数	270
运行单位生产主管	签字	地市[illegible]专工	签字 年　月　日	地市可靠性专工	签字 2019 年 10 月 18 日
地市运检部分管主任	签字（盖章）		地市生产主管	签字（盖章） 2019 年 10 月 18 日	
省公司审批意见	签字（盖章） 年　月　日				

图 1-8　停电分级审批单

（三）明确改造策略，优化供电可靠性管理效能

1. 精准配电网工程投资

国网本溪供电公司以“精准配网工程投资”为理念，开展频繁停电、老旧设备、薄弱网架、用户需求等专项评估，为工程立项提供依据，明确配电网建设投资方向，以提高供电可靠性、降低故障停电时户数、提高供电质量为目标，组织修订完成配电网投资重点和改造原则，在工程前期可研报告中将工程实施对供电可靠性的影响、带电作业可行性、投资成效等内容纳入编制范围。

2. 加快频繁停电专项治理和评估

2019 年本溪发生 5 次及以上频繁停电线路共计 31 条，经分析核实，若彻底根治需要进行 13 项绝缘化改造，各单位将以上频繁停电线路纳入问题清单，按轻重缓急，分三年开展差异化、绝缘化改造和老旧设备更换；2020 年年底前完成频繁停电线路开关加装工作，采用“多级差配合分布式馈线自动化”技术，实现短路及接地故障快速隔离、局部自愈功能，切实降低大范围停电比例；对于新发生的频繁停电线路及时滚动修编到问题清单，结合实际情况尽快开展改造建设。

（四）精益运检管理，优化供电可靠性管理基础方式

1. 加强配电网运维精益管理

供服中心对频繁停电线路、重复停电用户、单台公用变压器停电、异常配电变压器、高投诉风险用户以及运行数据异常等问题进行监控，以工单驱动业务，对 2019 年发生 10 次及以上故障的线路，根据问题清单开展综合整治，持续改善设备状态，消除设备潜在隐患及用户频繁停电；持续加强雷害、树害、鸟害等季节性防控措施和防火隐患治理，巩固触电防治成效，加快创新成果转化应用；同时加强配电电缆规划设计和施工工艺管理，推进配电电缆施工人员入网作业取证与考核管理机制。

2. 开展供电质量问题整治

全面落实漠视侵害群众利益问题专项整治要求，对长期低电压、频繁停电投诉等重点问题挂牌督办，对年度停电超过 100h 的台区和故障停电超过 5 次的线段，逐一开展销号治理，确保专项整治取得实效；梳理全市老旧设备、三跨、火灾等隐患，制订整治计划，集中开展存量问题专项治理，截至目前，共完成问题治理 48 项，有效解决因设备老旧等原因导致的用户长期低电压、频繁停电等问题。

3. 加强客户侧用电安全管理

国网本溪供电公司为降低用户设备故障和计量装置故障对供电可靠性的影响，严格按照国家、行业标准开展新装客户竣工验收，开展高低压供用电合同清理排查，明确供用电双方的产权分界点，准确划分双方安全责任，增强客户安全责任主体意识；明确计量箱设备主人管理责任，结合周期核抄、采集运维等现场工作，排查破损或老旧计量箱，列入计划尽早进行更换，确保计量箱内电气连接可靠，预留导线裸露部分采取绝缘措施；定期开展用户设施专项用电检查，对照相关标准规范要求，排查用户设备安全隐患，及

时向用户发放隐患告知书，督促用户做好隐患消除整改工作。

（五）开展不停电作业，优化供电可靠性管理途径

1. 以“不停电作业示范区”为引领，大力开展不停电作业

国网本溪供电公司高度重视不停电示范区建设工作，按照“目标导向、示范引领、全面覆盖、能带不停”的原则，以开创配电网不停电作业发展新局面，奋力推进企业和电网高质量发展为目标，推进全业务、全电压等级、全区域不停电作业。在国网明山供电分公司成立配电网不停电作业示范区，总结先进带电作业经验，以点带面，在全市范围内大力开展带电作业，如图 1-9 所示。国网本溪供电公司成立领导小组，分管领导担任组长，制订建设方案，将明山区 52 条配电线路列为不停电作业示范线路。在“不停电作业示范区”的引领下，完成带电作业 450 次，同比提升 20%，减少停电时户数 32325 时 • 户，多供电量 382.2 万 kW • h。

图 1-9　带电作业现场

2. 加强培训，提升不停电作业能力

国网本溪供电公司全面提升综合不停电作业能力，选派骨干到沈阳、鞍山、营口等带电作业先进城市进行经验交流，同时利用冬训作业量少的有利时机，加紧人员技能培训；同时，以劳模创新工作室为平台，由劳模、业务骨干定期组织进行“头脑风暴”活动，重点研讨带电作业现场规范化管理和带电作业绝缘工具等方面，创新完成多功能组合升降平台、带电接引试接器等 6 项成果，分获省、市公司创新成果奖以及国家实用新型专利。

（六）深化统计分析，优化供电可靠性管理机制

国网本溪供电公司充分发挥可靠性管理统计分析职能，科学评价故障数据，深度剖析故障原因，深化故障信息化管控，优化数据支撑能效，构建可靠性管理新机制，为检修决策提供科学依据。根据配电网故障原因大数据分析结果，以用户设备造成公网停电、频繁停电线路、老旧设备、异常运行配电变压器等方面为主要抓手，辐射配电网系统全局，采用分层分析、逐层递进、集中治理的方式，明确年度、季度、月度专项治理目标，细化里程碑时间节点，有的放矢开展专项治理工作，促进配电网供电可靠性进一步提升。

（七）开拓创新，优化供电可靠性管理新技术

国网本溪供电公司应用接地选线跳闸、配电网电缆介损检测、无线无源测温、配电网自动化、智能配电变压器终端等新技术，全面感知故障信息，迅速处理电网故障，优化新技术应用，最大限度地保证用户连续、不间断供电，如图 1-10 所示。

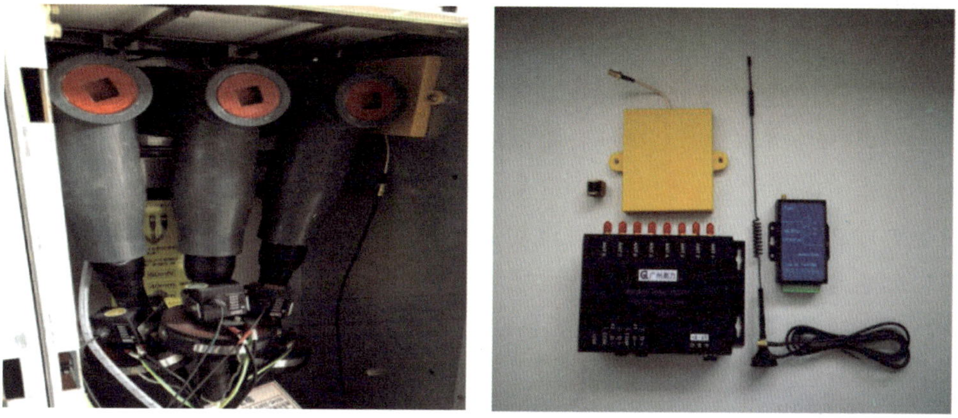

图 1-10　供电可靠性管理新技术应用

三、主要成效

（一）运作流畅，供电可靠性管理水平大幅提高

国网本溪供电公司可靠性管理提升成效显著，2020 年前三季度全口径用户平均停电时间 5.03h/户，同比减少 1.75h/户；用户平均供电可靠率 99.9236%，同比提高 0.0231 个百分点。其中城网用户平均停电时间 1.82h/户，同比减少 1.25h/户；城网用户平均供电可靠率 99.9723%，同比提高 0.0191 个百分点；农网用户平均停电时间，5.89h/户，同比减少 1.59h/户；农网用户平均供电可靠率 99.9077%，同比提高 0.0322 个百分点。

（二）持续改进，电网结构更加坚强

国网本溪供电公司可靠性管控工作已经融入日常业务，围绕“少停电、快复电”的管理思路，基于可靠性指标加强对配电网问题、指标管理体系、特殊时期事件的多维度、多层次的深入分析，辅助挖掘潜在问题，在项目立项、检修计划编制、检修执行等环节，指导业务工作开展，本溪中压配电网结构更加清晰、联络更加合理、交叉或迂回供电问题得到有效解决，供电灵活性、可靠性大幅提升，电网结构更加坚强。

（三）客户满意，营商环境进一步优化

据用户用电体验客户满意度第三方评价，2019 年度，国网本溪供电公司客户满意度为 86.04%，高于省总体 84.78%水平，同比 2018 年度提高了 0.37%，其中供电质量客户满意度全省最高。2020 年 2 月 27 日，国网本溪供电公司收到本溪市营商环境建设工作领导小组办公室《关于 2019 年度企业评议部门单位优化营商环境工作情况的通报》，以 88.6%满意率在本溪市 58 个参评部门、单位中脱颖而出，蝉联第一名。

1.3 供电可靠性工作考核管理体系创建

单位:国网大连供电公司

导读 国网大连供电公司2019年供电可靠率99.901%；用户平均停电时间8.55h，其中预安排平均停电时间4.3h，占比51%；故障平均停电时间4.25h，占比49%；发生大范围停电142次，停电时户数占比39.42%；年重停5次及以上用户14319户，占比22.77%；单户年累计最长停电时间86h。为提升大连公司可靠性各项指标，从实际出发，结合国网辽宁省电力有限公司同业对标管理内容与方向，制订了《大连供电公司电力可靠性管理工作考核方案》及管理体系，通过优化主网和配电网计划审核平衡、配电网精益运维、主动抢修、带电作业等多项措施，同时加大对单位、员工可靠性指标的奖惩力度，稳步实现了供电可靠性“三压降四提升”的工作目标。

一、总体思路

通过对2019年供电可靠性各项数据分析，国网大连供电公司明确了2020年供电可靠性工作的重点方向，以提升可靠性各项指标为导向，结合大连地域特征，制订了《大连供电公司电力可靠性管理工作考核方案》及管理体系。通过指标考核向各相关单位、部门宣贯供电可靠性的重点工作方向，确定年度供电可靠率提升至99.9626%、大范围停电占比低于20%、重复停电用户占比低于20%、单户累计最长停电时间低于70h的目标，保证实现年度可靠性三个压降、四个提升的目标（压降大范围停电、压降重复停电用户、压降超长时间停电用户；提升供电可靠率，提升维护数据及时率、准确率、一致率）。

二、方案制订与实施

结合可靠性常态化工作制订下发《大连供电公司电力可靠性管理工作考核方案》，按照统一的标准、内容和程序，全面、准确、客观地对所辖13个单位可靠性指标完成情况考核评价，施行加减分制。

（一）供电可靠性预算式管控

根据各分公司年度停电情况及可靠性目标制订预算式管控分解，对比各单位每月实际停电时户数完成情况进行考核。考核内容及标准如下：

（1）指标统计数据来源于各单位预算式管控分解，统计各单位每月实际停电时户数完成情况。

（2）加减分。每月停电时户数完成预测指标值100%以内的，加得分10%。每月停电时户数超过预测指标值120%的，扣10分且不参与可靠性嘉奖。

（二）大范围停电占比

对各分公司当月大范围停电占比进行排名，并按区段进行加减分。考核内容及标准如下：

(1) 指标统计数据来源于电能质量在线监测系统，计算公式为

$$单次超300时·户停电时户数比例=\frac{\sum统计期间单次停电时户数超300时户}{统计期间停电总时户数}$$

(2) 当月大范围停电占比由低到高在公司排名前7名的，加指标分值2%，并以第7名为基准，占比每降低5%再加指标分值的2%，最多加5%。

(3) 当月大范围停电占比由低到高在公司排名7名之后的，减指标分值2%，占比每提高5%再减指标分值的2%，最多减5%。

(三) 重停5次以上用户占比

对各分公司当月重停用户占比进行排名，并按区段进行加减分。考核内容及标准如下：

(1) 指标统计数据来源于电能质量在线监测系统，计算公式为

$$重复停电5次及以上用户比例=重复停电5次及以上用户数/等效总用户数$$

(2) 重停5次以上用户占比低于公司平均值的，加指标分值2%，占比每降低5%再加指标分值的2%，最多加10%。

(3) 重停5次以上用户占比高于公司平均值的，减指标分值2%，占比每提高5%再减指标分值的2%，最多减10%。

(四) 累计停电时间超50h用户占比

对各分公司当月重停用户占比进行排名，并按完成情况进行加减分。考核内容及标准如下：

(1) 指标统计数据来源于电能质量在线监测系统，计算公式为

$$占比=统计期间累计停电时间超50小时用户数/等效总用户数$$

(2) 累计停电时间超50h用户占比由低到高在公司排名前7名的，加指标分值2%，并以第7名为基准，占比每降低5%再加指标分值的2%，最多加10%。

(3) 累计停电时间超50h用户占比由低到高在公司排名7名之后的，减指标分值2%，占比每提高5%再减指标分值的2%，最多减10%。

(五) 可靠性质量管理

可靠性质量管理包含数据维护及时率、准确率以及提报计划是否通过逐级审批等内容。每月对各单位质量管理情况进行抽查并记录考核。考核内容及标准如下：

1. 可靠性数据维护及时率

(1) 指标统计数据来源于电能质量在线监测系统，供电系统运行数据，于每工作日下午14时前完成系统运行数据维护工作；输变电系统运行数据，于数据采集日起3个工作日内完成数据维护工作；输变电系统及供电系统基础数据，应在数据采集4个工作日内完成数据维护工作。

(2) 每发生1次运行数据维护不及时，扣1分；每发生1次基础数据维护不及时，扣1分。

2. 可靠性数据准确率

（1）可靠性基础数据及运行数据应根据《可靠性评价规程》进行维护，其中包括供电可靠性数据与输变电数据，各单位应保证维护数据真实、准确。

（2）未自动集成基础数据，应由各单位可靠性专责制订正式的纸质数据台账，明确基础数据的用户编号、用户名称、所属线段、设备容量、低压用户数等详细信息。

（3）未自动集成运行数据，应由各单位可靠性专责制订正式的纸质运行台账，明确停电信息的停电时间、停电范围、停电原因，并保存相应的操作票、工作票、故障抢修单等佐证材料。在运检部指导下在规定时间统一对未集成数据进行补录。

（4）运行数据与现场实际停电信息不符，每条扣1分。基础数据与现场实际运行方式不符，每条扣1分。纸质台账信息不全，每条扣1分。

3. 提报计划是否通过逐级审批

所有需履行审批制度的作业计划均需通过审批后方可提报作业计划、报送停电广告。发现未按要求执行的，每条数据扣5分。

4. 可靠性临时交办工作

（1）规章制度修订编写、配合检查调研、承办各类会议、荣获上级单位相关奖励、对公司管理工作提出合理化建议、完成公司临时交办的任务、在可靠性网站上发表材料等，视情况每项加1～5分。

（2）没有按时完成公司临时交办任务的，视情况每项扣1～5分。

（3）被上级单位通报批评扣1～5分/次。

（4）可靠性年度诊断分析报告及工作总结分析有深度的单位加10分。

（六）考核权重分配情况

预算式管控考核得分权重15%，大范围停电考核权重15%，平均停电时间考核权重15%，重停5次考核权重15%，累计停电时间超50h考核权重15%，可靠性质量管理权重25%。计各项权重后得分总分进行排名，并在每月公司生产会议上对得分情况进行通报，嘉奖按季度兑现。

三、指标提升具体管控措施

为保证《国网大连供电公司电力可靠性管理工作考核方案》及管理体系落实到位，公司领导从加大电网建设改造力度、强化预算式管控、精益配网运维管理、搭建主动精准指挥平台等措施入手，切实提升大连公司供电可靠性指标。

（一）加快网改进度，提升电网健康水平

根据国网大连供电公司各地区现有配电网网架的基础和设备水平条件实行差异化管理，编制《国网大连供电公司供电可靠性三年管理提升方案》，制订供电可靠性工作目标及具体措施方案。国网大连供电公司坚持目标导向和问题导向，深抓管理、运维、网架及漠视侵害群众利益方面存在的突出问题，对长期低电压、频繁停电等群众反映较多的问题开展重点治理工作；通过提高线路互带能力、加装分段开关等手段切实提升设备运

行水平，提高供电可靠率；梳理全市老旧设备、三跨、火灾等隐患，制订整治计划，利用 2 年时间集中开展存量问题专项治理，计划 2021 年底前完成老旧设备改造，有效解决因设备老旧等原因导致的用户长期低电压、频繁停电等问题。

（二）开展预算管控，确保指标值可控、在控

开展可靠性预算式管控，按照“先算后停、一停多用”原则，组织相关部门召开年计划平衡会。结合次年施工检修项目制订年度计划，参考近三年可靠性指标历史数据，完成年度可靠性指标预测。将可靠性目标层层分解（见表 1-2），切实做到停电时户数预算式管控机制完善，增强时户数意识，最大程度压降预安排停电时间；严格执行计划审查月例会和分级审批制度，综合考虑平衡主网和配电网停电计划，如图 1-11 所示。

表 1-2　　2020 年供电可靠性指标分解表

序号	单位名称	等效总用户数	平均供电可靠率（%）	停电总时户数	平均停电时间（h）
1	国网大连供电公司总指标	65332	99.962	253928	3.280
2	中山	3112	99.993	1822	0.585
3	开发区	2363	99.990	2000	0.846
4	高新园	5837	99.980	9994	1.712
5	甘井子	4969	99.989	4893	0.985
6	沙河口	2559	99.986	3100	1.211
7	开发区东	2987	99.969	8240	2.759
8	金州新区	9639	99.951	41098	4.264
9	旅顺口	4293	99.941	22093	5.146
10	瓦房店	10427	99.950	45938	4.406
11	普兰店	7865	99.929	48919	6.220
12	庄河	8570	99.934	49291	5.752
13	长兴岛	1558	99.945	7557	4.850
14	长海县	1153	99.911	8984	7.791

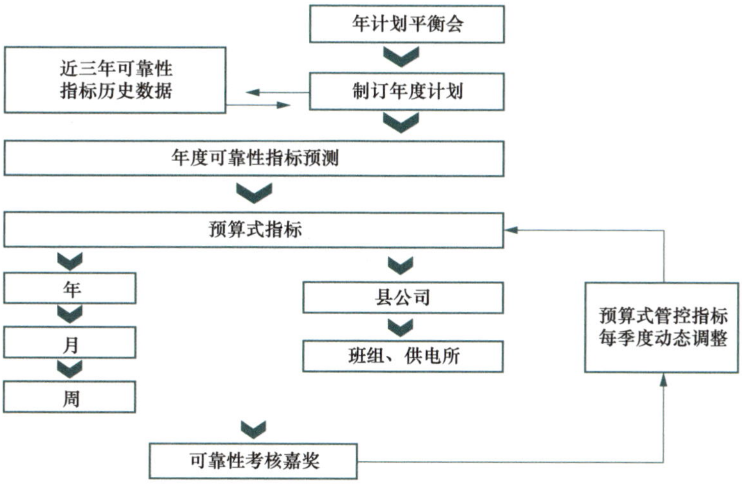

图 1-11　预算式管控流程图

各相关单位每月10、25日分两次召开月度停电计划平衡会（见图1-12），由生产部门相关领导主持，相关专责、施工队伍参加，根据施工方案，结合春、秋两检计划，对停电计划逐一研究讨论：①在保证安全作业的前提下，通过优化施工方案，减少时户数消耗，最大程度降低大范围停电占比；②根据线路当前运行方式采取负荷转带或结合停电机会加装分段跌落开关的方式，缩小停电范围；③坚持“逢停必检、逢检必精”的原则，通过“一停多用、集中作业”的方式，将工程类、消缺类等各项作业相结合，制订综合检修工作方案，合理安排停电计划，大幅压降由于设备缺陷引发的线路故障跳闸。对于各单位上报审批通过的停电线路，原则上两个月内不再批准停电，在有效减少线路重复停电的同时，控制频繁停电投诉的发生。

图1-12　国网大连庄河供电分公司月度停电平衡会

（三）加强配电网运维，提高设备运维水平

通过精益配电网运维管理，梳理频繁停电线路、三相不平衡、低电压、重过载等异常台区明细，形成“一线一案、一台一案”：①在运维方面，通过供服系统对各治理环节全过程跟踪督办，并在每周生产早会通报整改情况，针对大连北部瓦普庄地区部分供电所地处偏远、管辖范围大等运维不利因素，通过有针对性地制订抢修管理办法，规范了抢修流程、现场作业、工器具配置等，提高抢修质量和效率，对于频繁停电线路缩短巡视周期，重点关注导线接点氧化、绑线松动、绝缘子老化破损等情况，发现问题及时消缺；②在工程方面，针对性改造老旧电杆，加装开关、变压器、避雷器护套、引线接点处进行绝缘包覆等手段，增强供电可靠性和负荷接纳能力。国网大连供电公司2020年储备10kV线路改造项目202项，估算金额12.7亿元，在国网辽宁省电力有限公司的大力支持下，已下达计划55项，涉及资金4.2亿元。

（四）依托供服系统，实现主动、精准抢修

搭建主动精准指挥平台，依托供服系统集成配电网自动化、国网芯智能配电变压器终端、用电采集等运行数据，实现故障信息的智能研判、故障地点精准定位等功能（见图1-13）。在发生故障停电时，系统能在第一时间自动获取用户的停电信息，并通过站、

线、变、户纵向拓扑关系，对用户的故障类型进行智能研判，精准定位。在出现研判结果后，系统将把该工单派发给离故障点最近的抢修队伍，实现精准派单，并通过 GPS 定位系统跟踪抢修车辆移动轨迹，确保到达现场全过程可控。到达现场后，要求抢修人员回传现场的抢修影像资料，确保现场抢修质量。通过精准主动抢修，在一定程度上降低客户停电感知，有效避免了部分支线或台区停电后，大量用户报修或询问停电事项，造成电力人员出现被动查找故障点及开展抢修的局面，有效缩短抢修时长，提高客户满意度。

图 1-13 智能供电服务指挥系统

截至 2020 年上半年，国网大连供电公司通过深化推广精准主动抢修典型经验，试点区域完成低压精准主动抢修 616 次，监控抢修轨迹 325 次，审核抢修图像 854 张。试点区域工单报修率同比减少 21%，户均停电时间由原来的 0.88h 降低到 0.57h。

（五）按月考核通报，保证可靠性管理质量

强化日常可靠性质量管理，包含数据维护及时率、准确率、一致率以及提报计划是否通过逐级审批等内容。每月对各单位质量管理情况进行抽查并记录考核，确保供电可靠性管理可控，供电可靠性数据完整、准确。

（六）推广不停电作业，满足经济发展要求

全面推广不停电作业，落实《辽宁公司不停电作业三年发展规划方案》，打造省内全业务不停电检修示范区，完成组织模式、经营模式转变，成立主业多经融合带电班组，兄弟单位互帮互助，提升配电网工程带电接引水平，满足当前社会经济发展对供电保障的新要求，为履行“不停电就是最好的服务”提供保障，全面推进大连地区不停电作业高质量发展。

四、考核管理实施成效

（一）考核嘉奖情况

以可靠性考核管理体系为主线，带动调控、工程、运维抢修、带电作业等各专业全员参与。截至 2020 年上半年共发放各类可靠性管理嘉奖 34.8 万元，累计奖励班组长及管

理人员 362 人次，奖励一线员工 639 人次。

（二）不停电作业开展情况

公司上半年累计整合、取消各类作业计划 175 项，减少停电消耗 57516 时户。开展配电网不停电作业 989 次，同比增加 111.33%，配电网不停电作业化率 40.48%，同比提升 23.88%，不停电作业多供电量 451.28 万 kWh，同比增加 205.85 万 kWh，不停电作业提升供电可靠率 0.023%。

（三）供电可靠率指标提升情况

通过实施可靠性考核管理，开展主网和配电网计划审核平衡、配电网精益运维、主动抢修、带电作业等相关工作，国网大连供电公司 2020 年供电可靠率及相关重点指标得到了有效管控提升，2020 年上半年发生 10kV 配电线路故障 714 次，同比下降 28.95%；发生 5 次及以上重复停电 775 户，同比下降 86%；发生大范围停电时户数占比 16%，同比下降 12%；供电可靠率 99.958%，同比提高 0.05%；故障平均停电时间 0.91h，同比下降 49.44%；计划平均停电时间 1.13h，同比下降 51.91%；维护数据及时率、准确率、一致率分别提升至 100%、98.5%、98.8%，实现国网大连供电公司供电可靠性总体提升的工作目标。

1.4 多措并举，打造工单全覆盖管控管理新模式

单位:国网盘锦供电公司

导 读 国网盘锦供电公司围绕压降停电时户数、压减停电次数、缩减停电面积，多措并举提升供电可靠性，积极构建以工单驱动供电可靠性提升的管理新模式，打造“业务工单化、工单价值化、价值绩效化”的闭环管理体系，注重关键指标可控、在控和供电可靠性穿透式管控。

一、基本情况

2020年以前，国网盘锦供电公司对于供电可靠性闭环管控未形成完整的标准化流程，管理人员及专业部门对提升供电可靠性难以准确寻找到切入点，运维单位对自身存在的问题把脉不清，大范围停电、频繁停电等情况时有发生且由于跟踪督办不及时，整改与提升进程较为缓慢。2020年起，国网盘锦供电公司多措并举，倾力打造新型管理模式，以工单化、痕迹化闭环管理手段驱动供电可靠性全面提升。

二、主要做法

（一）确定目标，建章立制

为提升配电网供电可靠性管理，国网盘锦供电公司将“严控预安排停电，压降故障停电”作为重点，制订并出台了标准化管理要求（见图1-14），建立了决策层、专业管理部门、供服中心、运维单位齐抓共管的闭环管理体系，确立了“重复停电比例不超过15%，单户累计停电时长不超过60h，大范围停电比例不超过20%”的管控目标。

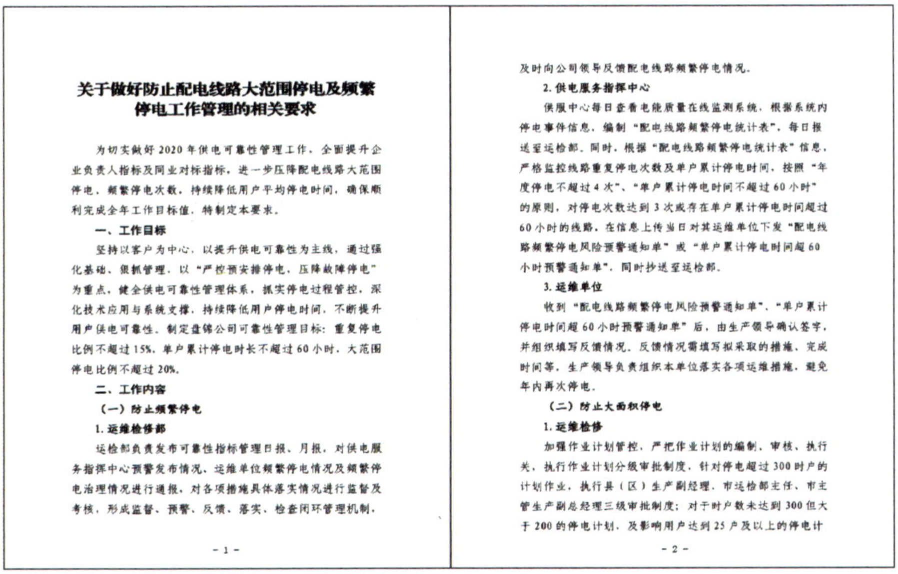

关于做好防止配电线路大范围停电及频繁停电工作管理的相关要求

为切实做好2020年供电可靠性管理工作，全面提升企业负责人指标及同业对标指标，进一步压降配电线路大范围停电、频繁停电次数，持续降低用户平均停电时间，确保顺利完成全年工作目标值，特制定本要求。

一、工作目标

坚持以客户为中心，以提升供电可靠性为主线，通过强化基础、狠抓管理，以“严控预安排停电，压降故障停电”为重点，健全供电可靠性管理体系，抓实停电过程管控，深化技术应用与系统支撑，持续降低用户停电时间，不断提升用户供电可靠性。制定盘锦公司可靠性管理目标：重复停电比例不超过15%，单户累计停电时长不超过60小时，大范围停电比例不超过20%。

二、工作内容

（一）防止频繁停电

1. 运维检修部

运检部负责发布可靠性指标管理日报、月报，对供电服务指挥中心预警发布情况、运维单位频繁停电情况及频繁停电治理情况进行通报，对各项措施具体落实情况进行监督及考核，形成监督、预警、反馈、落实、检查闭环管理机制，

－1－

及时向公司领导反馈配电线路频繁停电情况。

2. 供电服务指挥中心

供服中心每日查看电能质量在线监测系统，根据系统内停电事件信息，编制“配电线路频繁停电统计表”，每日报送至运检部。同时，根据“配电线路频繁停电统计表”信息，严格监控线路重复停电次数及单户累计停电时间，按照“年度停电不超过4次”、“单户累计停电时间不超过60小时”的原则，对停电次数达到3次或存在单户累计停电时间超过60小时的线路，在信息上传当日对其运维单位下发“配电线路频繁停电风险预警通知单”或“单户累计停电时间超60小时预警通知单”，同时抄送至运检部。

3. 运维单位

收到“配电线路频繁停电风险预警通知单”、“单户累计停电时间超60小时预警通知单”后，由生产领导确认签字，并组织填写反馈情况。反馈情况需填写拟采取的措施、完成时间等，生产领导负责组织本单位落实各项运维措施，避免年内再次停电。

（二）防止大面积停电

1. 运维检修

加强作业计划管控，严把作业计划的编制、审核、执行关，执行作业计划分级审批制度，针对停电超过300时户的计划作业，执行县（区）生产副经理、市运检部主任、市主管生产副总经理三级审批制度；对于时户数未达到300但大于200的停电计划，及影响用户达到25户及以上的停电计

－2－

图1-14 国网盘锦供电公司供电可靠性提升管理要求

（二）全面开展配电网预算式停电管理

2020 年初，组织各配电单位梳理全年 556 项配电网停电计划，按县区及时间维度进行再细化、再分解，确定每月、每季度各区域计划停电和故障停电的预停电时户数。

各单位申报的停电计划，先由可靠性专责进行计算，筛查出超标严重的计划，原则上不予通过，对于个别确需停电的特殊情况，单独呈报公司领导审批，真正做到“先算后报、先算后停”。公司对可靠性指标实行“日统计、周分析、月管控”，每日发布前一日指标数，月底前统计可靠性执行偏差率并下发偏差工单加以预测数据管控，实现全过程管理。

（三）“一停多用”“能带不停”，严控配电网计划

国网盘锦供电公司进一步规范配电网检修计划管理，充分做好计划平衡，避免重复停电，组织协同各相关部门常态化召开配电网月、周计划平衡会，统一平衡配电网检修计划。公司实行“月计划、周平衡、日安排”的管控模式，优化检修计划方式安排，提前考量作业当天的气象、工量、现场条件、施工准备、重大活动及用户临时申请保电需求等因素，合理安排配电网停电计划，对审核临近重复停电线路下发频繁停电预警工单加以管控。

（四）配电网计划执行后评估，重点问题即查即改

依托供服中心对配电网计划执行情况进行统计，按县区公司进行排名对比（见图 1-15），每月汇总临时性停电检修和未履行停电计划，并逐一开展分析。

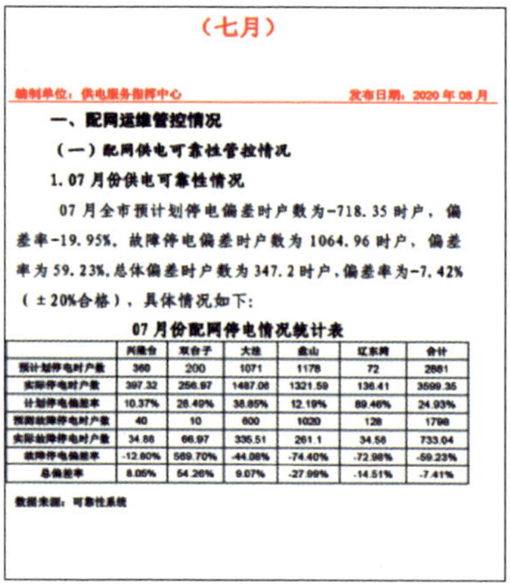

（七月）

编制单位：供电服务指挥中心　　发布日期：2020 年 08 月

一、配网运维管控情况

（一）配网供电可靠性管控情况

1. 07 月份供电可靠性情况

07 月全市预计划停电偏差时户数为-718.35 时户，偏差率-19.95%，故障停电偏差时户数为 1064.96 时户，偏差率为 59.23%，总体偏差时户数为 347.2 时户，偏差率为-7.42%（±20%合格），具体情况如下：

07 月份配网停电情况统计表

	兴隆台	双台子	大洼	盘山	辽东湾	合计
预计划停电时户数	360	200	1071	1178	72	2881
实际停电时户数	397.32	256.97	1487.06	1321.59	136.41	3599.35
计划停电偏差率	10.37%	28.49%	38.85%	12.19%	89.46%	24.93%
预测故障停电时户数	40	10	600	1020	128	1798
实际故障停电时户数	34.88	66.97	335.51	261.1	34.58	733.04
故障停电偏差率	-12.80%	569.70%	-44.08%	-74.40%	-72.98%	-59.23%
总偏差率	8.05%	54.26%	9.07%	-27.99%	-14.51%	-7.41%

数据来源：可靠性系统

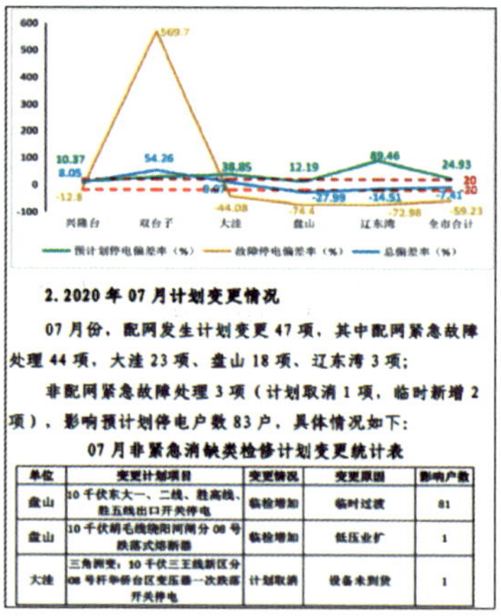

2. 2020 年 07 月计划变更情况

07 月份，配网发生计划变更 47 项，其中配网紧急故障处理 44 项，大洼 23 项、盘山 18 项、辽东湾 3 项；

非配网紧急故障处理 3 项（计划取消 1 项，临时新增 2 项），影响预计划停电户数 83 户，具体情况如下：

07 月非紧急消缺类检修计划变更统计表

单位	变更计划项目	变更情况	变更原因	影响户数
盘山	10 千伏东大一、二线、胜高线、胜五线出口开关停电	临检增加	临时过渡	81
盘山	10 千伏胡毛线绕阳闸闸分 08 号跌落式熔断器	临检增加	低压业扩	1
大洼	三角洲变：10 千伏三王线新区分 08 号杆华侨台区变压器一次跌落开关停电	计划取消	设备未到货	1

图 1-15　按月开展计划执行后评估并排名对比

（1）评估临检计划停电必要性，使停电检修计划尽量以月、周计划形式申报，减少临检停电。

（2）掌握影响停电计划未按期履行的主要原因，在计划申报前给予特殊考虑，提升计划执行率。

（3）提升供电可靠性预测准确性，便于辅助开展预算式管控。

（五）坚持开展可靠性异常指标预警

1. 大范围停电、重复停电、单户累计停电预警

国网盘锦供电公司加强作业计划源头把控，严把作业计划的编制、审核、执行关，并执行作业计划分级审批制度。针对停电超过 300 时户的计划作业，执行县（区）生产副经理、市运检部主任、公司生产副总经理三级审批制度；对于时户数未达到 300 但大于 200 的停电计划，及影响用户达到 25 户及以上的停电计划，执行县（区）生产副经理、市运检部主管主任两级审批制度；对于其他作业，可靠性管理专责全程参加周、月配电网停电计划平衡会，对作业进行平衡、整合，必要时应采取“集团化”作业、带电作业等措施。

2. 频繁停电预警

国网盘锦供电公司依托供电服务中心常态化开展线路、设备频繁停电预警工作，预警层级设置至 10kV 线路分支线。在原“当某一线路（分、支线）于两月内发生第二次停电即纳入预警并编制频繁停电预警单”（见图 1-16）基础上，2020 年起又将可靠性判定标准引入频繁停电预警规则，对流程进一步完善。预警单由供电服务中心发起，同时抄送地市供电公司运检部、调控中心或营销部会签。责任单位接收工单后，于三个工作日内查明预警线路停电原因，并将拟采取或已采取的防止线路再次停电措施进行反馈，由供电服务中心进行审核及评估并监督实施。

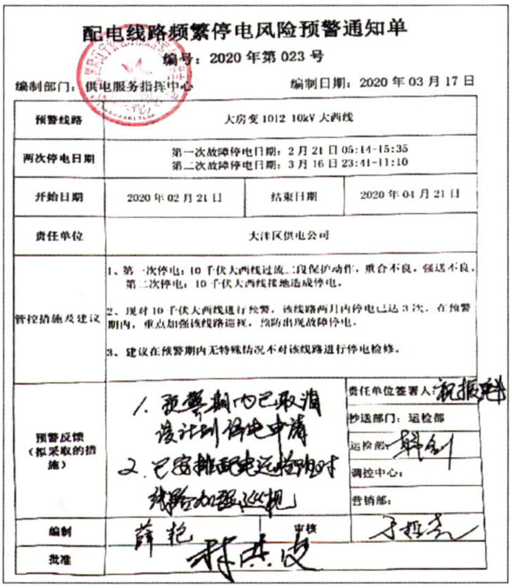

配电线路频繁停电风险预警通知单

编号：2020 年第 023 号

编制部门：供电服务指挥中心　　编制日期：2020 年 03 月 17 日

预警线路	大房变 1012 10kV 大西线		
两次停电日期	第一次故障停电日期：2 月 21 日 05:14-15:35 第二次故障停电日期：3 月 16 日 23:41-11:10		
开始日期	2020 年 02 月 21 日	结束日期	2020 年 04 月 21 日
责任单位	大洼区供电公司		
管控措施及建议	1、第一次停电：10 千伏大西线过流二段保护动作，重合不良，强送不良。第二次停电：10 千伏大西线接地造成停电。 2、现对 10 千伏大西线进行预警，该线路两月内停电已达 3 次，在预警期内，重点加强该线路巡视，预防出现故障停电。 3、建议在预警期内无特殊情况不对该线路进行停电检修。		
预警反馈（拟采取的措施）	1. 预警期内已取消该计划停电申请 2. 已安排配电运检班对线路加强巡视	责任单位签署人： 抄送部门：运检部 运检部： 调控中心： 营销部：	
编制		审核	
批准			

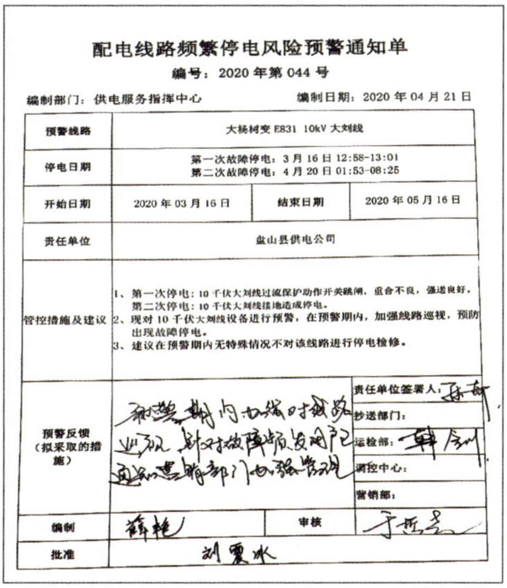

配电线路频繁停电风险预警通知单

编号：2020 年第 044 号

编制部门：供电服务指挥中心　　编制日期：2020 年 04 月 21 日

预警线路	大杨树变 E831 10kV 大刘线		
停电日期	第一次故障停电：3 月 16 日 12:58-13:01 第二次故障停电：4 月 20 日 01:53-08:25		
开始日期	2020 年 03 月 16 日	结束日期	2020 年 05 月 16 日
责任单位	盘山县供电公司		
管控措施及建议	1、第一次停电：10 千伏大刘线过流保护动作开关跳闸，重合不良，强送良好。第二次停电：10 千伏大刘线接地造成停电。 2、现对 10 千伏大刘线设备进行预警，在预警期内，加强线路巡视，预防出现故障停电。 3、建议在预警期内无特殊情况不对该线路进行停电检修。		
预警反馈（拟采取的措施）		责任单位签署人： 抄送部门： 运检部： 调控中心： 营销部：	
编制		审核	
批准			

图 1-16　频繁停电预警单示例

为进一步压缩频繁停电时间发生，供电服务中心又在原频繁停电预警机制下拓展了“红色预警”业务（见图 1-17），即对已处于预警期内线路，如发现再次申请计划停电，将下达频繁停电红色预警，提醒专业管理部门提高对该计划的审核等级和计划执行单位严格做好投诉预防工作。

	预警号码	编制日期	所属单位	线路名称（含分支）	预警次数（预警期内）	计划停电日期	故障停电日期	预警截止日期	反馈情况	红色预警	年度预警	频繁预警	重复计划（两月内
2	2020001	1月3日	盘山	坝园线	1	1月2日 10千伏坝园线95号柱上分段开关停电。	1月2日10千伏II号PT B相避雷器烧损，造成停电	3月2日	是			是	
3	2020002	1月3日	盘山	古周线	1	12月14日10千伏古周线01号柱上分段开关	12月19日10千伏古周线主干35号柱开跳闸。	2月14日	是			是	
4	2020003	1月3日	辽东湾	榆家线	1		1月2日 10千伏榆家线52号杆开关负荷侧引	2月24日	是			是	
5	2020004	1月8日	大洼	田清线	1	12月13日10千伏田清线城郊分科研支2号杆开关停电		2月17日	是			是	
6	2020005	1月10日	大洼	赵南线	1	11月27日10千伏赵南线243号杆真空开关及隔离开关停电		1月27日	是			是	
7	2020006	1月13日	大洼	新贺线	1	1月12日10千伏新贺线04号杆柱上真空开关及两侧线路隔离刀闸		2月18日	是			是	
8	2020007	1月13日	盘山	胜五线	1		12月08日跳闸	2月8日	是			是	
9	2020008	1月14日	盘山	欢南线	1	1月6日10千伏欢南线227号杆柱上真空开关停电。		3月6日	是			是	
10	2020009	1月15日	大洼	赵鹤线	1	1月10日10千伏赵鹤线主干137号真空开关停电。		3月10日	是			是	
11	2020010	1月15日	大洼	赵五线	1	12月23日10千伏赵五线58号杆真空开关停电。		2月23日	是			是	
12	2020011	1月16日	大洼	新骥线	1	1月16日10千伏新骥线北大分01号杆柱上真空开关及两侧线路隔离刀闸		2月2日	是			是	
13	2020012	1月19日	大洼	新张线	1	1月18日新张线51号杆柱上真空开关及线路隔离刀闸停电		2月5日	是			是	
14	2020013	1月19日	兴隆台	广厦线	1	12月11日 10千伏广厦线3号环网柜1-201出线开关至杨家线5号环网柜1-401出线	1月18日跳闸	2月11日	是			是	
15	2020014	1月21日	盘山	大胡线	1	1月7日10千伏大胡线86号柱上分段开关停电	1月20日跳闸	3月7日	是			是	

图 1-17　频繁停电预警线路明细示例

三、实施成效

2020 年以来，国网盘锦供电公司共整合重复计划 23 项，取消计划 41 项，其中涉及大范围停电 17 项，减少停电时户数 16308 时户。累计下达供电可靠性异常指标预警工单 102 份，涉及线路 67 条，其中重复停电、单户累计停电预警线路用户已全部进行整改，频繁停电方面，已纳入预警线路在预警期内再次发生停电事件线路仅 8 条，极大压降了频繁停电情况发生。

截至 2020 年 9 月，国网盘锦供电公司供电可靠性指标累计完成 99.9325%，同比提高 0.0985 个百分点。实际总停电时户数 43209 时户，较去年同期减少 44753 时户，停电事件数 691 件，较去年同期减少 479 件，人均停电时长较去年同期城市减少 3.11h，农村减少 6.39h。

1.5 "四步法" 管理措施提升供电可靠性

单位:国网抚顺供电公司

导 读 为有效减少故障跳闸次数并且快速恢复供电，提升供电可靠性，"四步法"管理方法应运而生。此管理方法既是"好的决策＋严格的管理＋认真的态度＋考核评价＝配电网跳闸率逐年下降与供电可靠性的提升"。根据近年跳闸情况数据统计，国网抚顺县供电公司2018年共发生故障跳闸134次，2019年共发生故障跳闸106次，可总结出架空配电线路的故障主要原因分为两类：①山区丛林密集地带的树害、鸟害、线路落雷等因素；②城郊人口密集地区的漂浮物、车辆刷碰等外力因素。随着国家电网对供电可靠性标准越来越高，有效降低跳闸次数及减少故障修复时间，已经成为当前工作的重中之重。本篇文章将通过"四步法"的产生背景、具体实施措施及成效分析展开论述。

一、"四步法"管理的总体思路

（一）典型经验产生的内外部环境

1. 电力稳定对经济发展和社会稳定越来越重要

电力行业对促进国民经济发展和社会安全稳定起的作用越来越明显，电网的安全稳定运行直接关系电力客户的生产和生活质量，需要减少配电网线路长期高负荷运行对电网造成故障，实现缩短用户停电时长，减少停电给用户和电网带来的损失，有效提高公司供电服务水平。

2. 人员青黄不接，年龄相距大

人员问题主要体现在两个方面：①由于公司少有新鲜血液注入，致使单位人员老龄化问题严重；②老员工重实践，新员工重理论，一些老员工现场工作的经验非常丰富，而随着新技术、新成果的不断投入运行，老员工接受新鲜事物的能力较差，而新员工理论知识十分丰富，可是遇到农网的实际情况又缺少实际工作经验。

3. 线路改造不彻底，没有针对性

线路改造主要体现在两个方面：①通过近5年的农网升级改造工程，县域96条线路的综合质量得到了进一步提升，仍存在有些线路干线已经改造完毕而分支线未改造问题，以及个别偏远地区线路仍未得到改造，导致线路带缺陷运行，长此以往必然会发生线路跳闸造成可靠性下降；②用户线路设备管理没有专项措施，产权属公司的线路设备会定期进行升级改造，但是接入电网的用户设备，除入网前对线路设备验收，之后用户不会定期对线路设备进行检修维护，用户设备的维护范围又不在电网的维护范围内，导致的后果是用户设备发生故障时，对电网线路的稳定运行造成巨大的影响。

（二）典型经验的适用范围

以提升电网供电服务质量，保证供电可靠性为工作目标，通过"四步法"的实施，能有效降低线路跳闸率，缩短故障线路恢复供电时间，保证供电可靠性，此种做法对农网尤为适用。由于农网配电线路长且路径复杂，设备老旧严重加之用户安全用电意识不强，通过针对性的目标制订、线路改造、细致分析、认真的态度与严格的考核制度，一定能使农网线路供电可靠性有效提升。

（三）典型经验的成本投入及效益分析

“四步法”主要依托的是国网抚顺县供电公司各个部门的密切配合与扎实的执行，每个涉及的员工只要履行好自己的职责，就能有效减少跳闸的发生，可用零成本来形容。通过“四步法”的扎实推进，减少故障跳闸次数并且快速恢复线路供电，供电可靠性大幅提高。通过对最近三年跳闸数量的对比分析可看出，这一方法成效显著。减少跳闸率，快速恢复供电其实就是售电量的增加，“四步法”的应用既提升电网安全运行水平又增加售电量，从而带来可观的经济效益。通过“四步法”国网抚顺县供电公司故障停电时户数下降12%，缺供电量下降21%。

二、主要管理做法

（一）“四步法”定义

所谓“四步法”实为四步管理方法，即“目标、方案、要求、依托”。目标是指：将以减少故障跳闸、快速恢复供电、提升供电可靠性为目标；方案是指：运检部、调控运行中心、基层供电所对发生的跳闸进行统计，根据跳闸类型、原因进行全面分析，而后制订合理的解决方案；要求是指：以严格的管理、认真负责的工作态度、强大的执行能力为要求；依托是指：以考核评价、同业对标、新成果的应用为依托，最终实现减少跳闸、快速恢复供电提升可靠性的目标。“四步法”管理流程如图 1-18 所示。

（二）具体实施方法

（1）明确工作态度。用“以预防为主、快速处理为辅”的管理理念，减少线路跳闸事件的发生数量，大幅缩减故障线路恢复时间，提高抚顺电网安全运行水平和供电服务质量。注重加强相应技术人员管理意识及个人素养，保证其能高质量、高效率完成配电网中的各项工作任务。管理人员参加线路巡视工作，一方面减轻运行队伍的工作压力，另一方面进行监督性巡视，整体提高线路巡视质量；坚持每日班前会，根据各所运行工作统计和缺陷汇报，安排本日工作重点和防范措施，通过对隐患设备治理改造，不断提升设备自动化水平，切实提高供电网络的可靠性和平稳性，不断改善配电网运行质量，减少故障发生。

（2）加强系统建设、加强设备治理。继续完善以国网抚顺县供电公司运检部为首的运行体系，对跳闸故障的原因分析、数据的保护做到全面具体。根据跳闸原因进行分析，而后制订合理的解决方案，以国网抚顺县供电公司运检部为中心，对公司的线路项目储备进行合理分析整合，最大程度解决实际问题，合理利用农网升级改造、技改、网架整理等工程，对偏远山区易落雷地段改造，对丛林密集区降低杆塔高度及时清理线路通道、合理配置避雷线和线路避雷器、更换防雷绝缘子、安装驱鸟器、加装故障指示器等手段；对人口密集区域加强电力防护和安全宣传，对有大型机械施工现场及时下达电力防护通知书，及时了解设备运行状况，制订巡回检查机制，做到发现问题、解决问题，不遗漏，降低隐患。严格把控设备验收和管理，保证接入配电网的设备合格，同时规范设备验收和交接环节，为设备良好运行打好基础。落实好配电网各项管理规范，从细节做起，明确责任，完善工作标准。

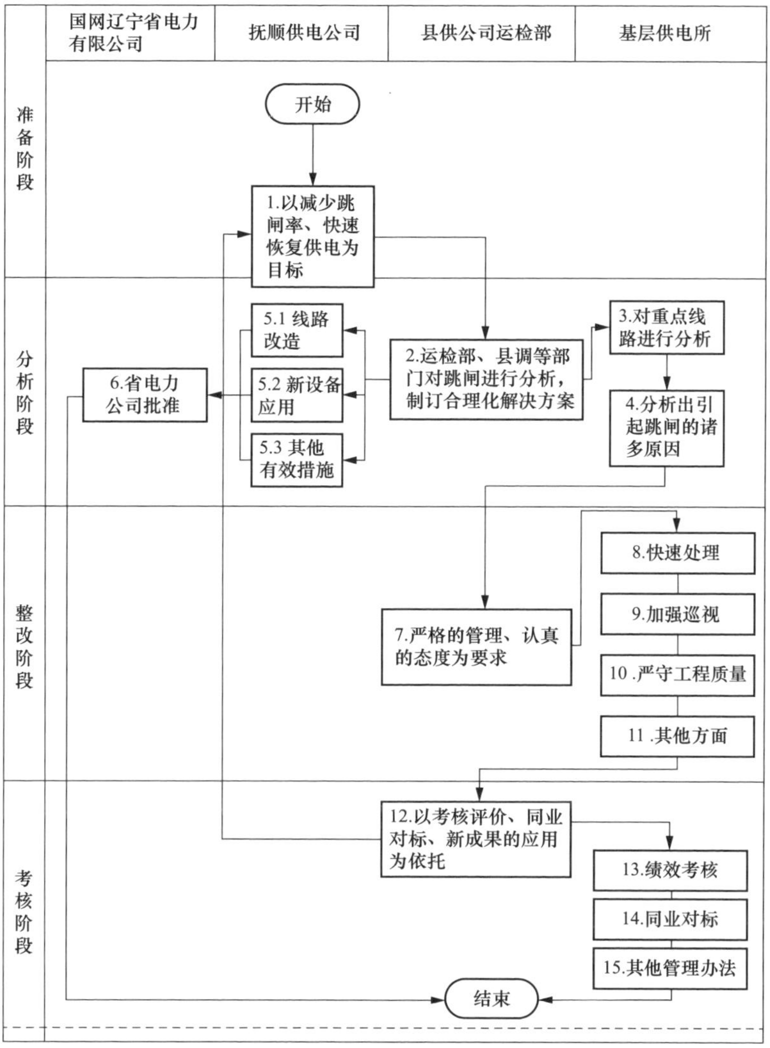

图 1-18 “四步法”管理流程

（3）以绩效考核、同业对标、新成果的应用为依托。加强制度机制建设，加快故障信息报送效率。组织修编《10kV 配电网异常跳闸分析细则》，包含可能造成线路跳闸的诸多情况及解决方案，明确故障处理职责、故障应急流程及故障信息报送要求。市供电公司组织成立的“尖峰学社”QC 小组曾多次在国家电网有限公司及国网辽宁省电力有限公司取得优异成绩，获奖成果在国网抚顺县供电公司线路得到广泛应用，有效减少跳闸故障的发生。

（4）强化人员培训，提供坚强人才保障。积极参加省、市供电公司组织的各项培训，县供电公司分多批次对员工进行培训，目前取得带电作业资格人员 13 人，取得电缆制作资格人员 9 人，对电缆制作已经普及到每个供电所。在县供电公司内实行师徒制度，做好老带新工作，工作中遇到电网实际情况，老师能及时告诉徒弟解决方法，缩小新员工与老员工的实践能力差距。多次举行青年员工培训、竞赛等以激励新员工的积极性，与此同时，新老员工多交流的同时还要不断对老员工进行培训，在接受新鲜事物上做到培训到位，人人能掌握，人人能操作，为减少跳闸率、快速恢复供电的操作工作奠定良好的人才基础。

（三）保证流程正常运行的绩效考核

1. 有效的制度体系

依据《国网抚顺供电公司关于印发绩效管理实施方案的通知》（抚电人资〔2017〕123 号），为鼓励员工积极参与绩效管理工作，相继制订相关绩效方案，以国网抚顺县供电公司总经理为组长，分管副总经理、管理专工、调控中心班长、各供电所所长为成员的绩效考评小组。

2. 考核的标准

线路跳闸类型及恢复供电时间等故障考核标准见表 1-3。

表 1-3　　故障考核标准

关键指标	故障类型	停电时长	考核标准	统计部门
10kV 线路跳闸次数及恢复送电时间	一类故障（重合闸不成功）	30min 及以下	发生一类故障减停电时长 30min 及以下扣 2 分	国网抚顺县供电公司运检部及公司调度班
		30min 至 2h	发生一类故障减停电时长 30min 至 2h 扣 3 分	
		2h 及以上	发生一类故障减停电时长 2h 及以上扣 4 分	
	二类故障（重合闸成功）		发生二类故障扣 1 分	

三、专业管理对应的指标及指标提升情况

在对标指标引导下，各供电所热情高涨，态度积极认真，从而大幅提升电网供电可靠率。2018 年全年国网抚顺县供电公司共发生故障跳闸 134 次，1～8 月末共发生跳闸 92 次；2019 年共发生故障跳闸 106 次，相比 2018 年下降 31.3%，1～8 月末共发生跳闸 74 次，与 2018 年同期相比下降 23.4%；2020 年 8 月末共发生故障跳闸 51 次，与 2019 年同期相比下降 31.1%。2018～2020 年各月故障跳闸次数对比如图 1-19 所示。

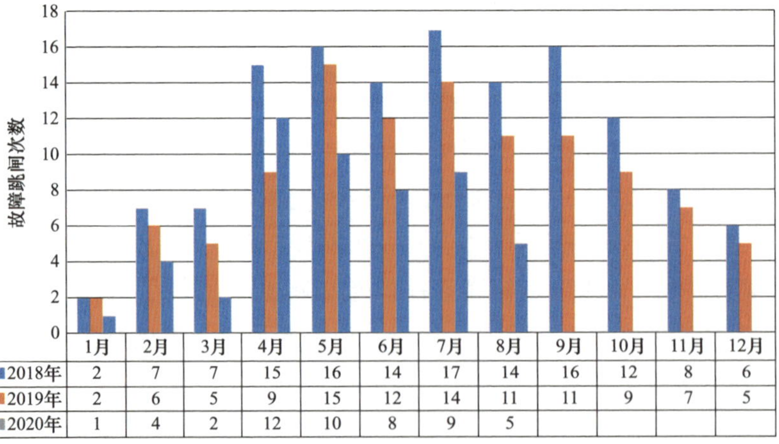

	1月	2月	3月	4月	5月	6月	7月	8月	9月	10月	11月	12月
2018年	2	7	7	15	16	14	17	14	16	12	8	6
2019年	2	6	5	9	15	12	14	11	11	9	7	5
2020年	1	4	2	12	10	8	9	5				

图 1-19　2018～2020 年故障跳闸次数对比

2 精益运维

2.1 10kV 线路可靠性综合分析

单位:国网朝阳供电公司

导 读 为落实网省公司关于配电网差异化运维策略，确保 10kV 线路安全稳定运行，降低线路故障跳闸率，提升供电可靠性，合理分配运维人力资源，使 10kV 线路巡视、维护方向更为精准，实现巡视从“固定巡视周期模式”向“动态巡视周期模式”转变，巡视范围从“全线巡视”向“线路薄弱点巡视”转变的观念。国网朝阳供电公司根据可靠性停电信息、线路跳闸信息建立 10kV 线路停电信息池，以 10kV 线路为基础记录统计每次停电涉及的停电时户数、停电原因、停电范围等信息，运用数字化管理工具开展配电网停电过程管控和停电责任原因分析，通过加强供电可靠性指标分析结果应用，持续推进专业管理改进提升。

一、停电线路分类

结合 2020 年 1～6 月份停电信息池故障信息反馈基础，根据故障线路跳闸次数、停电时长、影响用户数等因素进行综合排序，按照总线路条数的 50%、40%、10%进行 A、B、C 三段分挡，见表 2-1。

表 2-1　线路停电信息汇总表

单位名称	A类（50%）		B类（40%）		C类（10%）		合计	
	故障停电时户数	故障时户数占比	故障停电时户数	故障时户数占比（%）	故障停电时户数	故障时户数占比（%）	故障时户数汇总	占总故障时户数比例（%）
北票市	0	0	5906	33.23	11868	66.77	17775	21.92
朝阳县	0	0	3896	24.46	12037	75.54	15933	19.65
建平县	0	0	3843	16.69	19183	83.31	23026	28.40
喀左县	0	0	4535	77.38	1326	22.62	5862	7.23
开发区	0	0	615	51.01	591	48.99	1206	1.49
凌源市	0	0	5703	57.65	4189	42.35	9892	12.20
龙城区	0	0	2097	41.87	2912	58.13	5009	6.18
双塔区	0	0	130	5.50	2242	94.50	2372	2.93
合计	0	0	26727	32.97	54348	67.03	81074	100

通过对各县公司不同挡位线路故障停电时户数进行统计分析，发现公司故障停电时户数的 54.47%是由占总线路数 10%、用户数占比 20%的 C 挡线路产生。

通过图 2-1 可看出 C 挡线路治理已成为公司实现 2020 年“三压降一提升”的重点关

注目标，在线路设备管理工作过程中优先对C段线路进行治理提升，对线路的重点关注程度也可按照由A到C逐步加强。

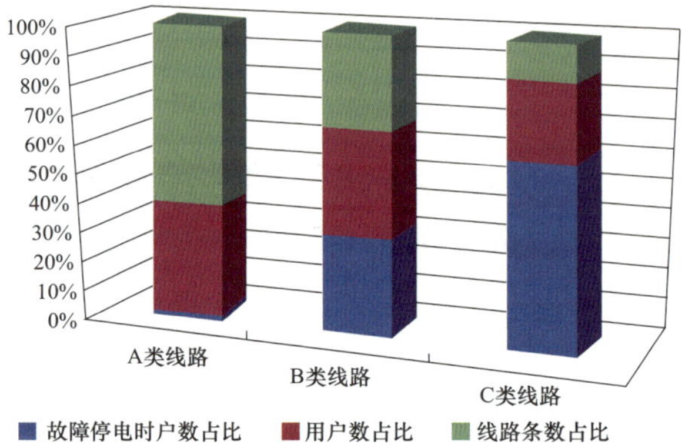

图 2-1　线路停电信息汇总图

二、差异化巡视、开展精准运维

结合线路分挡策略及运维重点对不同挡位等级线路开展运维工作，从巡视周期、巡视人员、停电消缺安排时间给予分挡对待。线路精准运维策略见表2-2。

表 2-2　　线路精准运维策略

专业	巡视项目	C类	B类	A类
运行	巡视周期	减半	不变	适当延长1个周期
	巡视人员	抽调本单位各班组骨干人员力量，与线路所属班组共同巡视	本班组人员	本班组人员可适当抽调骨干人员协助巡视红色线路
	携带巡视设备	无人机、红外成像仪、望远镜	红外成像仪、红外测温枪、望远镜	红外测温枪、望远镜
	市区电缆线路	全线开展局放检测，结合停电开展介损监测	开展局放检测，对疑似地段开展介损监测	—
检修	故障指示器	购置普通型故障指示器动态安装，直至降低为黄色为止	按照自动化工程有序安装	按照自动化工程有序安装
	市区重要负荷线路	选择适当环网柜、配电室安装测温螺母	—	—
	缺陷处理	尽快安排停电检修计划	（1）如能结合上级电源停电，可待上级电源停电后同步安排检修。 （2）如1个春检或秋检周期内，上级电源无停电计划，可单独安排停电检修	无特殊情况不安排停电检修，如能结合上级电源停电，可待上级电源停电后同步安排检修

在制订好分挡线路运维标准的前提下，根据异常天气及季节气候变化提前对配电线路、设备做好针对性的防雷、防汛、防鸟、防风、防火等季节性运维工作，按照《配电运维常规重点工作月历》要求，固化常规运维工作，有效提升运维水平，合理分配运维人力资源，保证线路设备维护质量，减少因漂浮物搭挂、设备本体质量不佳等因素导致的故障跳闸。月度运维重点工作分解表见表2-3。

表 2-3 月度运维重点工作分解表

<table>
<tr><th>序号</th><th>工作内容</th><th>1月</th><th>2月</th><th>3月</th><th>4月</th><th>5月</th><th>6月</th><th>7月</th><th>8月</th><th>9月</th><th>10月</th><th>11月</th><th>12月</th></tr>
<tr><td>1</td><td>巡视管理</td><td>1. 对所辖范围内线路、异常配电变压器进行评级。
2. 编制上半年巡视计划</td><td colspan="5">按照巡视计划开展巡视</td><td>1. 对所辖范围内线路、异常配电变压器进行评级。
2. 编制下半年巡视计划</td><td colspan="5">按照巡视计划开展巡视</td></tr>
<tr><td>2</td><td>缺陷管理</td><td colspan="12">根据巡视、检修情况，及时更新缺陷台账状态，6 月份编写半年缺陷情况总结，未治理完成的缺陷列入秋检计划，12 月份编写全年缺陷情况总结，未治理完成的缺陷列入明年春检计划</td></tr>
<tr><td>3</td><td>运行分析</td><td colspan="12">每周、月、季度、半年、全年开展运行分析，编写相关报告，对配电网故障、配电变压器异常、工单报修、巡视缺陷管理、重大保电、基础管理等运维事项进行梳理、总结</td></tr>
<tr><td>4</td><td>技术资料</td><td>运维单位对班组培训资料、系统填写标准</td><td>自查自改</td><td>运检部抽查考核</td><td>自查自改</td><td>自查自改</td><td>运检部抽查考核</td><td>自查自改</td><td>自查自改</td><td>运检部抽查考核</td><td>自查自改</td><td>自查自改</td><td>运检部抽查考核</td></tr>
<tr><td>5</td><td>季节性运维</td><td colspan="2">防过负荷、防小动物取暖、防覆冰</td><td colspan="2">防风、防外力破坏、防鸟、防树害、防复用设备损坏</td><td colspan="4">防汛、防雷、防过负荷、防交叉跨越距离不足、防火、防高温、防小动物</td><td colspan="3">防风、防外力破坏</td><td>防过负荷、防小动物取暖、防覆冰</td></tr>
<tr><td>6</td><td>常规保电</td><td colspan="2">春节、元宵节、公司职代会保电</td><td>“两会”保电</td><td>清明保电</td><td>“五一”保电</td><td>高考、中考、端午保电</td><td></td><td></td><td>“中秋”保电</td><td>“十一”保电</td><td></td><td>“元旦”保电</td></tr>
<tr><td>7</td><td>配变异常</td><td colspan="2">防春节负荷增加</td><td colspan="2">防春灌</td><td colspan="2">防铡草机、收割机等大型设备使用</td><td colspan="2">防夏灌、防高温负荷突增（饲养场风扇、居民空调等）</td><td colspan="2">防铡草机、收割机、大棚等大型设备使用</td><td colspan="2">防冬季取暖等设备负荷增加</td></tr>
</table>

三、精准检修、消除缺陷

通过对线路故障原因分类的统计分析，得出故障成因分布，并根据具体情况，提前对可能影响线路运行的设备，结合计划停电作业开展线路的检修消缺（见表 2-4）。对发生故障频率相对较高的线路段进行着重登杆检查，对同批次出现多次同类型设备故障的进行家族性缺陷检查，必要时进行批量更换处理。

表 2-4　　月度故障原因分类明细表

影响因素	用户影响		异物短路		恶劣天气影响		设备老化		鸟害及小动物		交通车辆破坏		外部施工影响		运行维护	
月份	次数	时户数	次数	时户数	次数	时户数	次数	时户数	次数	时户数	次数	时户数	次数	时户数	次数	时户数
1	33	2579	33	2579	33	2579	33	2579	3	166	33	2579	33	2579	33	2579
2	40	2823	40	2823	40	2823	40	2823	2	97	40	2823	40	2823	40	2823
3	19	3130	19	3130	19	3130	19	3130	2	182	19	3130	19	3130	19	3130
4	233	18373	233	18373	233	18373	233	18373	4	563	233	18373	233	18373	233	18373
5	96	7300	96	7300	96	7300	96	7300	0	0	96	7300	96	7300	96	7300
6	104	8445	104	8445	104	8445	104	8445	3	338	104	8445	104	8445	104	8445

通过图 2-2、图 2-3 可充分明确各类型故障占比趋势及防护要点，据此对上半年故障规律进行总结，为运维相关人员在故障高发期打好基础，明确维护要点。针对故障次数及停电时户数占比较大的用户设备及异物搭挂类故障进行重点关注，加大对线路通道的

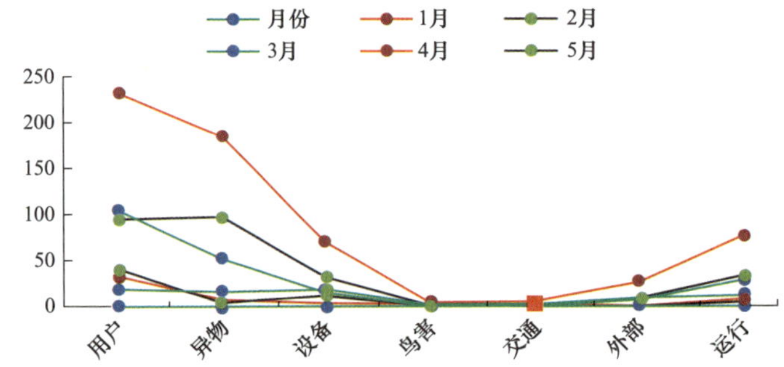

图 2-2　月度故障次数分类折线图

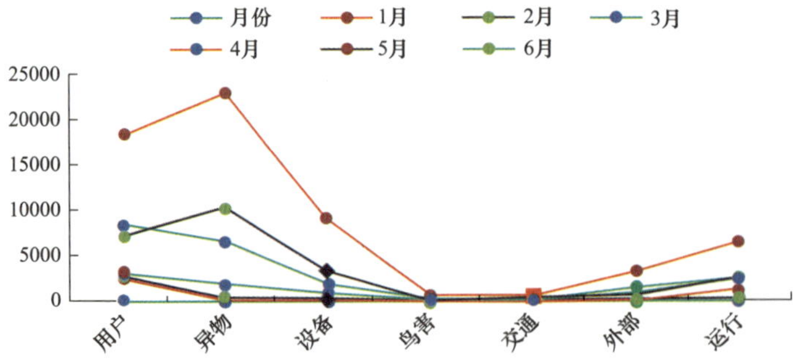

图 2-3　月度故障时户数分类折线图

防护及砍剪力度，与工业和信息化部密切沟通，定期以政府名义下发《用户产权线路管理的通知》规范用户产权线路管理，控制因用户产权的线路、设备故障，造成主供线路故障跳闸，并明确由于用户原因造成的线路跳闸，采取安装带保护定值的开关等方式，控制线路故障范围，进而减少线路故障跳闸次数及停电时户数。

四、精准立项、综合提升运行质量

依托停电信息池对于线路故障时间、时户数的研判（统计表见表 2-4），为当前工程立项、开关等设备选点提供基础数据支撑。根据线路故障类别分析，判定需要工程治理的线路或设备，及时列入工程储备计划，做到依托现场运行情况完成精准立项，工程批复后高效、优质完成工程施工，实现线路整体运行水平的综合提升，如图 2-4 所示。

基本信息					网架结构			系统在投用户数（03.26）				上半年故障信息						分析结果	
序号	线路双重名称	所在区	供电区类	所属变电	是否联	网架结	主干分段	总用户数（户）	公变用户数（户）	专变用户数（户）	平均每分段用户数	主线故	主线时户	支线故	支线时户	累计次	总时户	排名	分档
1	郭家110西郭一线	龙城区	市区	郭家66kV变电站	是	单联络	2	3	0	3	2	2	40.36			2	40.36	22	B
2	四新411长江线	龙城区	市区	四新66kV变电站	是	单联络	2	5	2	3	3	1	8.1	1	2.03	2	10.13	19	B
3	四新416四郊联	龙城区	市区	四新66kV变电站	是	单联络	2	21	12	9	11	1	8.01			1	8.01	18	B
4	四新419铁西线	龙城区	市区	四新66kV变电站	是	单联络	4	36	27	9	9	2	56.16			2	56.16	23	C
5	四新441新区线	龙城区	市区	四新66kV变电站	是	单联络	1	15	2	13	15	1	2.55			1	2.55	17	B
6	四新442悉业线	龙城区	市区	四新66kV变电站	否	单辐射	1	17	0	17	17	1	24.36			1	24.36	21	B
7	台子413农机线	龙城区	市区	台子66kV变电站	否	单辐射	5	66	54	12	13	5	422.21	2	10.83	7	433.04	25	C
8	西郊216西新线	龙城区	市区	西郊66kV变电站	否	单辐射	4	21	21	0	5	1	14.64			1	14.64	20	B
9	西郊221龙工线	龙城区	市区	西郊66kV变电站	是	多联络	4	31	0	31	8	1	116.03			1	116.03	24	C
10	凤凰204凤城2号线	双塔区	市区	凤凰66kV变电站	是	单环网	2	1	1	0	1			1	0.9	1	0.9	56	B
11	凤凰207工地线	双塔区	市区	凤凰66kV变电站	是	单环网	4	2	0	2	1			1	2.5	1	2.5	57	B
12	凌东103凤凰线	双塔区	市区	凌东66kV变电站	否	单辐射	3	48	8	40	16	2	232.8			2	232.8	75	C
13	凌东109河东联线	双塔区	市区	凌东66kV变电站	是	多联络	1	31	7	24	31			1	23.18	1	23.18	61	B
14	凌东111农业线	双塔区	市区	凌东66kV变电站	是	单联络	5	45	30	15	9			1	6.7	1	6.7	58	B
15	凌河103淮河线	双塔区	市区	凌河66kV变电站	是	单环网	3	8	7	1	3	1	56.4			1	56.4	67	B
16	凌河112城内线	双塔区	市区	凌河66kV变电站	是	双环网	5	30	24	6	6	1	72.3			1	72.3	71	C
17	凌河205新凌联线	双塔区	市区	凌河66kV变电站	是	双环网	6	7	3	4	1	2	46.31			2	46.31	66	B

图 2-4　线段平均用户数与线路停电时户数统计表

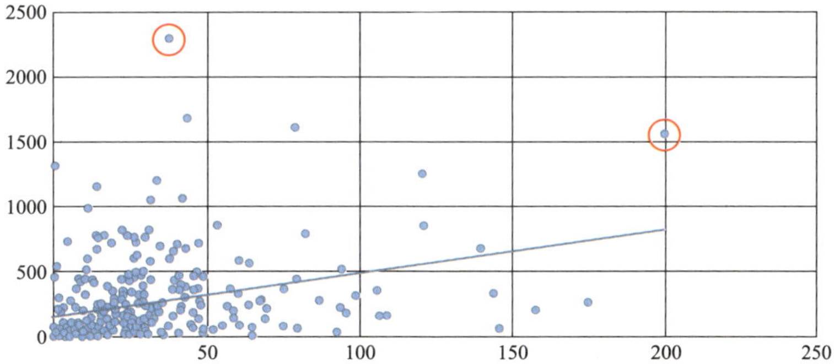

图 2-5　线段平均用户数与线路停电时户数关系对照图

如图 2-4、图 2-5 所示，通过线路平均每段用户数与故障停电时户数相匹配形成对应关系散点图，可总结出线路故障停电时户数与线路平均每段用户数成正比例关系。而位于趋势线上方的线路即可作为下一步农网工程的侧重方向。举例说明，目前图例中有多个点偏差值较大，现对图例中偏差值最大的 2 个点分析如下：

点位 1：10kV 青松岭线（38，2295），该线路目前分段数为 6 段，平局分段用户数 38 户，截至目前该线路消耗停电户时数 2295 户时，数据异常原因为上半年用户原因导致故障跳闸 2 次，外力因素异物搭接故障跳闸 5 次，外力破坏车辆挖断电缆 2 次。其中外力因素主要影响原因为线路通道周边新栽种树木为高冠速生杨，春季时树木生长茂盛，但枝叶脆弱，遇雷雨天气树枝易断折搭挂导线，导致线路发生故障跳闸。用户影响为用户设备老化，用户未及时进行维护，导致故障跳闸。车辆挖断电缆为施工人员未及时与运维人员沟通，导致对地下管线信息掌握不全面发生故障跳闸。通过图表展示出的信息，运检部要求县供电公司统计线路通道周边超高树木种类，定期对速生高冠树木进行砍剪，保证线路通道 5m 范围内无树木树枝遗留，同时对通道外枯死树木进行砍剪，消除树害。利用秋检对用户大分岐加装断路器，提高故障隔离能力。城区内成立管线施工群，并将城区内施工队伍安全责任人邀请进入群内，每当进行挖掘施工，及时群内报备，由运维人员出具管线分布图，防止类似故障发生。

点位 2：10kV 向阳线，该线路目前分段数为 2 段，平均分段用户数为 200 户，截至该线路消耗停电户时数 1561 户时，本年度该线路共发生故障跳闸 4 次，3 次为用户影响类故障，1 次为设备本体类故障。其中 3 次用户影响类故障通过对故障点进行隔离优先恢复送电并未消耗过多停电户时数，但第四次设备本体类故障，故障点位于线路主干末端，由于线路分段数不足，无法对故障点进行有效隔离，虽进行了分段送电，但仍存在部分台区无意义户时数消耗。目前运检部已要求县供电公司在秋检作业中对向阳线加装分段开关，对线路分段进行重新划分，减少故障停电及停电检修过程中户时数消耗，提高供电可靠率。

根据上述两个特殊点位分析可总结出如下规律：①优先选择点位位于趋势线上方线路进行工程储备，加装自动化开关，增加线路分段，对线路进行重新划分，增加分段数量，减少停电影响户时数；②针对故障停电修复时间较长的线路增加自动化故障指示器分布面积，充分利用自动化研判系统，缩短故障研判时间，精准定点故障位置，实现自愈电网；③加大重复发生故障跳闸线路关注度，尤其是同一批次、同类别设备的本体类故障，列入家族性缺陷进行集中治理。在农网改造升级工程初设阶段，争取打包工程，改造老旧分歧、分支线路，采取相应的防雷、防外破等技术手段，加强配电网改造针对性。最大程度上依托自动化系统的建设缩短线路停电时间，减少故障停电时户数，提升供电可靠率。

2.2 夯实台账基础信息提升配电网精益运维质量

单位：国网朝阳供电公司

导 读 供电可靠性基础台账准确是提升供电可靠性指标的重要支撑依据，是提高供电可靠率的基本条件。加强可靠性基础台账梳理，开展可靠性数据质量核查，有助于提高供电可靠性指标分析结果应用，为配电网精益运维做好支撑服务工作。朝阳供电公司因农网工程大面积改造、线路分段变化较大，根据省电力公司可靠性工作管理要求，结合现场实际，重新梳理电能质量在线监测系统基础台账信息，保证系统台账与现场实际的一致率、准确率、完整率，为后续可靠性提升工作奠定基础。

一、基本情况

供电可靠性系统基础数据不能与配电网 PMS、营销 SG186 系统基础数据兼容，未实现数据源共享，两者基础数据存在差异；农网升级改造、技改等各类工程实施改变系统原有台账位置。为进一步加强供电可靠性指标分析结果应用，确保公司供电可靠性管理数据真实、准确、完整。国网朝阳供电公司根据 PMS 系统、SG186 系统、配电网单线图开展供电可靠性基础数据治理工作。

二、存在的问题

（一）系统内线路分段不准确、命名不规范

由于近年农网工程大面积改造、线路分段变化较大，部分线路单线图等基础信息变更不及时，县区供电公司可靠性专责变动频繁，各供电公司无统一命名标准等原因导致电能质量在线监测系统存在线路分段不准确、命名不规范等突出问题。

（二）系统内基础数据与源端系统基础数据存在差异

（1）SG186 源端系统部分基础数据因某一字段信息录入错误，导致无法自动集成至电能系统中，造成系统中专用变压器用户少于 SG186 源端系统。同时朝阳地区农业灌溉等季节性投运专用变压器用户 12395 户，由于现场用户、设备更迭、临时报停较为频繁，生产人员无法及时掌握 SG186 专用变压器信息，造成部分退役用户未能及时注销，进而导致专用变压器用户数量、容量信息存在偏差。

（2）生产专业对于专用变压器用户信息掌握度较弱，一些专用变压器用户变化后，极易发生线段对应错误，造成单线图位置准确率较低。

三、解决措施

（一）编制线路分段命名标准

根据省电力公司可靠性工作管理要求，结合国网朝阳供电公司生产实际，确定完善线段系统命名及编号规则，以联合 66kV 变电站 213 联光线为例，线路台账信息统计表见表 2-5。

表 2-5　　线路台账信息统计表

序号	线段编码	线段名称
1	木头 10310	北干线 1 段主干线（1-5）
2	木头 103110	北干线十家子分歧 1-47（北干线 1 号 T）
3	木头 1031110	北干线娘庙山分支 0-13（十家子分歧 1 号 T）
4	木头 1031120	北干线街内分支 1-28（十家子分歧 11 号 T）
5	木头 10320	北干线 2 段主干线（5-29）
6	木头 10330	北干线 3 段主干线（29-140）
7	木头 103310	北干线新村分歧 1-61（3 段主干 43T）
8	木头 10340	北干线 4 段主干线（140-251）

（二）制定台账整改工作方案

国网朝阳供电公司生产、营销专业联合制订供电可靠性基础台账整改工作方案，并按照工作需求将整改工作分为三个阶段。

第一阶段：由各供电分公司组织各业务部对所辖线路按照现场实际分段情况，根据线段统一命名原则、PMS 线路信息，对原 10kV 线段进行重新分段编码命名，并形成 10kV 线路分段明细表（见图 2-6）。

用户编码	用户名称	单位名称	线段编码	线段名称	容量
与pms和186一致	与pms和186一致				与pms和186一致
22M0000053961017	10kV十老线杨树下分歧02号果木树综合变压器	老爷庙供电所（喀左）	老爷庙12510	老十线1段主干 （主干01-91#）	50
22M0000053963510	10kV十老线杨树下分歧老爷庙三组分支08号老爷庙一组变压器	老爷庙供电所（喀左）	老爷庙12510	老十线1段主干 （主干01-91#）	20
22M0000053964877	10kV十老线杨树下分歧老爷庙三组分支老爷庙一二组分支04号老爷庙二组变压器	老爷庙供电所（喀左）	老爷庙12510	老十线1段主干 （主干01-91#）	30
22M0000053965425	10kV十老线杨树下分歧老爷庙三组分支33号老爷庙三组变压器	老爷庙供电所（喀左）	老爷庙12510	老十线1段主干 （主干01-91#）	50
8189699002	国营喀左县十二德堡林场2号井	老爷庙供电所（喀左）	老爷庙12510	老十线1段主干 （主干01-91#）	30
760003044	喀左县第三人民医院	老爷庙供电所（喀左）	老爷庙12510	老十线1段主干 （主干01-91#）	50
8212631917	朝阳亿和房地产开发有限公司	老爷庙供电所（喀左）	老爷庙12510	老十线1段主干 （主干01-91#）	250
760003047	喀左县粮丰贸易有限公司	老爷庙供电所（喀左）	老爷庙12510	老十线1段主干 （主干01-91#）	50
22M0000297910736	10kV老十线果木树五组台区变压器	老爷庙供电所（喀左）	老爷庙12510	老十线1段主干 （主干01-91#）	200
760002982	果木树村五组农灌	老爷庙供电所（喀左）	老爷庙12510	老十线1段主干 （主干01-91#）	20
8645341087	邢国利井	老爷庙供电所（喀左）	老爷庙12510	老十线1段主干 （主干01-91#）	100
22M0000304164674	10kV老十线果木树七组灌溉井台区柱上变压器	老爷庙供电所（喀左）	老爷庙12510	老十线1段主干 （主干01-91#）	50
8155762154	喀左县英东粮食购销中心	老爷庙供电所（喀左）	老爷庙12510	老十线1段主干 （主干01-91#）	160
8232842115	喀左县海洋养羊专业合作社	老爷庙供电所（喀左）	老爷庙12510	老十线1段主干 （主干01-91#）	130
8201925203	老爷庙村十一组大棚	老爷庙供电所（喀左）	老爷庙12510	老十线1段主干 （主干01-91#）	30
22M0000056152735	10kV十老线老爷庙村十二组分歧25号老爷庙十二组变压器	老爷庙供电所（喀左）	老爷庙12510	老十线1段主干 （主干01-91#）	30
8598020484	果木树十组井台区	老爷庙供电所（喀左）	老爷庙125110	老十线1段兴隆沟分（主干36#T）	50
22M0000300660987	10kV老十线兴隆沟分果木树十组井支变压器	老爷庙供电所（喀左）	老爷庙125110	老十线1段兴隆沟分（主干36#T）	50
22M0000053879939	10kV十老线兴隆沟分歧36号果木树十一组变压器	老爷庙供电所（喀左）	老爷庙125110	老十线1段兴隆沟分（主干36#T）	20
22M0000305449072	10kV十老线兴隆沟分歧兴隆沟八九组分支03号兴隆沟八九组变压器新增	老爷庙供电所（喀左）	老爷庙12510	老十线1段主干 （主干01-91#）	400
22M0000305446568	10kV十老线143号下河套七八组变压器新增	老爷庙供电所（喀左）	老爷庙12510	老十线1段主干 （主干01-91#）	400
22M0000053875432	10kV十老线下河套六组分支03号下河套六组变压器	老爷庙供电所（喀左）	老爷庙12510	老十线1段主干 （主干01-91#）	50
22M0000054257923	10kV十老线101号下河套四组大棚变压器	老爷庙供电所（喀左）	老爷庙12510	老十线1段主干 （主干01-91#）	30
22M0000053601343	10kV十老线下店分歧003号下河套三四五组变压器	老爷庙供电所（喀左）	老爷庙12510	老十线1段主干 （主干01-91#）	100
22M0000054259215	10kV十老线下店分歧017号下河套二组大棚变压器	老爷庙供电所（喀左）	老爷庙12510	老十线1段主干 （主干01-91#）	30
22M0000053611996	10kV十老线下店分歧018号下河套村变压器	老爷庙供电所（喀左）	老爷庙1251210	老十线1段下店分岐下河套西山支 （下店分020#T）	63
22M0000053588133	10kV十老线下店分歧西山大棚分支02号下河套大棚变压器	老爷庙供电所（喀左）	老爷庙1251210	老十线1段下店分岐下河套西山支 （下店分020#T）	50
22M0000043848308	10kV十老线下店分歧西山分支下河套大棚15号杆2号变压器	老爷庙供电所（喀左）	老爷庙1251210	老十线1段下店分岐下河套西山支 （下店分020#T）	30
22M0000297107116	10kV老十线下店分西山分支下河套西山井支变压器	老爷庙供电所（喀左）	老爷庙1251210	老十线1段下店分岐下河套西山支 （下店分020#T）	50
8116760580	喀左宝玉紫砂制品有限公司	老爷庙供电所（喀左）	老爷庙1251210	老十线1段下店分岐下河套西山支 （下店分020#T）	250

图 2-6　10kV 线路分段明细

第二阶段：由生产、营销专业分别通过电能质量在线监测系统、生产 PMS 系统及营销 SG186 系统导出运维设备台账，构成数据核查数据库，通过数据核查对比，形成系统设备匹配明细表（见图 2-7），对初步筛查出的不匹配设备进行标记，由不匹配设备所属业务部专责进行现场核实，确认退役及新投运设备归类，形成应销户设备台账明细表与应新增设备台账明细表。

第三阶段：结合 10kV 线路分段明细表、应销户设备台账明细表、应新增设备台账明细表完成系统可靠性数据台账补录及注销工作，消除系统中的垃圾台账。依照应新增设备台账明细表将系统缺少台账逐步补充至对应分段线路下，最终使系统台账完整、准确，为后续可靠性提升工作打下坚实数据基础。

	单位编码	用户编码	用户名称	单位名称	线段编码	线段名称	容量	营销台账对应情况	PMS台账对应情况	疑似垃圾台账
30605	12021215097604	760003083	鱼场	六官供电所（暗左）	六官513240	六海线2段4分	50	运行	#N/A	
30606	12021215097604	22M00000053755101	pms_10kV六海线六官村大棚分歧1	六官供电所（暗左）	六官51310	六海线1段主干	20	#N/A	#N/A	是
30607	12021215097604	22M00000073399673	pms_10kV六海线前坟分歧12号变压	六官供电所（暗左）	六官51320	六海线2段主干	30	#N/A	在运	
30608	12021215097604	22M00000058092608	pms_10kV六海线东官五组分歧09号	六官供电所（暗左）	六官51320	六海线2段主干	50	#N/A	#N/A	是
30609	12021215097604	22M00000074918895	pms_10kV六海线关大海五组大棚分	六官供电所（暗左）	六官51320	六海线2段主干	30	#N/A	在运	
30610	12021215097604	22M00000059196802	pms_10kV六南线西南沟分歧西九组	六官供电所（暗左）	六官51320	六海线2段主干	30	#N/A	#N/A	是
30611	12021215097604	8518010825	暗左大发光伏发电有限公司	六官供电所（暗左）	六官51320	六海线2段主干	100	运行	#N/A	
30612	12021215097604	22M00000058087577	pms_10kV六海线东官五组分歧01号	六官供电所（暗左）	六官51320	六海线2段主干	160	#N/A	在运	
30613	12021215097604	22M00000074917162	pms_10kV六海线前坟分歧17号变压	六官供电所（暗左）	六官51320	六海线2段主干	50	#N/A	#N/A	是
30614	12021215097604	760003062	暗左军建石材有限公司	六官供电所（暗左）	六官5132410	六海线2段4分1支	250	运行	#N/A	
30615	12021215097604	760000759	岩棉厂	六官供电所（暗左）	六官513540	六海线5段4分	50	运行	#N/A	
30616	12021215097604	760003258	安装路灯	六官供电所（暗左）	六官513530	六海线5段3分	50	运行	#N/A	
30617	12021215097604	22M00000057975093	pms_10kV六海线东官七组分歧02号	六官供电所（暗左）	六官51320	六海线2段主干	80	#N/A	在运	
30618	12021215097604	22M00000058001513	pms_10kV六海线东官七组大棚分歧	六官供电所（暗左）	六官51320	六海线2段主干	20	#N/A	在运	
30619	12021215097604	22M00000058206840	pms_10kV六海线东沟分歧20号变压	六官供电所（暗左）	六官51320	六海线2段主干	10	#N/A	在运	
30620	12021215097604	760003076	关大海农场	六官供电所（暗左）	六官513230	六海线2段3分	50	运行	#N/A	
30621	12021215097604	8104632497	中国铁塔股份有限公司朝阳市分公	六官供电所（暗左）	六官513210	六海线2段1分	10	运行	#N/A	
30622	12021215097604	760003085	中国移动通信集团辽宁有限公司朝	六官供电所（暗左）	六官513210	六海线2段1分	20	运行	#N/A	
30623	12021215097604	22M00000057924791	pms_10kV六海线055号变压器	六官供电所（暗左）	六官513210	六海线2段1分	10	#N/A	在运	
30624	12021215097604	22M00000057937071	pms_10kV六海线北荒八组分歧5号	六官供电所（暗左）	六官513210	六海线2段1分	30	#N/A	#N/A	是
30625	12021215097604	760003079	关大海佛石	六官供电所（暗左）	六官513240	六海线2段4分	80	运行	#N/A	
30626	12021215097604	22M00000058216048	pms_10kV六海线西官二组分歧3号	六官供电所（暗左）	六官513240	六海线2段4分	160	#N/A	在运	
30627	12021215097604	22M00000058318261	pms_10kV六海线166号变压器	六官供电所（暗左）	六官513240	六海线2段4分	30	#N/A	#N/A	是
30628	12021215097604	8147339537	暗左军建石材有限公司(第二矿区)	六官供电所（暗左）	六官5132410	六海线2段4分1支	250	运行	#N/A	
30629	12021215097604	22M00000058368824	pms_10kV六海线农场分歧3号变压	六官供电所（暗左）	六官513240	六海线2段4分	160	#N/A	在运	
30630	12021215097604	760002107	中国铁塔股份有限公司朝阳市分公	六官供电所（暗左）	坤都12310	坤城线1段主干	20	运行	#N/A	
30631	12021215097604	22M00000074688192	pms_10kV城坤线上店三组分07号变	六官供电所（暗左）	坤都12310	坤城线1段主干	30	#N/A	在运	
30632	12021215097604	22M00000074682428	pms_10kV城坤线上店一组分2号变	六官供电所（暗左）	坤都12310	坤城线1段主干	50	#N/A	在运	

图 2-7 设备用户对比明细表

四、电能质量在线监测系统台账维护远期规划

（一）维护人员管理选择方面

目前可靠性系统处于新旧系统并行阶段，在维护过程中需要保证数据的及时性、准确性、完整性，对维护人员专业素质能力要求较高。但因部分专职维护人员无法保证可靠性数据维护的及时性时，代维人员因不了解要求和系统操作，导致维护台账错误、停电事件漏报等问题时有发生，严重影响可靠性数据质量。

为化解此类矛盾，国网朝阳供电公司采用双向培养的方法，制订可靠性专责 A、B 岗制度，A 岗位人员短时脱岗时，由同单位 B 岗人员负责可靠性系统的维护及日常管理工作，并承担维护期间的工作职责。通过“传帮带”的方式，由各单位 A 岗人员对 B 岗人员进行内部培训，传授系统常规操作方法和供电可靠性管理要求。公司定期集中对各单位 A、B 岗人员进行重点内容二次培训，并组织现场停电事件维护实操考试，对于考试不合格的单位进行考核。考试合格后，形成供电可靠性管理人员名册，对于各单位 A 岗人员岗位变动时，优先由 B 岗人员接任 A 岗人员工作任务。该项举措将可靠性管理工作由系统维护层面逐渐向现场、系统管理相结合的层面转变，为后续的可靠性系统管理工作提供充足人员保障。

（二）台账信息核查整改方面

此次系统数据台账整改工作完成后，将变压器台账的注销更新纳入日常维护工作中，定期对三系统进行核查，及时完成同步更新工作，运检部以周通报、月考核的方式进行督办，并将系统台账准确性纳入县供电公司内部班组考核中，保证电能质量在线监测系统中台账更新的及时性、准确性和完整性。

2.3 多系统数据融会贯通，不断夯实可靠性数据基础

单位：国网锦州供电公司

导 读 国网锦州供电公司为强化可靠性数据准确性管理，在公司系统内有效开展可靠性公用变压器、专用变压器数据大核查工作。此次核查工作涉及459条10kV线路，公用变压器用户数9362台，专用变压器用户数8866台，数据量巨大且核查专用变压器时没有较为准备的系统依据。核对工作的主要难点在于各系统的用户名称不一致，无法通过系统名称一一核对。国网锦州供电公司经反复研讨，最终形成以可靠性系统（电能质量在线监控系统）数据为基础，生产PMS2.0系统、营销SG186系统、10kV同期线损系统为支撑，开展多系统数据融会贯通核查工作，有效提高可靠性系统数据准确性和数据核查工作效率。

一、开展可靠性数据核查的主要做法

（一）前期准备工作

数据核查工作，首先要形成各大系统数据的统计表，并且将各大系统数据统计表进行相对应的关联以便于进行相互核对，最终形成数据核查统计表，便于详细记录每条10kV线路的数据问题进行后期整改。

1. PMS2.0系统公用变压器数据导出表

方法：PMS2.0系统—配电网运维管控—基本功能首页—公共配电变压器（左下角）—点击台数进入Excel显示台账导出，如图2-8所示。

*设备名称	*运维单位	所属大馈线	*设备状态	设备编码	额定容量(k
晟丽花园B区2#亭2#主变	国网锦州市古塔区供电分公司	跃进变104跃英线	在运	22M00000026209732	630
晟丽花园B区1#亭2#主变	国网锦州市古塔区供电分公司	跃进变104跃英线	在运	22M00000026209214	630
晟丽花园B区1#亭1#主变	国网锦州市古塔区供电分公司	跃进变104跃英线	在运	22M00000026209154	630
危房1站2#变压器	国网锦州市古塔区供电分公司	跃进变111和平线	在运	22M00000024158065	315
锦城亭变压器	国网锦州市古塔区供电分公司	中心变115洛阳二线	在运	22M00000024158067	315
上海线工商站变压器	国网锦州市古塔区供电分公司	跃进变110上海线	在运	22M00000024158545	630
锦华站变压器	国网锦州市古塔区供电分公司	中心变117古城二线	在运	22M00000024158011	630
华新1站1#变压器	国网锦州市古塔区供电分公司	中心变118古城一线	在运	22M00000024158013	400
中房亭2#变压器	国网锦州市古塔区供电分公司	中心变111南宁线	在运	22M00000024158426	400
沈后站变压器	国网锦州市古塔区供电分公司	跃进变107重庆线	在运	22M00000024159302	630
泰丰西站变压器	国网锦州市古塔区供电分公司	中心变110中延线	在运	22M00000024159131	630
商业街亭1#变压器	国网锦州市古塔区供电分公司	中心变108中和线	在运	22M00000024159133	315
西民生亭1#变压器	国网锦州市古塔区供电分公司	中心变105中上线	在运	22M00000024159135	400
五九九站2#变压器	国网锦州市古塔区供电分公司	中心变110中延线	在运	22M00000024159280	315
大世界亭1#变压器	国网锦州市古塔区供电分公司	中心变104宜昌二线	在运	22M00000024158792	400
平安南亭2#变压器	国网锦州市古塔区供电分公司	中心变104宜昌二线	在运	22M00000024158870	400
商开1站变压器	国网锦州市古塔区供电分公司	中心变104宜昌二线	在运	22M00000024159016	630
东民生亭变压器	国网锦州市古塔区供电分公司	中心变105中上线	在运	22M00000024159034	200
中房亭1#变压器	国网锦州市古塔区供电分公司	中心变111南宁线	在运	22M00000024158405	400
华光园3站2#变压器	国网锦州市古塔区供电分公司	士英变124士融线	在运	22M00000020549481	400
华光园4站1#变压器	国网锦州市古塔区供电分公司	士英变124士融线	在运	22M00000020549536	500
民治亭变压器	国网锦州市古塔区供电分公司	中心变108中和线	在运	22M00000024159220	400
中房1站变压器	国网锦州市古塔区供电分公司	中心变111南宁线	在运	22M00000024158527	800
五九九站1#变压器	国网锦州市古塔区供电分公司	中心变110中延线	在运	22M00000024159282	315
春熙家园2站1#变压器	国网锦州市古塔区供电分公司	士英变104士安线	在运	22M00000020560946	630

图2-8 PMS2.0系统及公用变压器统计表

2. 营销 SG186 系统高压用户按线路导表

方法：营销 SG186 系统（见图 2-10）—业务菜单—基础数据—线路编辑—列表展现中左侧选择线路名称，右侧输入显示要导出的 10kV 线路名称—点击查找—在右侧数据框选择该线路的台区—点击中下方导出形成导表（见图 2-9）。

图 2-9　营销 SG186 系统与高压用户统计表截图

3. 同期线损系统公用变压器及高压用户导表

也可在工作中打开同期线损系统进行核对工作。

方法 1：同期系统—同期线损管理—配电线路同期月线损（或配电线路同期日线损）—点击线路名称—电量明细，可导出明细，如图 2-10 所示。

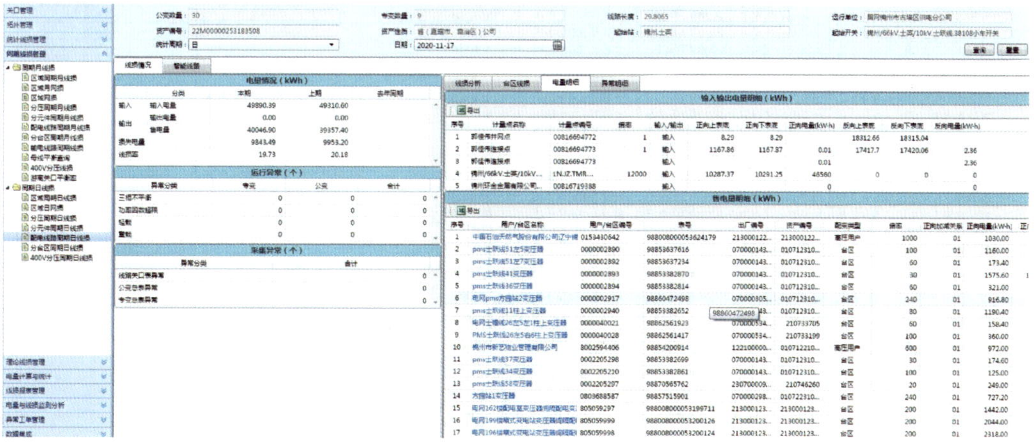

图 2-10　同期线损系统显示（一）

方法 2：同期系统—理论线损管理—配电网理论线损模块—配电网模型检查，可点击档案参数查看线路公用变压器、专用变压器情况；可点击公用变压器数量、高压用户数量查看变压器信息（见图 2-11 右侧蓝色数字）。

两种方法之间的区别在于：方法 1 中显示台区名称有时会多于实际存在，原因在于其显示了双电源用户、一台区多表计用户（一个台区统计两次，其中一表计没有数等情况）；方法 2 比较直接地显示了档案与匹配模型的对应数量。建议采用方法 2 开展核对工作。

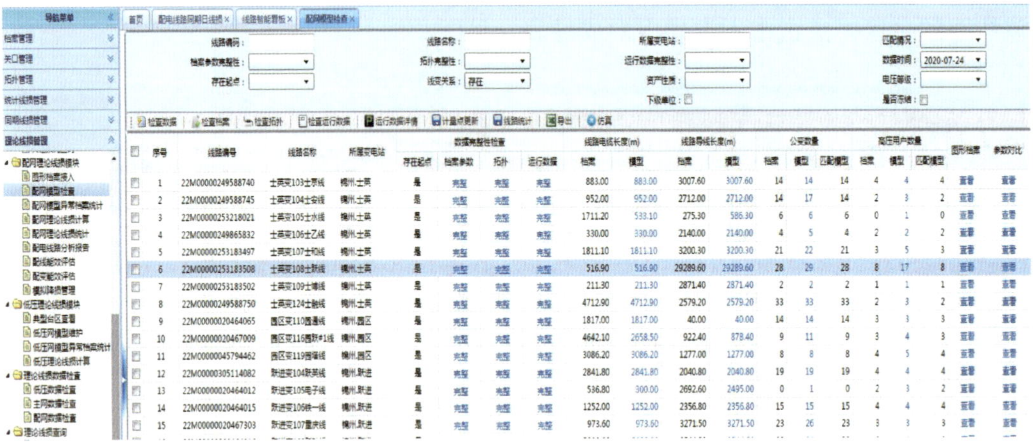

图 2-11　同期线损系统显示（二）

4. 制作各系统工作对比表

制作工作对比表（见图 2-12）方便开展核对、整改工作。

A	B	C	D	E	F	G	H	I	J	K	L
运维单位名称	起始电站	核查时间	线路名称	可靠性线路名称	PMS公变台数	电能质量公变台数	偏差率	186专变台数	电能质量专变台数	偏差率	备注
国网锦州市古塔区供电分公司	士英66kV变电站	2020年7月20日	士英变103士京线	士英103							
国网锦州市古塔区供电分公司	士英66kV变电站	2020年7月20日	士英变104士安线	士英104							
国网锦州市古塔区供电分公司	士英66kV变电站	2020年7月20日	士英变105士水线	无							
国网锦州市古塔区供电分公司	士英66kV变电站	2020年7月20日	士英变106士乙线	士英106							
国网锦州市古塔区供电分公司	士英66kV变电站	2020年7月20日	士英变107士和线	士英107							
国网锦州市古塔区供电分公司	士英66kV变电站	2020年7月20日	士英变108士跃线	士英108							
国网锦州市古塔区供电分公司	士英66kV变电站	2020年7月20日	士英变109士博线	士英109							
国网锦州市古塔区供电分公司	士英66kV变电站	2020年7月20日	士英变124士融线	士英124							
国网锦州市古塔区供电分公司	园区66kV变电站	2020年7月20日	园区变110园通线	园区105							
国网锦州市古塔区供电分公司	园区66kV变电站	2020年7月20日	园区变116园跃#1线	园区116							
国网锦州市古塔区供电分公司	园区66kV变电站	2020年7月20日	园区变119园塔线	园区119							
国网锦州市古塔区供电分公司	跃进66kV变电站	2020年7月20日	跃进变104跃英线	跃进104							
国网锦州市古塔区供电分公司	跃进66kV变电站	2020年7月20日	跃进变105电子线	跃进105							
国网锦州市古塔区供电分公司	跃进66kV变电站	2020年7月20日	跃进变106铁一线	跃进106							
国网锦州市古塔区供电分公司	跃进66kV变电站	2020年7月20日	跃进变107重庆线	跃进107							
国网锦州市古塔区供电分公司	跃进66kV变电站	2020年7月20日	跃进变108跃矿线	跃进108							
国网锦州市古塔区供电分公司	跃进66kV变电站	2020年7月20日	跃进变109跃白线	跃进109							
国网锦州市古塔区供电分公司	跃进66kV变电站	2020年7月20日	跃进变110上海线	跃进110							
国网锦州市古塔区供电分公司	跃进66kV变电站	2020年7月20日	跃进变111和平线	跃进111							
国网锦州市古塔区供电分公司	跃进66kV变电站	2020年7月20日	跃进变113跃福线	跃进113							
国网锦州市古塔区供电分公司	跃进66kV变电站	2020年7月20日	跃进变114东光线	跃进114							
国网锦州市古塔区供电分公司	跃进66kV变电站	2020年7月20日	跃进变115乙烯线	跃进115							

图 2-12　工作对比表截图

（二）可靠性用户核对工作开展

根据图 2-8～图 2-10 所示，核对可靠性每个线段中的变压器情况，同时要注意用户编码字段和用户容量，如图 2-13 所示。

在同期线损系统里，主要看公用变压器、高压用户模型（见图 2-14），点进去可查看线路里的公用变压器和高压用户对应情况，如果和图 2-8、图 2-9 对应有误，说明某个系统存在问题，需要核实后进行改正。

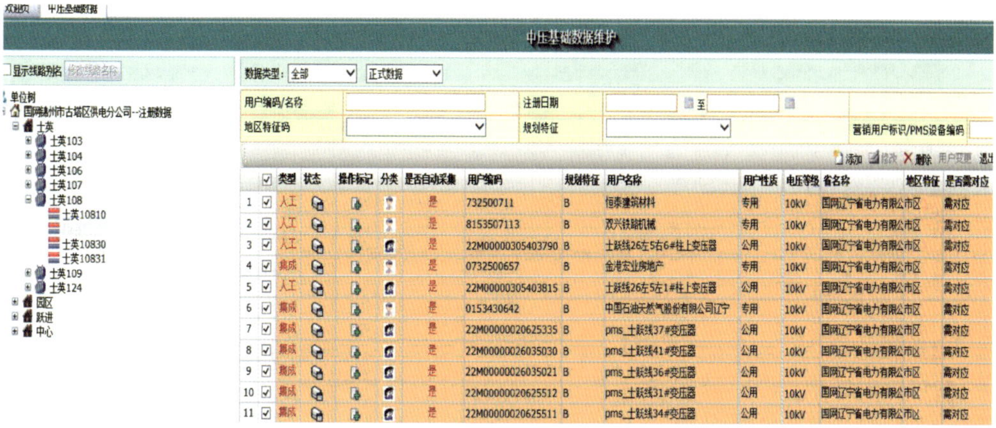

图 2-13 可靠性系统用户明细

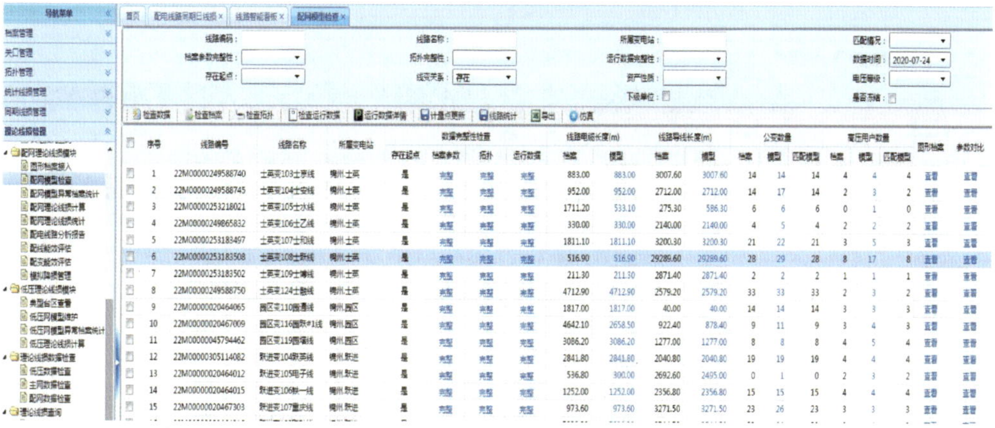

图 2-14 同期线损系统用户明细

添加高压用户（见图 2-15），首先在可靠性系统中选择某一线路下的任意线段（左侧下拉选项），图 2-8 中用户编码复制到可靠性用户编码中（中上侧），点击查找。如能查到此用户，可点进去看此用户在某个线路及线段下，查看用户信息，选择变更线段（见图 2-16）；如可靠性中没有查到此用户，则说明可靠性中没有此用户，需要新建用户，这样就会避免可靠性出现重复建账的情况。

从图 2-17 和图 2-18 中可看出，同期线损与营销 SG186 系统中用户数量对应不上，此情况就需要进行现场核对，查看实际中是否存在用户以及线变关系是否正确，之后进行可靠性数据增补。如是同期线损系统确实缺少用户，那么影响线损率的指标因素也就找到了（公用变压器同）。

最后，为了工作方便，需要将工作开展情况填入统计表。

二、主要成效

古塔区供电分公司于下发任务后三天内完成了所有可靠性信息核对工作，同时完善了配电 PMS2.0、营销 SG186、同期线损三大系统基础数据的核对工作，处理可靠性用户问题 57 条，同期线损问题 5 条次（涉及公用变压器容量错误 4 条、高压用户对应关系问题 7 条）。

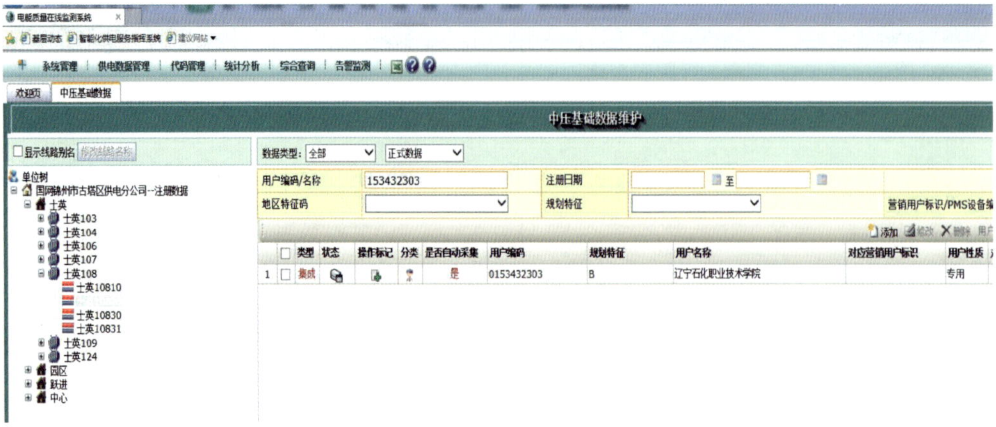

图 2-15　查找用户

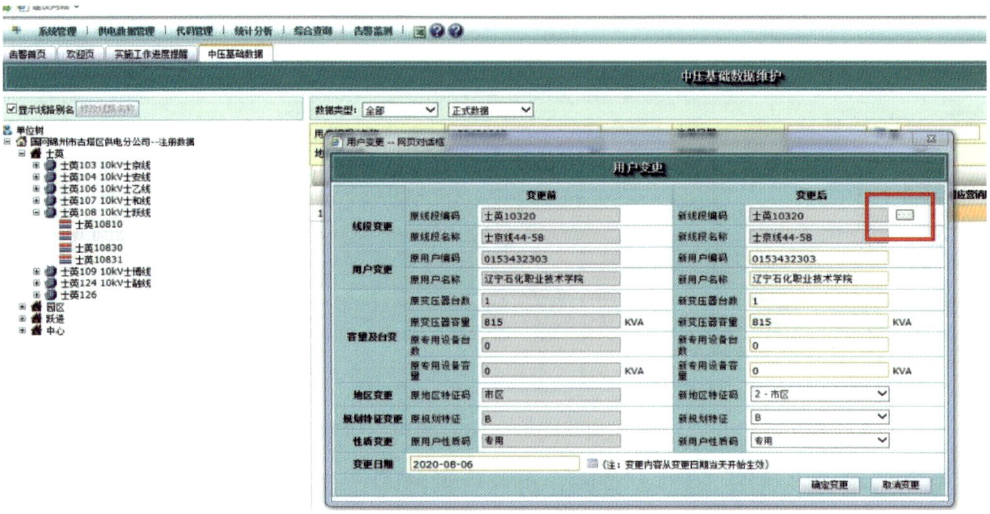

图 2-16　变更线段

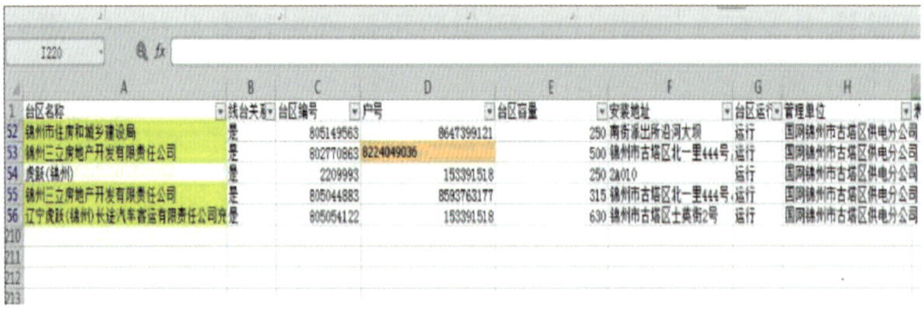

图 2-17　营销 SG186 系统导出用户对比表截图

各系统基础数据准确性的提升，进一步提高了营配专业线、变关系，使得营配融合工作进一步加强，带来的成效是 10kV 同期线损及理论线损指标得到显著提升（见图 2-19～图 2-23）。

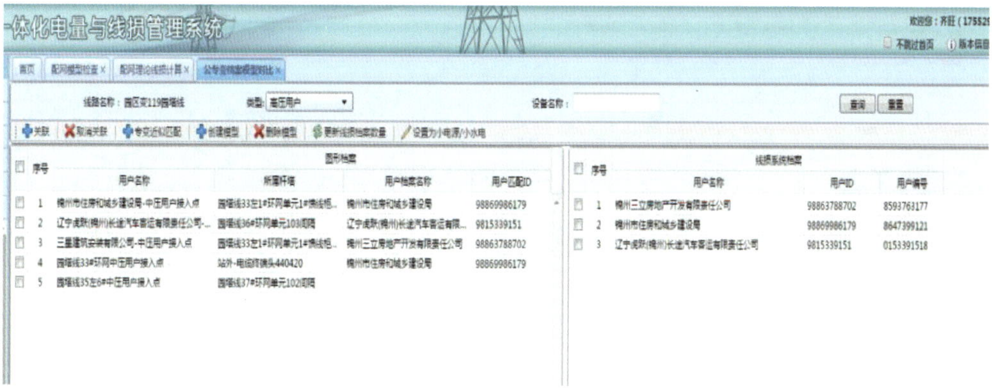

图 2-18　同期线损系统核对用户

A	H	I	J	K	L	M	N	O	P	Q	R
管理单位	分压			分线				分台区		整体情况	
	400V分压达标率	分压整体达标率	得分	输电线路达标率	配电线路达标率	线路整体达标率	得分	达标率	得分	同期线损检测达标率	得分
国网锦州供电公司	87.5	97.5	2.8125	99.0566	94.3142	95.2627	1.6959	92.5185	3.8195	95.8344	11.3279
锦州客户服务中心	0	0	0	0	0	0	0	0	0	0	0
国网锦州市凌河区供电分公司	100	100	3	0	92.686	92.686	1.4096	92.3575	3.8078	95.5131	11.2174
国网锦州市古塔区供电分公司	50	75	1.125	0	92.4219	92.4219	1.3802	82.6248	3.1	87.514	8.6052
国网黑山县供电公司	61.9048	80.9524	1.5714	0	91.8445	91.8445	1.3161	96.0552	4	92.5604	9.8875
国网北镇市供电公司	52.6316	76.3158	1.2237	0	94.4741	94.4741	1.6082	85.7949	3.3305	89.3439	9.1624
国网义县供电公司	75	87.5	2.0625	0	95.1923	95.1923	1.688	95.8186	4	94.8033	10.7505
国网锦州市开发区供电公司	100	100	3	0	92.5	92.5	1.3889	94.9617	3.9972	96.2385	11.3861
国网锦州市太和区供电公司	91.6667	95.8333	2.6875	0	97.7309	97.7309	1.9701	96.836	4	97.5367	11.6576

图 2-19　10kV 同期线损指标（治理前）

管理单位	分压			分线				分台区		整体情况	
	400V分压达标率	分压整体达标率	得分	输电线路达标率	配电线路达标率	线路整体达标率	得分	达标率	得分	同期线损检测达标率	得分
国网锦州供电公司	100	100	3	99.0566	93.512	94.6209	4.0998	95.5221	4.2066	97.0429	14.3064
锦州客户服务中心	0	0	0	0	0	0	0	0	0	0	0
国网锦州市凌河区供电分公司	100	100	3	0	90.5702	90.5702	3.6202	92.0369	3.7938	94.7821	13.414
国网锦州市古塔区供电分公司	100	100	3	0	96.3281	96.3281	4.302	90.185	3.5745	95.9539	13.8765
国网黑山县供电公司	100	100	3	0	90.0148	90.0148	3.5544	97.5359	4.445	96.2652	13.9994
国网北镇市供电公司	89.4737	94.7369	2.6053	0	96.2652	96.2652	4.2946	94.0963	4.0377	96.0558	13.9376
国网义县供电公司	100	100	3	0	96.1538	96.1538	4.2814	97.3787	4.4264	98.0597	14.7078
国网锦州市开发区供电公司	100	100	3	0	84.375	84.375	2.8865	95.1849	4.1666	93.868	13.0531
国网锦州市太和区供电公司	100	100	3	0	95.5842	95.5842	4.2139	95.8913	4.2503	97.4426	14.4642

图 2-20　10kV 同期线损指标（治理后）

数据时间：2020-06-20　　是否冻结：

返回　导出excel　指标说明

序号	单位	主网理论线损计算				10kV(20/6)线路理论线损计算					台
		有效数	档案数	有效率(%)	百强得分	有效数	白名单	档案数	有效率(%)	百强得分	
1	国网锦州供电公司	240	273	87.9121		218	37	439	58.0866		
2	锦州客户服务中心	0	0	0		0	0	0	0		
3	国网锦州市凌河区供电分公	0	0	0		17	1	44	40.9091		
4	国网锦州市古塔区供电分公	0	0	0		17	0	40	42.5		
5	国网黑山县供电公司	0	0	0		39	10	82	59.7561		
6	国网北镇市供电公司	0	0	0		56	5	82	74.3902		
7	国网义县供电公司	0	0	0		44	6	65	76.9231		
8	国网锦州市开发区供电公司	0	0	0		9	0	25	36		
9	国网锦州市太和区供电公司	0	0	0		36	15	101	50.495		

图 2-21　10kV 理论线损指标（治理前）

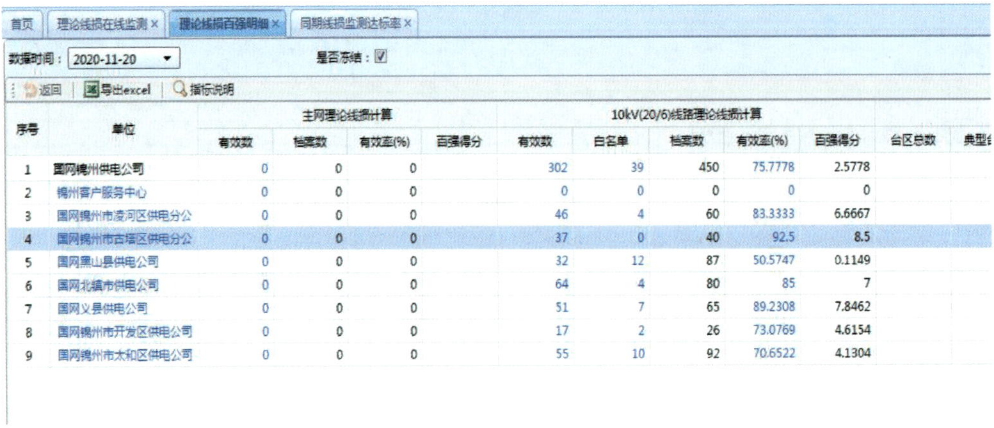

首页 | 理论线损在线监测 × | 理论线损百强明细 × | 同期线损监测达标率 ×

数据时间：2020-11-20　　是否冻结：☑

返回 | 导出excel | 指标说明

序号	单位	主网理论线损计算				10kV(20/6)线路理论线损计算					台区总数	典型
		有效数	档案数	有效率(%)	百强得分	有效数	白名单	档案数	有效率(%)	百强得分		
1	国网锦州供电公司	0	0	0		302	39	450	75.7778	2.5778		
2	锦州客户服务中心	0	0	0		0	0	0	0	0		
3	国网锦州市凌河区供电分公	0	0	0		46	4	60	83.3333	6.6667		
4	国网锦州市古塔区供电分公	0	0	0		37	0	40	92.5	8.5		
5	国网黑山县供电公司	0	0	0		32	12	87	50.5747	0.1149		
6	国网北镇市供电公司	0	0	0		64	4	80	85	7		
7	国网义县供电公司	0	0	0		51	7	65	89.2308	7.8462		
8	国网锦州市开发区供电公司	0	0	0		17	2	26	73.0769	4.6154		
9	国网锦州市太和区供电公司	0	0	0		55	10	92	70.6522	4.1304		

图 2-22　10kV 理论线损指标（治理后）

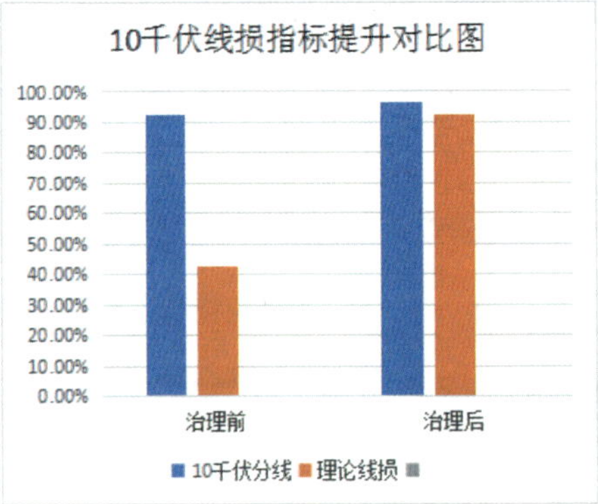

图 2-23　线损成效提升

2.4 检修和抢修关键环节分析，助力可靠性过程管控

单位：国网沈阳供电公司

导读 现阶段在计划作业及故障处理中，往往存在因一个关键环节无法处理，导致整个检修、抢修流程无法顺利进行的现象，甚至导致停电计划延时送电、故障抢修超时限等问题。国网沈阳供电公司通过周期性开展检抢修关键环节分析，在原有前期、中期环节管控基础上加入“后期分析”，形成供电可靠性管控闭环，指导各供电分公司梳理关键环节，提升检抢修效率，大幅提升供电可靠性。

一、整体情况

国网沈阳供电公司针对作业计划及抢修流程，周期性选取典型案例，分析其制约恢复送电的关键环节，找出造成延误的薄弱点，编制《检抢修关键环节分析报告》。在“先算后停、事前审核、事中管控”的基础上，增加“事后分析”环节，形成可靠性监管流程闭环。通过报告指导各单位对照问题梳理关键环节时户数，提升现场指挥和综合协调能力，明确现场“谁负责、谁协调、谁指挥、谁作业”，实现检抢修各环节精细管控和紧密衔接，实现了通过“一个案例解决一类问题”。

二、主要做法

（一）立足关键环节，分析时户数管控

国网沈阳供电公司通过对计划检修、故障抢修流程进行梳理，发现环节中可能造成停电时户数浪费的关键点，形成问题清单。通过梳理，累计发现计划检修关键环节问题隐患 12 项（见表 2-6）、故障抢修关键环节问题隐患 15 项（见表 2-7），并将该问题清单发送至各运维单位，供日常参考对照，尽最大可能避免此类问题。

表 2-6 检修关键环节问题点

序号	停电类型	问题环节	存在问题
1	检修	停电操作	未按规定时间停电
2	检修	布置安全措施	挂接地线人员分组不当
3	检修	现场施工	施工人员未按时开工
4	检修	现场施工	施工承载力不足
5	检修	现场施工	现场指挥失当
6	检修	现场施工	车辆、物资协调失当
7	检修	现场施工	施工过程设备破坏
8	检修	试验保护调试	试验专业未按时到现场
9	检修	试验保护调试	试验、调试过程受阻
10	检修	拆除安全措施	拆除底线人员分组不当
11	检修	送电操作	未按规定时间送电
12	检修	送电操作	送电后出现故障

表 2-7　　　　抢修关键环节问题点

序号	停电类型	问题环节	存在问题
1	抢修	故障响应	故障信息传递不当
2	抢修	到达现场	巡线员未按时到现场
3	抢修	故障研判隔离	自动化设备未研判
4	抢修	故障研判隔离	故障越级挑战
5	抢修	故障研判隔离	操作开关机构失灵
6	抢修	故障点查找	故障查找人员不足
7	抢修	故障点查找	查不到故障点
8	抢修	布置安全措施	挂接地线人员分组不当
9	抢修	现场抢修	抢修人员未按时到现场
10	抢修	现场抢修	物资、车辆协调不当
11	抢修	现场抢修	故障现场无法进入
12	抢修	现场抢修	多根电缆故障无法转带
13	抢修	拆除安全措施	拆除接地线人员分组不当
14	抢修	送电操作	未按规定时间送电
15	抢修	送电操作	送电后出现故障

（二）把握流程衔接，关注环节间配合

除关键环节压缩时户数外，环节间的衔接也列入了分析重点，通过进一步分析环节间交叉内容，将检修和抢修环节间快速衔接情况纳入分析报告，实现检修和抢修各环节综合协调，尽最大可能优化停电流程（见图 2-24），下面以两个案例说明：

［案例 2-1］ 计划检修环节中，应合理预测施工结束时间，通知试验、保护专业提前到达现场，并提前做好拆除安全围栏、拆接地线准备，节省无效等待时间。

［案例 2-2］ 故障抢修环节中，故障隔离、故障抢修与故障巡视三个环节应存在交叉，故障巡视时抢修人员应配齐车辆、抢修物资现场待命，节省故障点发现后从驻点取抢修物资再抵达现场的时间。

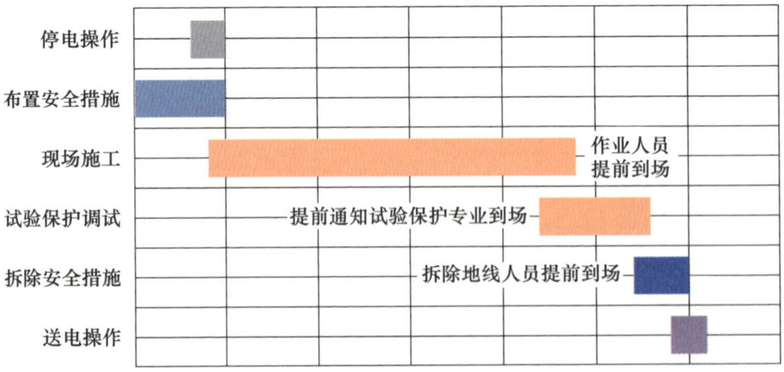

图 2-24　检修各环节衔接明细

（三）暴露管理问题，开展关键点剖析

通过关键环节分析，逐步剖析检修、抢修环节存在隐患点，暴露典型问题，针对问题逐

一落实整改措施。经过对检修环节隐患点分析，发现该过程可能存在前期勘察不到位、作业现场看护不到位、施工准备不到位、施工承载力不足、现场组织不到位、施工质量不合格、协调沟通不到位等问题；抢修环节可能存在故障信息传递不畅、人员态度懈怠、日常运维不到位、信息化设备应用不到位、抢修组织不到位、抢修质量不合格、协调沟通不到位等问题。通过对关键环节分析对应管理问题，逐步优化管理流程，实现供电可靠性提升的长效统一。

（四）收集优秀做法，编制标准化流程

通过检修和抢修关键环节分析模式，国网沈阳供电公司收集各单位检修、抢修流程中处置较为妥当的环节，整理编制了《国网沈阳供电公司标准化抢修流程》（见图 2-25），从抢修流程，修复单一设备时长，抢修工器具、车辆，重要用户线路、多用户线路抢修预案四个方面，对抢修工作进行了指导。

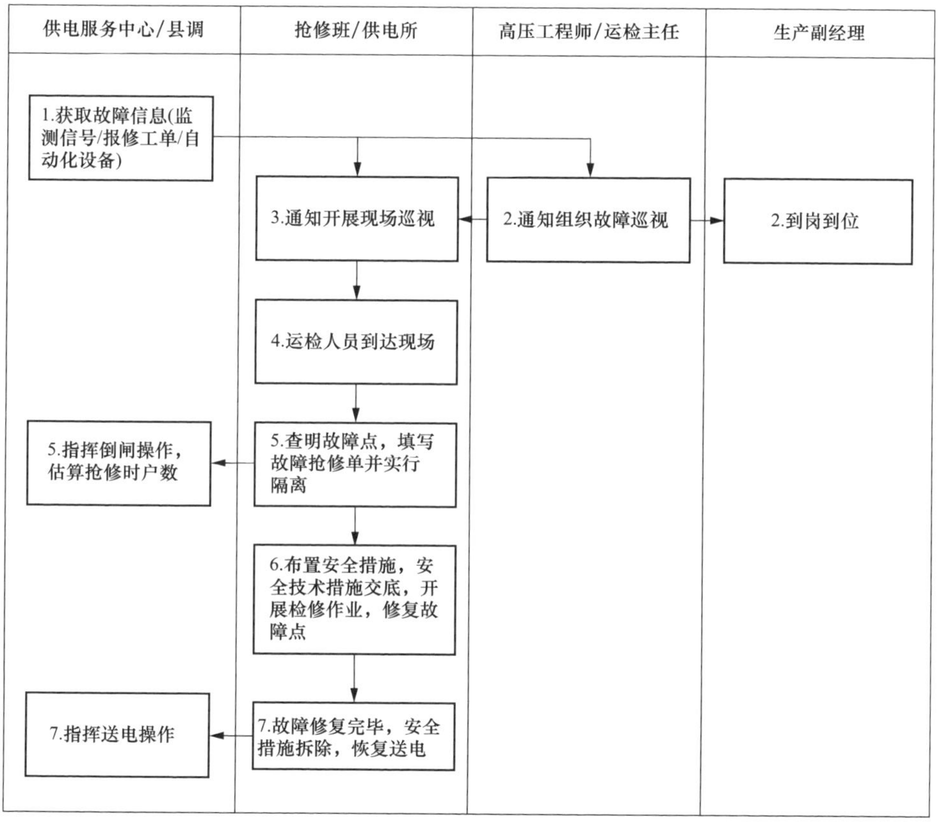

图 2-25　配电网故障抢修标准流程

三、主要成效

截至 2020 年 8 月末，国网沈阳供电公司各运维单位已基本实现各关键环节的紧密配合，提升计划检修、故障抢修效率，计划停电延时率同比降低 43%，故障抢修时长同比压降 40%，从流程管理上大大提升了供电可靠性，约节省停电时户数 7.32 万。

2.5 加强用户设备接收管理，提升电网设备优质水平

单位:国网本溪供电公司

导 读 用户资产主要包括用户出资建设的居民小区配电设施形成的资产，用户专用输变电、配电及计量资产，城市电缆入地等工程资产，电源接入系统资产等。经统计，2020 年以来公司配电网共发生故障 80099 时户，其中因用户影响的故障 31179 时户，占比 30.7%（见图 2-26），是影响配电网供电可靠性的主要因素之一。明确接收原则、接收条件，成立接收小组加快接收进度，并将接管设备纳入电网资产管理，对其进行精心维护和改造，可有效降低用户设备故障发生率，进而大幅提高供电可靠性。

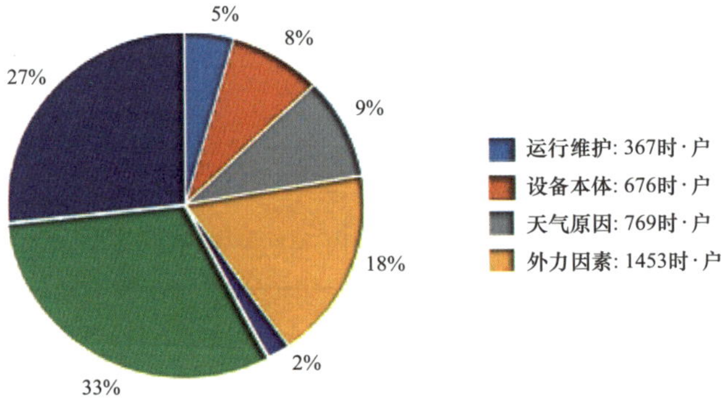

图 2-26 故障原因分析图

一、总体思路

用户影响导致配电网线路故障主要有以下几个原因：①部分设备资产主体不明确或处于弃管状态，发生故障时延误抢修时机，造成线路故障；②用户对高压设备维护、操作水平不够，发生错误操作，致使线路跳闸；③用户设备质量不良或超过使用年限，易发生击穿或烧损，造成馈线跳闸；④用户设备保护装置性能较差，或 TA、TV 变比选取不当，故障时无法及时保护供电线路，如图 2-27 所示。

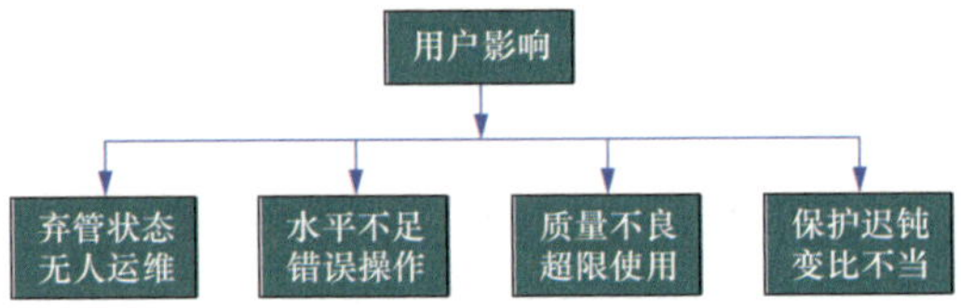

图 2-27 用户影响导致配电网线路故障的主要原因

此外，供电企业由于不是资产主体，无法合规对此类存在安全隐患的供电设备进行运行维护和更新改造，更无法将其纳入电网的统一规划之中。由此可见，供电资产所有权与运行维护职责的分离容易在电网安全运行上产生隐患和引发事故，严重影响供电可靠性，而接管用户设备、更新运维模式、强化电网改造是解决这类问题最有效

的手段。

二、主要做法

（一）规范制度标准，接收用户资产

1. 明确用户资产接收的基本原则

国网本溪供电公司将用户供电资产接收工作纳入企业重点、难点工作范围，由生产运行、营销服务、财务审计等部门进行专题研究，明确用户资产接收的基本原则：①电网安全，服务优质：接收用户资产应符合电网企业总体发展规划，保持合理的网架结构，既有利于电网的安全稳定，又能为用户提供优质高效的服务，实现电网企业与电力客户和谐共赢；②权属清晰，资产优良：接收的用户资产应产权归属清晰，未设定抵押、质押，不存在纠纷或涉诉，使用状态良好，不存在严重缺陷；③量力而行，提质增效：对拟接收用户资产应进行安全性和经济性分析，采用无偿移交方式，确保经济可行；④统筹谋划，战略优先：对于地理位置重要、电网发展急需、符合公司长远发展规划的用户资产，应与用户进行沟通，能收尽收。

2. 细化各类用户资产接收条件

国网本溪供电公司将用户资产进行分类管理，明确接收条件：①用户出资建设的居民小区配电设施形成的资产，如工程设计、设备、施工符合《辽宁省新建住宅小区供电配套工程建设标准》及国家、行业、地方相关标准的，可在送电投运 48h 后，无偿移交给供电企业维护管理；②弃管小区配电设施及相关低压馈出线路，不存在资产纠纷的，可按照产权分界进行接收；③用户专用配电设施，以及 10～66kV 公用供电线路中由用户投资建设的局部线路，即主干线中的用户资产部分，现由公司维护的，可对其进行接收；④城市电缆入地等工程资产，为满足今后同一路径上新增用户用电需求及今后网架建设需求，避免重复开挖，可进行接收。用户资产接收备案表如图 2-28 所示。

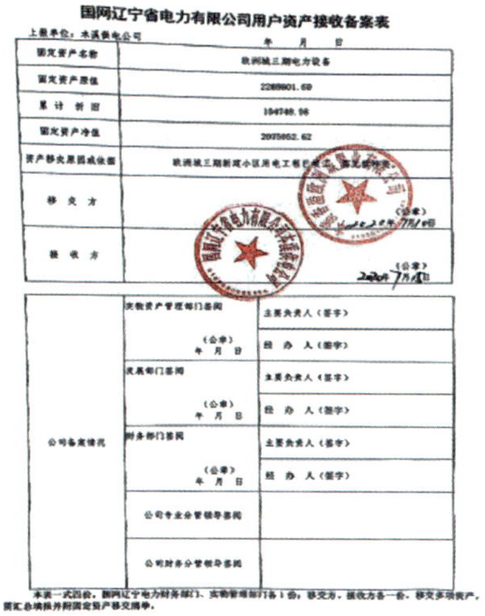
国网辽宁省电力有限公司用户资产接收备案表

固定资产名称	
固定资产原值	
累计折旧	
固定资产净值	
资产移交原因或依据	
移交方	（公章）
接收方	（公章）

公司备案情况	实物资产管理部门签阅（公章）年 月 日	主要负责人（签字）
		经 办 人（签字）
	发展部门签阅（公章）年 月 日	主要负责人（签字）
		经 办 人（签字）
	财务部门签阅（公章）年 月 日	主要负责人（签字）
		经 办 人（签字）
	公司专业分管领导签阅	
	公司财务分管领导签阅	

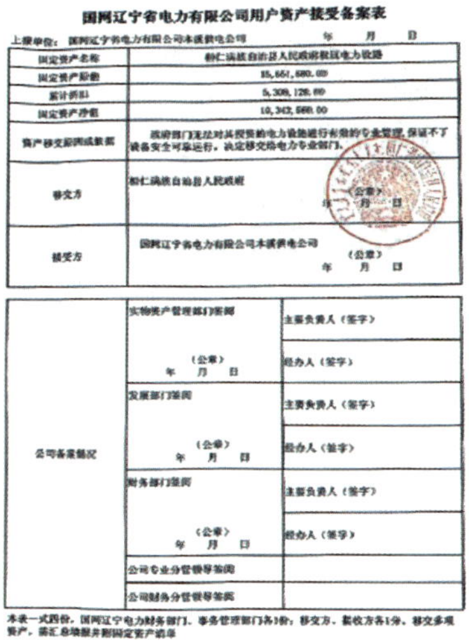
国网辽宁省电力有限公司用户资产接受备案表

上接单位：国网辽宁省电力有限公司本溪供电公司　年　月　日

固定资产名称	
固定资产原值	15,651,680.00
累计折旧	5,309,120.00
固定资产净值	10,342,560.00
资产移交原因或依据	政府部门无法对其投资的电力设施进行有效的专业管理，保证不了设备安全可靠运行，决定移交给电力专业部门。
移交方	（公章）年 月 日
接受方	国网辽宁省电力有限公司本溪供电公司（公章）年 月 日

公司备案情况	实物资产管理部门签阅（公章）年 月 日	主要负责人（签字）
		经办人（签字）
	发展部门签阅（公章）年 月 日	主要负责人（签字）
		经办人（签字）
	财务部门签阅（公章）年 月 日	主要负责人（签字）
		经办人（签字）
	公司专业分管领导签阅	
	公司财务分管领导签阅	

图 2-28　用户资产接收备案表

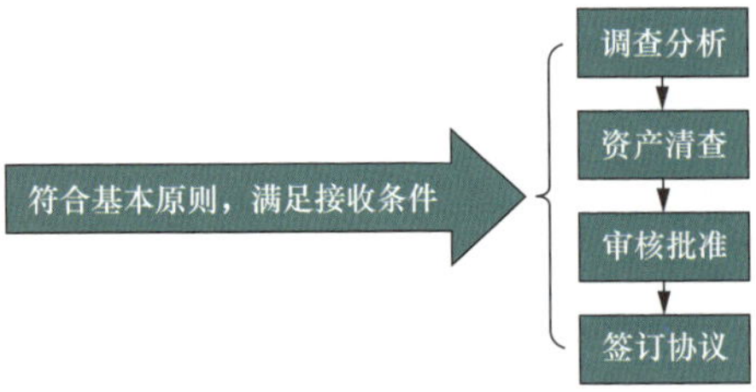

图 2-29　用户资产接收流程

3. 规范用户资产接收流程

国网本溪供电公司根据以上原则、条件，有序开展调查分析，资产清查，然后经省电力公司运检、营销等实物资产管理部门和发展、财务部门审核批准，与用户签订协议，使得资产接收过程与接收结果形成良性闭环，为提升供电可靠性打下基础。用户资产接收流程如图 2-29 所示。

（二）完善基础数据，更新运维模式

国网本溪供电公司在与用户签订意向接收协议后，主动开展资料收集，由运检部、营销部负责认真组织开展现场实物清理、核查，核对数量、型号、坐落地点等情况；财务部负责核实有关资产的产权归属；发展策划部、运检部分别负责核实相关建设项目的核准情况和验收程序；安监部负责分析评估设备技术性能、运行维护情况和安全状况。全面了解设备状态后第一时间进行转资入账，及时更新基础数据，将设备信息接入 PMS、ERP 系统，做到账、卡、物一致，完成设备全寿命周期管理；同时，更新对已接收用户设备的运维管理模式，完全按照公用设备要求对其进行消缺整改，退役超时限运行设备，更换老旧部件，重新整定 TV 变比，安装与供电网协调匹配的新型速动保护装置；结合设备主人制，将接收后的客户设备纳入设备主人责任范围，制订完整的巡视检修计划和应急管理预案，加大考核力度，及时发现和整改隐患，保障设备安全稳定运行，切实提高配电网供电可靠性。巡视已接收用户设备如图 2-30 所示。

图 2-30　巡视已接收用户设备

（三）统一电网规划，列入工程计划

国网本溪供电公司在接收用户资产后，将其统一纳入电网规划范围，以"落实责任、层层配合、动态储备、质量先行"为原则，结合设备主人制，根据上一季度设备主人制总结中设备状态评价结果，依据生产技改大修原则，结合公司各专业重点工作要求、"反措"、家族性缺陷通报等内容，动态开展接收后用户资产技改大修项目储备工作，结合年度投资计划，统筹安排技改、大修项目。2020 年以来国网本溪供电公司有 29 项已接收用户资产设备经过调研审核，纳入统一技改、大修项目，如图 2-31 所示。

序号	上报单位	项目名称	设备现状	存在问题	大修规模	总投资（万元）	立项依据
47	本溪供电公司	国网辽宁本溪南芬21年更换20千伏变台跌落式熔断器开关大修工程	20kV南街线国税分#1-1、国税分#3(南芬小学)、#2、#3、#24、 #26、 #32、 #35 (南芬医院)、#71、 #97、#20右1，11台柱上变压器是本溪电力设备制造有限责任公司产品，2003—2009年投运10台， 2009年报运2台，型号为S—200/20、S7-80、S-315/20、 S-315、S-100/20、 S-50/20;20kV南玻线#42、 #66、#77、#83 (移动基站)、 金坑分#7左3左6，5台柱上变压器是本溪电力设备制造有限责任公司产品，2003—2009年投运，型号为S-200/20、S9-50/10、 S-30、 S-10、S-50/20;20kV机修线#30、 #13、#11、#7，4台柱上变压器是本溪电力设备制造有限责任公司产品，2003—2005年投运，型号为S11-100/20、SBH15-M-315/20、 S-200/20;20kV露天矿线#24、#77、 #93、 #107、 #119， 5台柱上变压器是重庆祥龙电气厂产品，2003年投运，型号为SBH15-M-315/20;20kV选矿线#64、 #92、 #111、#119、 #124, 5台柱上变压器是本溪电力设备制造有限责任公司产品，2003—2008年投运，型号为S-315/20、S-200/20	20kV变台2017年更换249只，20kV跌落式熔断器无备品备件，现有90只严重锈蚀，操作不灵活，瓷体损坏	更换跌落式熔断器30组	6.8	5.3.3.5.3跌落式熔断器有锈蚀、操作时弹动、本体松动、支架位移，对地距离、相间距离不满足技术标准的等现象应更换。5.3.3.3.1 (b)隔离开关存在卡涩、锈蚀、破损、污秽，电气连接处温差超标等缺陷。5.3.3.6.2避雷器通过设备状态评价认定:存在绝缘性能、温度、外观等评价结果为严重状态应更换
48	本溪供电公司	国网辽宁本溪南芬21年更换20kV线路砍伐树木大修工程	20kV南街线总长度33.9010km,于2003年投运，线路中有952棵树距离导线小于安全距高;20kV南玻线总长度17.260km，线路中有58棵树距高导线小于安全距离;20kV机修线总长度4.1540km，于2003年投运，线路中有171棵树距离导线小于安全距离; 20kV选矿线总长11.0490m， 于2003年投运， 线路中有332棵树距离导线小于安全距离	线路位于山区地带，大部分穿越林区和私人果园，20kV绝缘线路在阴雨天气时对临近树木放电	砍伐树木2038棵	10	5.3.2.1.2对配电网设备运行环境差，易受外部施工等外力因素破坏区域的架空线路，宜安排大修，对易撞杆塔进行移位或加装防撞基础，对设备或杆塔张贴防撞反光标识，拉线加装警示反光护套或采取其他防撞措施。5.3.2.1.1对存在严重树线矛盾、异物影响、鱼塘上方有触电危险等区域的架空线路应安排大修，进行树木修剪，减少线路故障次数

图 2-31　部分涉及接收用户设备的技改、大修项目表截图

三、主要成效

国网本溪供电公司 2019 年至今共接收用户资产 302 处，已全部纳入日常运行维护范围，显著降低了用户设备故障造成的跳闸事件，大幅提升了供电可靠率。2020 年全口径用户平均停电时间 4.38h/户，同比减少 1.4h/户，用户平均供电可靠率 99.8929%，同比提高了 0.0403%。其中用户影响造成的故障 197 件，占比 19.4%，同比降低了 9.6%。

2.6　输变配主动运维及电力保障应用建设

单位:国网大连供电公司

导 读　传统电网资源数据收集方式存在复杂、难度大、效率低等问题且没有建立统一有效的数据管理机制，在终端集成化和管理智能化的发展需求下，有效解决海量电网资源信息的收集和管理问题已成为当前迫切需求。通过地理背景、电网拓扑、运行数据实现电网的可视化监控。通过对设备的空间位置、拓扑关系、运维缺陷、技术监督等管理数据，电能监控、在线检测、继电保护等运行数据，运用大数据分析为企业提供决策支撑。实时数据是输、变、配现场控制网络与上层管理信息系统连接的桥梁，在企业信息化建设中扮演着重要的角色。它可安全、稳定地实现与现场各控制系统的数据接口，并能对采集来的数据进行高效的数据压缩和长期的历史存储，同时提供方便、易用的客户端程序和通用的数据接口，使企业的生产管理和决策人员能及时、全面了解当前的生产情况，也可回顾过去的生产情况，及时发现生产中所存在的问题，提高设备利用率，降低生产成本，增强企业的核心竞争力。

一、总体思路

为“输、变、配”全业务环节的全景可视提供数据支持。依托各类智能机器人、监拍装置、移动作业终端构建电网精准感知的“末梢神经”，同步集成大连数据中心中D5000、OPEN5200、PMS2.0、电网GIS、用电采集系统等业务系统相关的业务数据，以数据平台构建为切入点，整合现有系统资源，感知设备运行状态，建立基于GIS的配电数字化线路仿真系统，以大数据分析和新型业务场景应用为抓手，实现输变配生成过程的主动运维，保障电力系统的稳定运行，切实提升电网安全经济运行水平、企业经营绩效和服务质量。

（一）综合可视化展示的全业务数据建设

提供构建核心区域全景展示的基础业务数据，实现变电站、环网箱、线路、重要用户等主要电网设备以及抢修人员、车辆、物资等抢修资源的基础信息和实时数据叠加展示，便于全方位掌握重要对象信息最新动态。提供对重要任务、重要用户、核心设备和抢修资源的综合查询；提供以电网GIS地图为信息展示载体，以任务为单位，将电网设备、抢修资源、重要用户、突发故障、气象天气等核心数据进行关联、钻取和聚合，并支持以多维可视化手段灵活分析，以技术手段提高公司各级人员对信息的获得感。

（二）新一代智能化配电网建设

结合智慧物联体系试点建设项目和第一阶段建设成果，在试点单位实现10kV线路—低压变压器—分支箱—用户拓扑关系自动识别及低压电网运行数据全量实时采集，建成全国首个成体系的中低压拓扑关系自动识别区域，形成典型应用场景，进一步提升电网的感知能力、互动水平、运行效率，缩短平均停电时间。

（三）输变配主动运维管理模式建设

应用终端感知数据分析，提高巡检作业的质量和缺陷预警能力，从而提高变电站安全生产稳定运行水平，同时减轻运维人员的劳动强度和安全风险。通过应用输电主动运维装置和系统（见图 2-32），提升输电专业感知层可视化覆盖率，便于实时数据集中管理，通过多口径介入管控，实现统一管理，提高设备利用率，降低生产成本及运维人员劳动强度。在东港示范区实现电网智能监测、运检即时抢修、营配数据贯通及规划，形成典型应用场景，全面提升电网智能化管理水平。

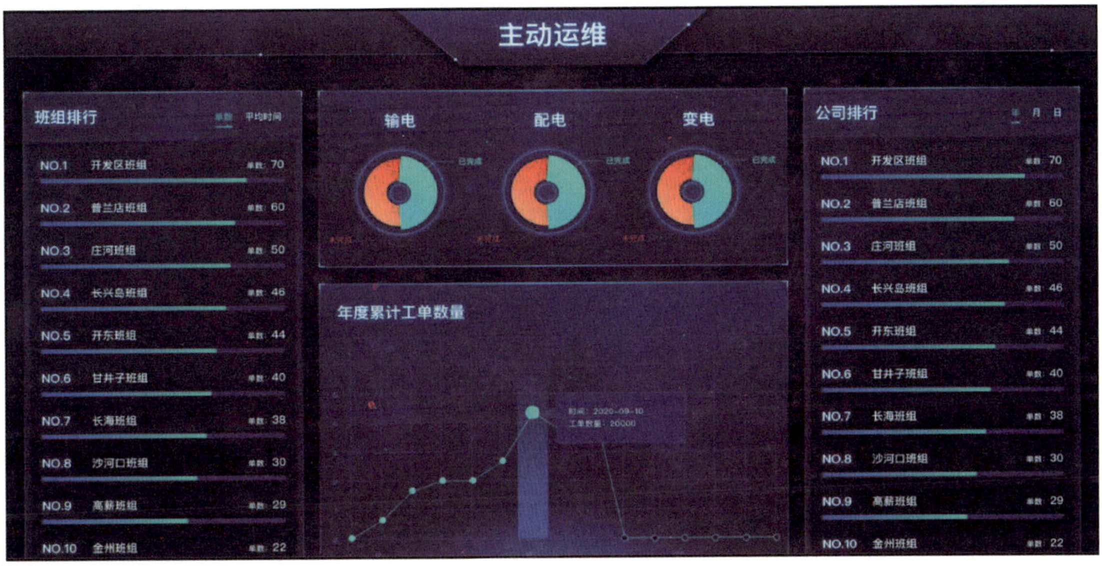

图 2-32 输电主动运维系统

二、方案制订与实施

对设备智能感知升级，对重要负荷线路 42 条、重载线路 15 条、重要跨越线路 206 处、防外破隐患 110 处开展远程遥感、遥测、遥视改造；对 58 条国家电网有限公司定性为一、二级电缆线路本体接地电流、测温等在线监测建设，电缆通道进行防火、防盗、防水具备通信和照明标准化在线监测，上传至电缆隧道综合环境监测系统；按一流配电网建设标准完成 20 座开关站智能化改造，171 台变压器监测改造及台区所属 3660 个分支开关数据采集、2000 个表箱智能开关改造、25181 户智能电表非计量数据采集；现已完成 6 个开关站、40 台变压器监测改造及台区所属 1000 个分支开关数据采集改造，及 1 个海湾运维班机器人建设工作，后续计划完成 2020 年 5000 万改造项目及 2021 年 3500 万改造项目工作，输变配主动运维及电力保障应用会在基础设施的改造工程完成后进一步完善，如图 2-33 所示。

其应用建设任务符合终端智能化特征，将海量感知层数据汇聚于应用层，形成数据模型，打通业务壁垒，满足主动运维及电力保障业务需求，提升供电服务应用水平。

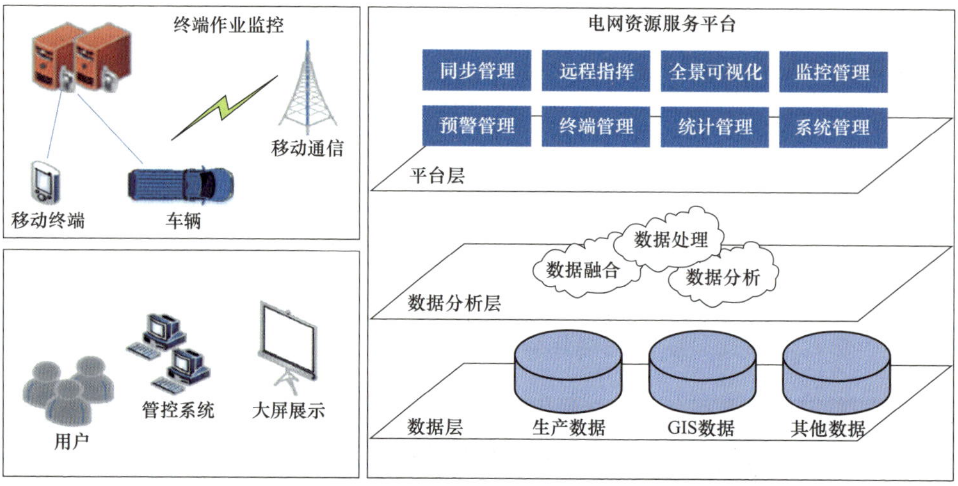

图 2-33 输变配系统架构图

（一）业务数据集成多样化

对 D5000、OPEN5200、PMS2.0、电网 GIS、用电采集系统等系统及隧道监控数据、卡片机无人机监拍数据、变电站内机器人巡检数据进行数据集成，通过大连数据中心进行数据获取，使来源各异、种类不一的各类数据可相互使用，打破系统间的信息孤岛，实现数据的共享和应用。

（二）创建数据分析模型对数据进行深度挖掘

采用数据挖掘、数理统计等相关技术，构建大数据分析框架，提取数据中隐含的、未知的、潜在应用价值的信息和规律，为企业各项工作提供决策和指导。

（三）综合可视化展示的全业务数据支持

提供构建核心区域全景展示的基础业务数据，实现变电站、环网箱、线路、重要客户等主要电网设备以及抢修人员、车辆、物资等抢修资源的基础信息和实时数据叠加展示，便于全方位掌握重要对象信息最新动态。提供对重要任务、重要用户、核心设备和抢修资源的综合查询。提供以电网 GIS 地图为信息展示载体，以任务为单位，将电网设备、抢修资源、重要用户、突发故障、气象天气等核心数据进行关联、钻取和聚合，并支持以多维可视化手段灵活分析，以技术手段提高公司各级人员对信息的获得感。

（四）基于 GIS 的电网相关各业务系统的数据业务应用

通过 GIS 的全景可视化展现的数据，用于提供在综合管控平台中实现故障位置，人员车辆位置、抢修队伍位置可视化展示的实时数据。结合设备巡视数据、天气数据、污秽数据、故障录波等相关内外数据，实现设备故障后的高效分析，准确定位设备故障点；打通人员、车辆、物资等信息孤岛，实现应急时刻人、财、物等方面资源的即时统一调度管理及高效的应急指挥；并建立常态化和轮班制的应急抢修班组，结合应急情况和特点，设定抢修时长，整合多方资源，实现应急预案的信息系统高效辅助决策。

（五）设备实时监控

包括电网信息监控、设备和环境状态信息监控、战略资源信息监控、实时故障处理情况监控等业务场景，包括卡片机、无人机监控、隧道监控、变电站内智能机器人、电网信息监控、设备和环境状态信息监控、战备资源信息监控、实时故障处理情况监控等。

（六）主网和配电网风险主动预警与运维

包括主网和配电网设备状态风险预警、风险源预测、重要用户风险预警等业务场景。

（七）多源视频的全接入与联动

用于实现线路视频、变电站内视频、电缆管道视频、用户侧高配房视频、营业厅视频的全接入，以及抢修过程的视频交互，建立电网拓扑、位置与各摄像头的关联，在地图上点击某条线路或某个站所，即能看到现场的实时视频。

（八）现场作业管控

手持终端与指挥系统对接，生产人员能将现场位置、文本信息、语音、图片和视频回传。

三、示范性、可复制、可推广性

输变配主动运维及电力保障建设以来，大幅降低企业管理和运营成本，通过优化公司整体业务流程，业务处理周期平均缩短30%。公司采用信息系统实现人、财、物集约化管理，直接降低企业的人力资本和管理成本11%，提高全员劳动生产率8%，每年为企业节省成本达8000余万元。

全面提升电网安全及供电可靠性，物联网、智能通信技术在设备状态检修管理上的应用，极大降低设备停电检修的频率，平均每年可多供电量0.3%，减少设备检修成本0.8%。实现配电网自动化后，故障隔离时间由原来的平均45min降低至1min，直接经济效益可达7000万元。建立安全风险预警机制与应急指挥信息系统，提高电网安全生产水平，平均每年可多供电量6500余万kW·h。

（一）对内部和外部环境分析

通过输变配主动运维及电力保障建设实现基础管理更扎实、配电网管控更透明、业扩报装更快捷、配电网抢修更高效、营销资源服务更便民、95598支撑更有力、供电服务更优质，营造良好的内部环境，创造优良的外部环境。

（二）通适用范围分析

输变配主动运维及电力保障适用于营销、运检、调度各部门，通过建立数据同源管理机制，强化新增及异动数据管控，解决了营销、运检、调度部门设备台账和用户信息一致问题。运检部门借助输变配主动运维及电力保障数据可快速准确定位存在问题的配电网区域、设备层级，掌握配电网运行薄弱环节和风险点。调度部门借助数据实现配电网全业务信息纵向穿透、集中管控和全景展示。

（三）资源投入分析

输变配主动运维及电力保障是营销、运检、调度各部门、专业协同完成的工作，以贯彻国网辽宁电力有限公司要求为前提，结合公司现状，在人力资源配置、工作资源分配、作业资源分工、资金资源优化等方面都进行全面支持。

2.7 合理布局自动化点位，助推高供电可靠性示范区建设

单位:国网铁岭供电公司

导读 为有效缩短线路故障处置时间和故障范围，提升供电可靠性和10kV线路管理水平，自2019年，开原公司以“1+1+*N*”总体战略方针，以建设省电力公司县域高供电可靠性示范区为契机，对公司配电线路进行自动化升级改造，主要对10kV架混线路进行改造升级，通过增加环网点、加装智能开关、故障指示器，更换老旧开关为智能开关，合理规划，实现供电可靠率值达到99.99%以上的目标。

一、配电线路故障查找面临问题

国网开原供电公司共有10kV线路92条，其中城镇54条、农村38条。在本次改造前，架空线路大多安装有带保护的柱上断路器，但基本都在线路前段，不能实现故障段的有效隔离，同时在出现线路故障时仍需抢修人员进行现场拉合开关查找故障点，大大增加了故障点查找时间，尤其在变电站母线接地时，仍需站内停电查找接地线路，间接扩大了故障查找范围。

二、配电线路自动化改造配置方案

国网开原供电公司以“1+1+*N*”总体战略方针，对公司配电线路进行自动化改造，即一条线路试点、一个区域自愈线路试点、全部线路改造。改造实施过程按照“5+1”（5项工作步骤，1项返效审核）工作流程对部门、多专业协同配合、共同促进工作开展，形成闭环管控，其工作流程如图2-34所示。

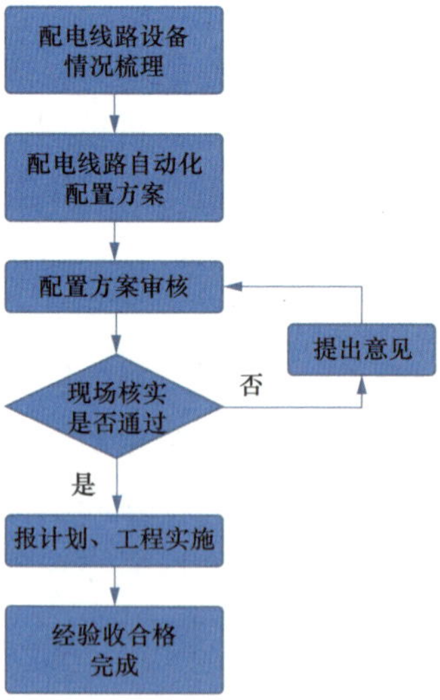

图2-34 改造实施流程

首先由运检部、配电班、供电所对运维配电线路设备情况进行梳理，提供准确的线路图册和变压器分布情况及属性，之后由调控中心方式专业进行方案审核，配电班、供电所根据配置方案进行现场核实柱上断路器和二遥故障指示器安装位置是否可行。若可行，即可上报工作计划进行工程实施；若不可行提出改造意见，重新进行配置，由调控中心方式专业审核通过后重新上报计划进行工程实施，线路自动化改造完成后，形成新图册。

（一）配置方案原则

1. 柱上断路器新装、改造原则

（1）柱上断路器新装应以“用户、支线和线路末端故障就地隔离，快速恢复”为原则，合理确定断路器安装位置。

（2）架空线路新装或更换分段、联络及用户分界开关，宜选用柱上断路器。

(3) 配电网每个主分段区间均应有一个具备转供能力的联络开关，负荷开关或不投保护的断路器作为分段开关可对较长主分段区间再分段，分段、联络开关具备“三遥”功能。

(4) 架空或混合线路按主干线长度（杆号排序）或负荷分布，在线路中段附近安装1台柱上断路器用于主干线路分段，实现线路故障的基本分段；线路主干长度超过10km的可安装分级分段断路器但投入保护的不宜超过5个，主干分段开关保护定值宜设置统一。

(5) 在线路主干第一个分段断路器之后的线路，根据负荷密度在支线首端加装柱上断路器。

(6) 架空与超过0.5km电缆段分界点在电源侧架空线路处加装柱上断路器，线路故障时用以快速区分故障区段性质。

(7) 断路器安装位置宜选择耐张杆。

(8) 裸线或故障高发的线路末端、小分支断路器可投重合闸。

2. 故障指示器配置原则

(1) 应安装于架空线路出站首端、主干线主要分段、分段内部、大分支线首端。安装间隔宜2km，主干分段不宜少于3段，每个分段不超过2km；对于超过2km的大分支，在支线首端和中间位置各安装1套。

(2) 电缆和架空线路连接处共管线分界处、山区河流等交通不便区域处宜加装，实现故障分区。

(3) 安装处线路半日内平均负荷电流应大于5A。

(4)“二遥”故障指示器应与现状分段开关和柱上断路器配合使用，对于实现自动化的区段，故障指示器应在分段开关负荷侧安装，在两个柱上断路器之间安装，故障区段细分，实现故障定位缩小判定区间。

（二）配置方案实例

1. 10kV解放线配置方案

“一条试点线路”为10kV解放线，2019年1月29日66kV开南变电站站内母线接地，按传统拉路试停查找方法为解放线接地，因为此时解放线仅配置一台断路器可实现远方操作，其余开关只能配电班运维人员现场拉合开关查找接地范围，致使故障查找用时5.5h。1月29日正值春节前夕，负荷用电量较大，造成了较大范围的用电负荷损失，所以以此线路为试点进行自动化改造，以缩短线路故障查找时间和缩小故障范围改造配置方案如图2-35所示。

按照配置方案原则，解放线自动化改造配置为：在10kV解放线38、46、永生支01号新建三台智能开关；将原10kV解放线20、59，10kV解放线60右02号与10kV东文线45右01号环网开关、10kV解放线祥和支13号与10kV家和线长寿支11号环网开关、10kV解放线64号与10kV东盛线65号环网开关更换为智能开关，累计新建3台、更换5台智能开关，并加装10组故障指示器，将10kV解放线分为四段。

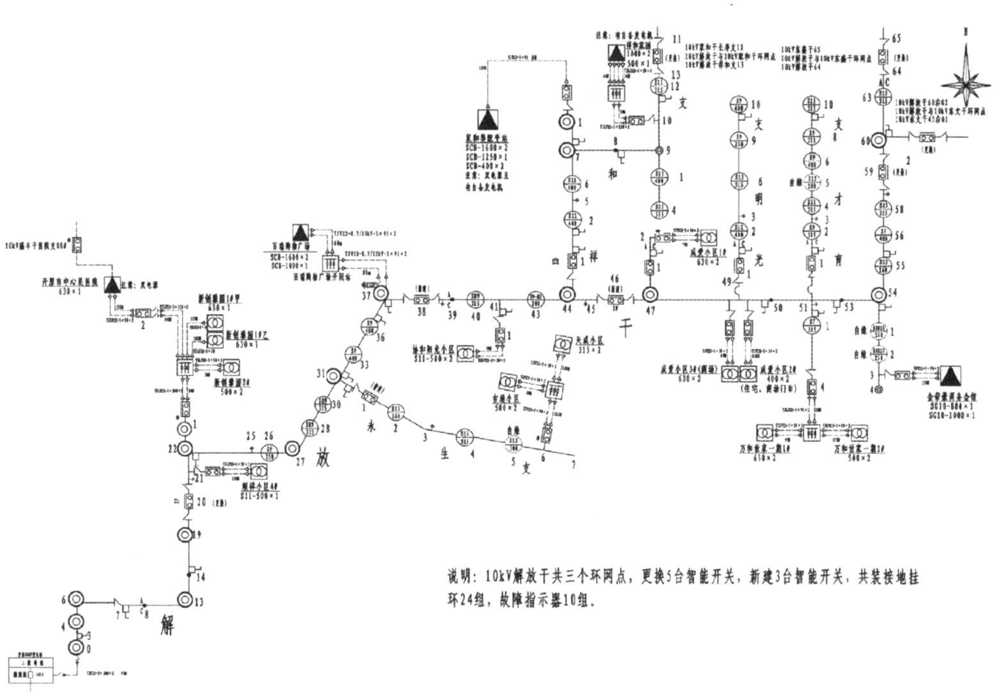

图 2-35　解放线改造配置方案

2. 10kV 自愈线路配置方案

以 10kV 解放线作为自愈线路试点，通过对解放线自动化设备改造，将 10kV 解放线划分为四个段，分别为 0～20、20～38、38～46、46～59 号。通过故障指示器判断故障发生区段，确定故障点位置后，各节点自动化开关自动投切，受影响的后端线路通过环网智能开关的投入，将后段负荷转带，由此将故障停电范围缩减到最小。该线路柱上智能开关和故障指示器配置较为完善，同时联络线路也已完成自动化改造，具备故障隔离功能，在试运行期间，线路故障定位不准确致使故障转移，也不会造成进一步扩大故障范围，影响范围较小且有三个环网点，投切方式灵活。

图 2-36　10kV 解放线作业规划研讨与自动化施工

（三）配电自动化改造方案验证

10kV 解放线于 2019 年 5 月完成自动化改造。10kV 解放线于 2019 年 6 月投入自愈（见图 2-36）。

1. 10kV 解放线自动化改造效果验证

2019 年 6 月 17 日 66kV 开南变电站出现母线接地，通过配电自动化系统故障处理辅助决策确定为解放路 0～20 号杆之间发生 A 接地，确定接地区段用时 10min。

2019 年 8 月 2 日 66kV 开南变电站出现母线接地，通过配电自动化系统故障处理辅助决策确定为解放路 39 号杆下游发生故障，确定接地区段用时 12min。

通过两次故障处置，初步验证了配电网自动化改造可有效减少人员现场反复的拉合开关，节省路上时间，同时分段、分段开关及故障指示器可将故障范围缩小，大大提高了故障处理的效率，提高了供电可靠率。

2. 10kV 自愈线路自动化改造效果验证

2019 年 9 月 20 日，10kV 解放线 20 号开关保护动作跳闸，经故障指示器定位，故障段在 39～45 号区间，38、46 号智能开关自动分闸隔离故障段，20 号开关自愈重合闸成功，10kV 解放线 60 右 02 号与 10kV 东文线 45 右 01 号环网智能开关自动合闸，10kV 解放线 46 号以下负荷由 10kV 东文线成功转带，确定故障段用时 8min。

三、工作成效

（1）在开原电网“1＋1＋N”总体战略下，该试点取得了明显成效，故障点定位准确，缩短了查找时间，同时断路器的合理布局缩小了故障的范围。

在试点之后，根据度夏、度冬重点线路进行全部线路改造，按照“5＋1”工作流程，有条不紊地进行线路改造，目前覆盖线路 86 条，占公司配电线路约 93.47％。建成后平均倒闸操作时间大幅降低，由投运前的 26.9min，降至 11min；非故障区域平均恢复供电时间由投运前的 52.8min 下降至 28.9min，降幅 45.27％。截至目前，供电可靠率累计完成指标 99.9703％，比同期（99.9079％）提高了 0.0624 个百分点；用户平均停电时间 4.226h/户，比同期 10.068 减少 5.842h/户。2020 年 1 月至今未发生大范围停电，未发生超长时间停电用户。

（2）2020 年国网铁岭开原供电公司被国网辽宁省电力有限公司确立为省内首家“县域高供电可靠性示范区”，通过本次试点线路的试运行成功，为下一步示范区的落成提供了依据，证明了配电网自动化改造在应用中具有的真实作用，由一点辐射到整个开原地区电网，在通过整体的配电网自动化改造之后，整个电网的自动化水平达到相当的高度，将极大地提高整个开原地区的供电可靠性，预计可达 99.99％以上。

2.8 修正电流互感器倍率，加速推进异常配电变压器治理

单位：国网铁岭供电公司

导 读 PMS系统中电流互感器倍率不对应问题将直接对配电变压器功率、负载率数值产生影响，造成系统内设备运行情况与实际情况不符。通过修正电流互感器倍率工作，可对配电变压器实际运行情况进行有效监控，真实反映出配电变压器现场用电质量异常问题，减少由于重过载、三相不平衡情况等运行异常情况造成的配电变压器烧损现象，减少线路、配电变压器故障停电次数，成为提升供电可靠性工作中一项有力措施。

一、基本情况

国网铁岭供电公司目前在运配电变压器10653台，经6月初设备部导出全量在运配电变压器互感器倍率数值，并与营销SG186系统中倍率数值进行比对，核查出数值一致配电变压器1888台，一致率为17.72%，不一致配电变压器8765台，其中有倍率数值但不一致2195台，倍率为默认值6570台。2019年由于配电变压器异常运行原因造成10kV线路停电5次、单个台区停运47次，影响1013时户数，对供电可靠性产生较大影响。

二、治理方案

针对互感器倍率不一致情况，国网铁岭供电公司依照省电力公司设备部要求，首先对有数值部分进行集中治理，其次对默认值部分设备进行修改，进而核实配电变压器实际运行情况。最终确保系统内数据与营销数据、现场实际情况做到全部对应，并对存在问题配电变压器制订改造方案，以逐步提升配电设备供电可靠性。

三、实施情况

国网铁岭供电公司互感器倍率治理实施流程如图2-37所示。

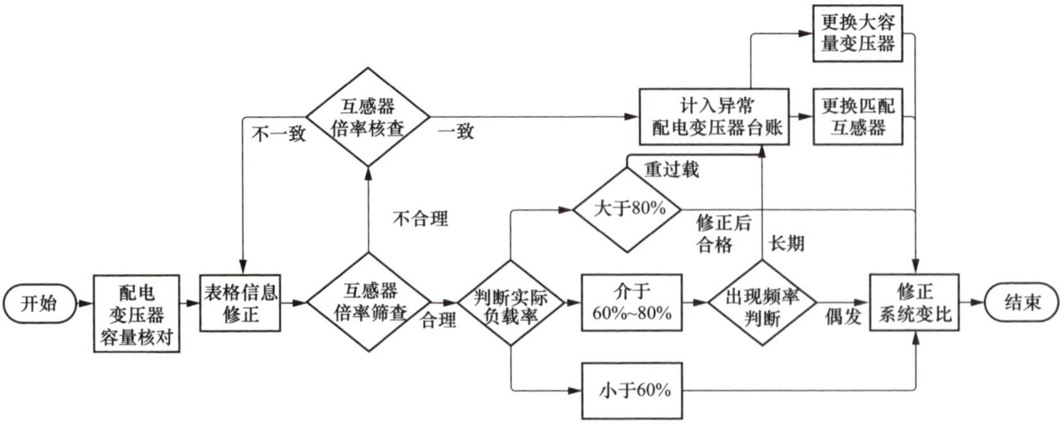

图2-37 互感器倍率治理实施流程图

(一)利用线下资料核对设备容量

依照班组、供电所线下台账及现场实际情况对PMS系统中变压器容量进行再次核对，如图2-38所示，修正全量数据表中配电变压器容量，确保表格中设备容量与现场实际情况完全一致，确保下一步计算治理工作数据有效。

图2-38 核实配电变压器容量数据

(二)通过互感器倍率理论值进行初筛

分别为依照该配电变压器容量所计算二次侧应配备互感器倍率理论值和按照需求数据修正后互感器倍率与理论值的差值。其中电流互感器额定电流理论值为该变压器二次额定电流的1.2倍，具体为

$$I = 1.2\frac{S}{\sqrt{3}U}$$

式中：I为电流互感器额定电流；U为二次侧线电压，0.4kV。

近似计算电流互感器倍率为0.3倍配电变压器容量。

$$k = \frac{I}{I_{N2}} \approx 0.3S$$

式中：k为电流互感器倍率；I_{N2}为电流互感器二次侧额定电流，5A。

对设备部导出全量数据表格中插入两列用于互感器倍率数值核对，分别为“理论值”及“差异值”，如图2-39所示。通过对计算出差异值的大小对互感器倍率正确情况进行判断。

1. 倍率误差值较小

配电变压器应更改变比与理论值计算差值约为0的配电变压器，可认为需更改的互感器倍率与实际情况相同，可直接按照数据进行下一步判断。

2. 倍率误差值较大

对于计算差值数值较大配电变压器，可能为新装、轮换变压器时未配置匹配该配电变压器的互感器，也可能为现场互感器已更换，营销系统中未进行及时更正。对于此类配电变压器，需工作人员提供现场核实过程中留存的配电变压器及互感器铭牌照片，如图2-40所示，确保设备数据真实准确。对于现场倍率与理论值差距较大配电变压器，应列入异常配电变压器台账，及时与营销部门人员沟通，现场更换，避免由于互感器不匹配造成的电量计量不准确、互感器烧损等问题，影响供电可靠性。

PMS与营销容量是否相同	是否需要更改（是/否）	应更改容量（kVA）	TA变比	营销TA变比	PMS与营销TA变比是否相同	是否需要更改（是/否）	应更改变比	理论值	差异
相同			15	100	不同		100	60	40
相同			默认值	20	不同		20	15	5
相同			默认值	20	不同		20	15	5
相同			默认值	20	不同		20	15	5
相同			默认值	20	不同		20	15	5
相同			默认值	30	不同		30	30	0
相同			15	120	不同		120	120	0
相同			15	120	不同		120	120	0
相同			10	120	不同		120	120	0
相同			默认值	30	不同		30	30	0
相同			默认值	15	不同		15	15	0
相同			默认值	15	不同		15	15	0
相同			15	30	不同		30	60	-30
相同			30	80	不同		80	120	-40

图 2-39　插入互感器倍率数值核对列

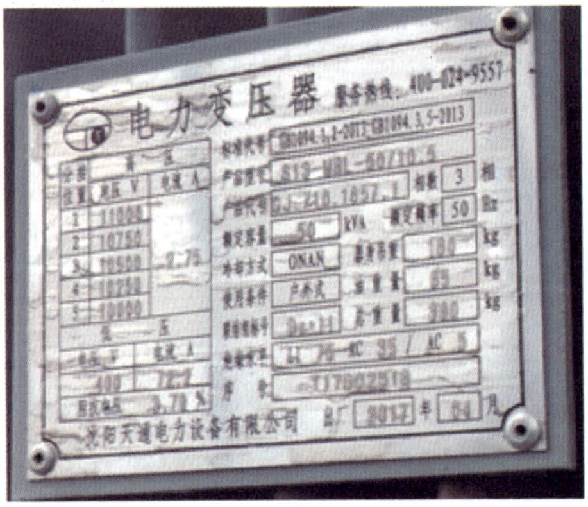

图 2-40　现场核实配电变压器及互感器铭牌

（三）判断更改倍率后配变负载率情况

对设备部导出全量数据表格中再插入三列用于判断更改变比后系统内负载率情况，分别为“今年最大负载率”“按应改变比修正后负载率”及“是否存在或即将重过载”，如图 2-41 所示。

由于 PMS 系统内配电变压器电流源端数据来自于营销电力用户用电信息采集系统，由系统中电流数据乘以 PMS 系统内互感器倍率，因此通过 PMS 系统内导出该配电变压器全年最大负载率，并通过除以 PMS 系统内当前互感器倍率数值（默认值变比数值为 1），再乘以修正后互感器倍率数值的方式计算出该配电变压器依照实际变比修正后全年最大负载率

$$\eta = \frac{k_2}{k_1}\eta_{\max}$$

式中：η 为修正后全年最大负载率；$\eta_{\max}$ 为 PMS 系统内全年最大负载率；k_1 为 PMS 系统内互感器变比；k_2 为修正后互感器变比。

TA变比	营销TA变比	PMS与营销TA变比是否相同	是否需要更改（是/否）	应更改变比	理论值	差异	今年最大负载率（%）	按应改变比修正后负载率（%）	是否存在或即将重过载
15	100	不同	是	100	60	40	25.84	18.24	否
默认值	20	不同	是	20	15	5	6.58	36.44	否
默认值	20	不同	是	20	15	5	8.25	52.96	否
默认值	20	不同	是	20	15	5	3.85	54.44	否
默认值	20	不同	是	20	15	5	4.08	55.44	否
默认值	30	不同	是	30	30	0	3.23	8.66	否
15	120	不同	是	120	120	0	12.23	8.88	否
15	120	不同	是	120	120	0	13.11	10.21	否
10	120	不同	是	120	120	0	9.62	12.31	否
默认值	30	不同	是	30	30	0	2.45	13.29	否
默认值	15	不同	是	15	15	0	11.57	50	否
默认值	15	不同	否	15	15	0	5.260666667	78.91	是
15	30	不同	否	30	60	-30	40.73	81.46	是
30	80	不同	是	80	120	-40	16.9875	45.3	否

图 2-41　插入判断更改后负载率列

（四）根据计算结果分类治理

对修正后负载率进行分类分析，判断配电变压器实际运行情况并进行下一步处理。

1. 80%<修正后负载率数值

此类配电变压器需进一步对数据进行分析，若经核查后确为重过载变压器，需列入异常配电变压器台账，及时安排治理轮换工作，更换大容量变压器解决现场重过载问题；若为 PMS 内数据异常造成负载率计算后数值偏高，则需进一步计算台区负载率，通过取数据合理范围内最大功率值，计算分析得出台区实际负载率情况。

$$\eta = \frac{\frac{P_2}{P_1}P_{max}}{S}$$

式中：P_{max}为合理范围内最大功率；P_1 为某时刻 PMS 系统中功率；P_2 为同一时刻营销用采系统中功率；S 为配电变压器额定容量。

如图 2-42 所示，某台区按应改倍率 100 修正其最大负载率后超过 450%，明显不符合现场情况，经核实该台区于 3 月调整变压器信息，导致互感器倍率清空为默认值，因此计算需忽略 3 月以前数据，按 4 月份后数据计算负载率为 6.14%，因此可对其互感器倍率进行修改。

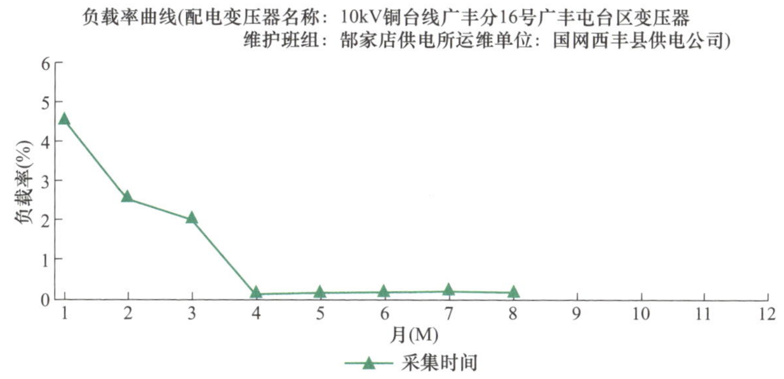

图 2-42　PMS 内数据异常负载率曲线（修改前）

2. 60%<修正后负载率数值≤80%

此类配电变压器需根据 PMS 系统中全年曲线进行分析，可上报修正，若在某段时间内长期出现修正后负载率大于 60%情况，则该配电变压器上报修正后可能由于负荷增长出现重过载情况，该部分配电变压器需及时进行轮换，更换大容量变压器避免重过载情况出现；若修正后负载率超过 60%为偶发情况，全年仅于某一日出现，则可认定更新互感器倍率后配电变压器不会发生重过载现象。

某台区最大负载率按应改倍率 20 修正后超过 60%，但全年仅出现一日，为负荷异常激增造成的偶发情况，如图 2-43 所示，仍可对其互感器倍率进行修改。

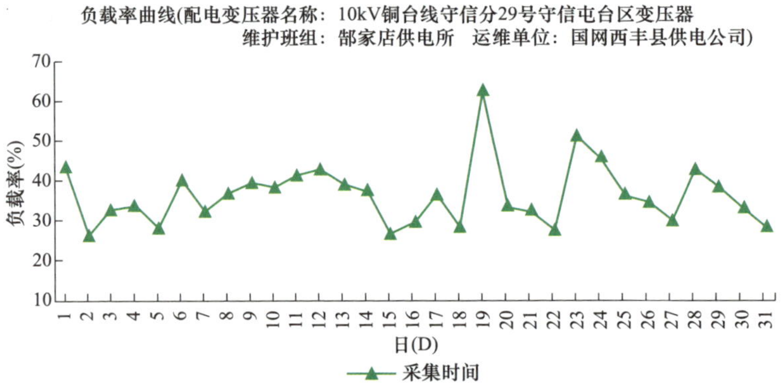

图 2-43 负载率偶发超过 60%曲线（修改后）

3. 0<修正后负载率数值≤60%

若计算后负载率小于 60%，则可认定更新互感器倍率后配电变压器不会发生重过载现象，可直接对数据进行上报修正。

某台区最大负载率按应改倍率 20 修正后仍低于 60%，如图 2-44 所示，因此可对其互感器倍率进行修改。

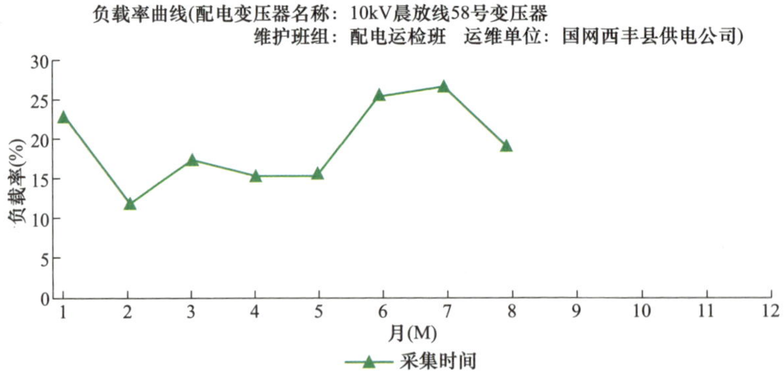

图 2-44 负载率低于 60%曲线（修改后）

四、治理成效

国网铁岭供电公司通过不断治理互感器倍率错误数据，确保 PMS 系统内数据与现场实际运行情况一致，能真实体现配电变压器运行情况。通过本次治理工作，排查出由于互感器倍率错误问题造成隐匿于 PMS 系统的重过载配电变压器 125 台，轻载配电变压器 173 台，公司已通过合理安排配电变压器轮换工作对其逐步进行现场治理，降低了由于重过载、三相不平衡原因造成的电压质量异常问题，消除配电变压器长时间过负载运行烧损导致线路及台区故障停运隐患，为稳步提升供电可靠性打下基础。

2.9 低电压治理提高农村供电可靠性

单位:国网葫芦岛供电公司

导 读 为有效改善电压质量，提高供电能力，国网葫芦岛供电公司结合配电网网络结构薄弱、供电能力及运维水平低等实际，认真梳理、排查配电网供电质量问题，加大配电网改造力度。通过低电压治理等工作，不断提高运维精益化管理水平，大幅提升了城网和农网综合供电电压合格率。

一、总体思路

由于农村的快速发展和人民生活水平的不断提高，农村供电能力不足的问题显现得越来越明显，本文通过介绍葛家线的基本情况，再从各类系统进行数据分析，分析出低电压原因，再针对原因进行整改，究其本源的解决低电压问题，提高客户满意程度，提升供电可靠性。

二、低电压治理典型经验

（一）基本情况

10kV 葛家线接于 66kV 土头山变电站 10kVⅠ段母线，线路总长 25.46km，供电半径为 19.2km，导线型号 LGJ-120，功率因数为 0.91。66kV 土头山变电站两台主变压器型号均为 SZ11-10000/66，主变压器挡位共 17 挡，均运行在 9B 挡（66kV）。

英伍村 5 组公用变压器位于 10kV 葛家线 21.5km 处，公用变压器容量 30kVA，共 3 个挡位，运行Ⅲ挡。台区导线型号 JKLYJ-35，供电半径 0.9km，台区居民用户 28 户。

选取位于 10kV 葛家线 11km 处平台 2～4 组公用变压器作为对比台区。该公用变压器容量 50kVA，共 3 个挡位，运行在Ⅲ挡，台区导线型号 JKLYJ-35，供电半径 0.75km，台区居民用户 147 户。

（二）原因分析

1. 依托调度系统和配电网管控模块数据对该公用变压器进行分析

（1）10kV 电压曲线分析（见图 2-45）2019 年 5 月 23 日 10kV 电压曲线显示，土头山变电站 10kVⅠ母日最高电压 10.65kV，出现在 01：15；日最低电压为 10.21kV，出现在 10：50，电压波动为 0.44kV。站端 10kV 母线电压在合格范围之内。

（2）首端台区（平台 2～4 组公用变压器）电压曲线分析（见图 2-46）2019 年 5 月 23 日台区电压曲线显示，当日最高电压 240V（C 相），越上限率 2%，出现在 01：00；当日最低电压 202V（C 相），出现在 11：00，电压振幅 38V，未越限。

（3）首端台区（平台 2～4 组公用变压器）负载率曲线分析（见图 2-47）。2019 年 5 月 23 日台区负载率曲线显示，当日最大负载率 80.415%，出现在 19：00，当日最小负载率 17.544%，出现在 04：00。该台区无重、过载现象。

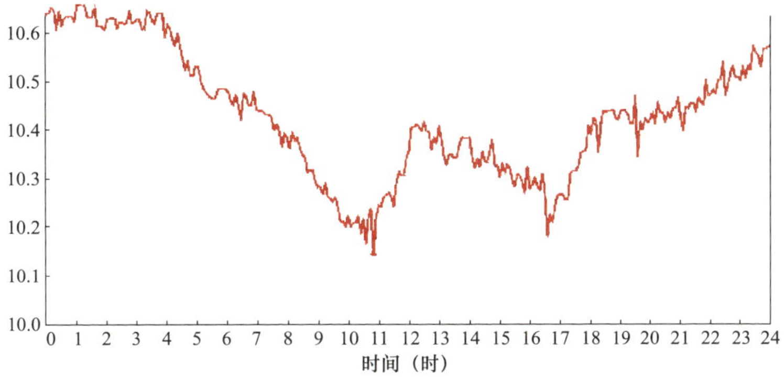

图 2-45　土头山变电站 10kV Ⅰ段母电压曲线

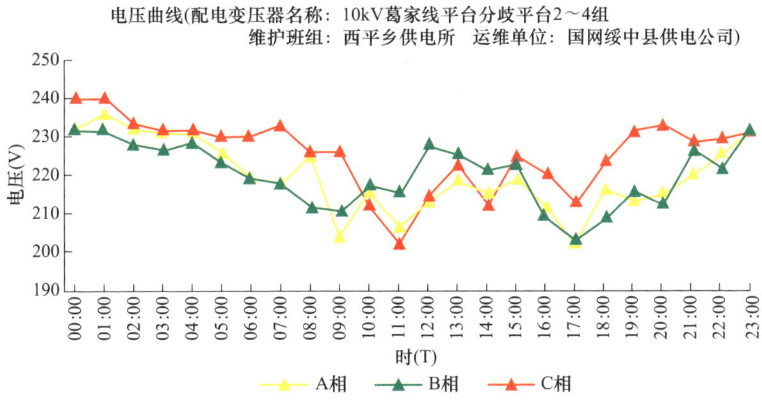

图 2-46　平台 2～4 组公用变压器台区电压曲线

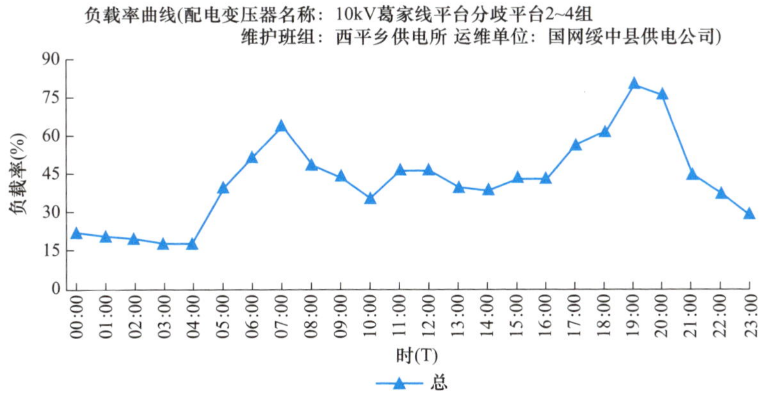

图 2-47　平台 2～4 组公用变压器台区负载率曲线

（4）问题台区（英伍村 5 组）电压曲线分析（见图 2-48）。2019 年 5 月 23 日台区电压曲线显示，当日最高电压 234.7V（A 相），未越限，出现在 01∶00；当日最低电压 194.6V（B 相），出现在 17∶00，越下限率 1.7%，B 相电压在 11∶00、A、B 相电压在 17∶00 出现“低电压”现象。

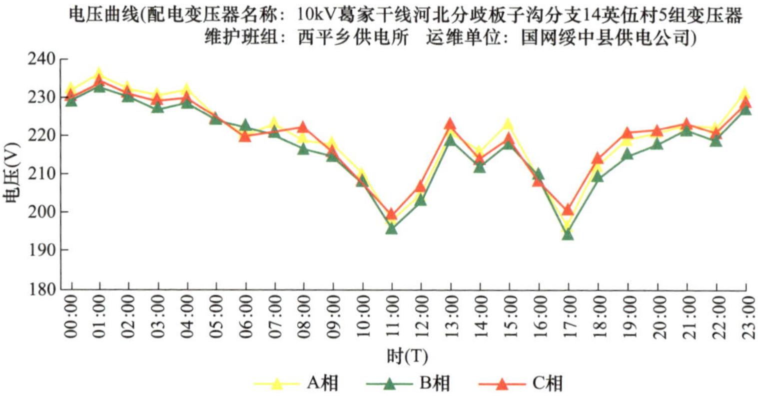

图 2-48　英伍村 5 组公用变压器台区电压曲线

（5）问题台区（英伍村 5 组）功率曲线分析（见图 2-49）。2019 年 5 月 23 日台区功率曲线显示，当日最大功率 3.7kW，出现在 12：00，当日最小功率 0.6kW，出现在 09：00。出现最大功率时 A 相功率 2.3kW，B 相功率 0.1kW，C 相功率 1.3kW。

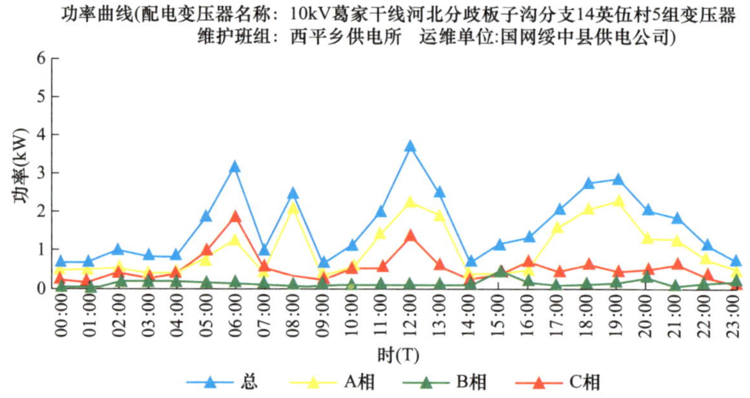

图 2-49　英伍村 5 组公用变压器台区功率曲线

（6）问题台区（英伍村 5 组）负载率曲线分析（见图 2-50）。2019 年 5 月 23 日台区负载率曲线显示，当日最大负载率 12.3%，出现在 12：00，当日最小负载率 2.1%，出现在 09：00。该台区无重、过载现象。

2. 分析结论

土头山变电站 10kV 母线电压处于合格范围内，未出现越限情况；首端台区电压正常，问题台区本身未出现重、过载情况。台区英伍村 5 组公用变压器位于 10kV 葛家线 18.8km 处，受 10kV 线路压降影响，台区电压低于标准值，在负荷高峰期（11：00、17：00）出现了“低电压”现象。通过以上数据判断，导致英伍村 5 组公用变压器出现“低电压”的原因是 10kV 线路供电半径过长导致末端电压越下限。

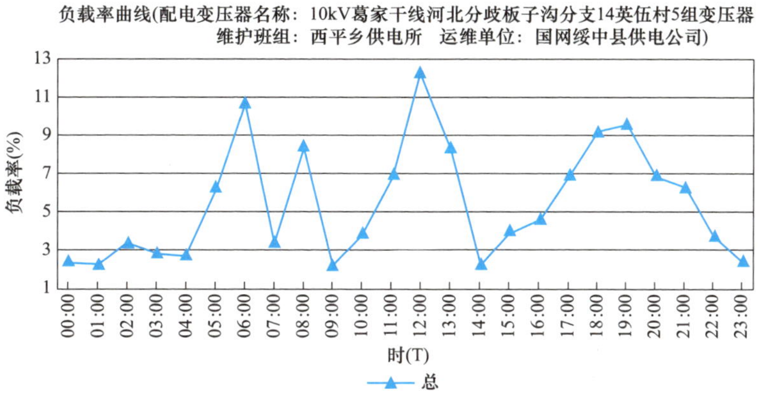

图 2-50　英伍村 5 组公用变压器台区负载率曲线

3. 治理措施

国网绥中县供电分公司持续观察该地区的用电周期，了解客户用电规律，在 2019 年 8 月结合工程计划，在 10kV 葛家线负荷集中点加装容量为 5000kVA 的 10kV 线路调压器，解决了负荷高峰期时，处于线路末端台区因供电半径过长而引起的“低电压”情况。

三、治理成效

治理后台区（英伍村 5 组）电压曲线如图 2-51 所示。2020 年 5 月 23 日台区电压曲线显示，当日最高电压 237V（C 相），越上限率 0.68%，出现在 19：00；当日最低电压：217V（C 相），出现在 16：00，未越限。

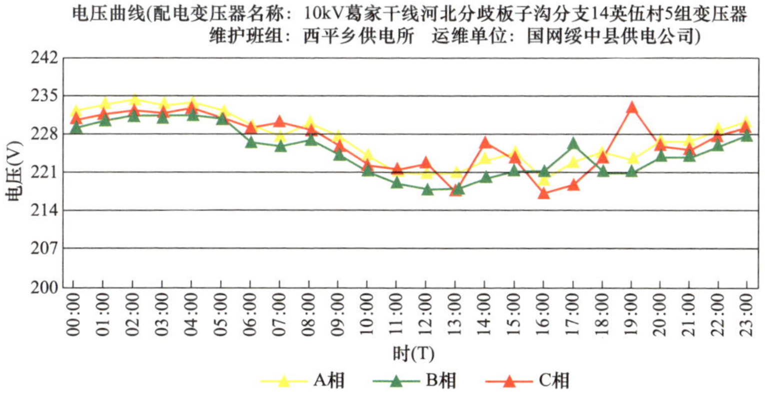

图 2-51　英伍村 5 组（治理后）公用变压器台区电压曲线

葛家线经低电压治理后，截止至今无用户投诉，切实可靠地提高了农网的供电可靠性。

2.10　预防森林火灾，压降林区故障停电

单位：国网丹东供电公司

导 读　国网丹东供电公司贯彻以人民为中心的理念，以供电可靠性提升为主线，深入落实国家电网有限公司关于输配电森林草原防火各项工作部署，充分认识森林草原火灾防范工作对供电可靠性提升工作的重要性，按照“全面排查、加快治理、强化防范、健全机制”的要求，以“六查六加强”为重点，全面开展森林草原输配电火灾隐患排查治理工作，强化防范措施落实，健全常态化工作机制，加强过程管控，严肃考核问责，避免由森林草原火灾造成的故障停电对供电可靠性造成影响，确保森林草原输配电线路火灾隐患排查治理工作取得实效。

一、基本情况

国网丹东供电公司供电面积 1.5 万 km^2，位居辽宁省第二；丹东地区森林草原资源丰富，素有“辽东绿色屏障”之称，域内林地面积 0.9981 万 km^2，位列全省第一，是辽宁省重要的水源涵养林区。国网丹东供电公司域内共有 66kV 及以上变电站 124 座，输配电线路 847 条，其中林区内共有变电站 31 座，输配电线路 155 条，总长度约 3200km，约占全部线路的 26%，大量输配电线路通道地处山区，线路通道错综复杂。总体来看，丹东地区的森林草原防火工作具有防控区域较大、线路通道情况复杂的特点。

丹东地区的山火防治期是每年的 10 月至次年 5 月，全年共计 200 余天，具有防控周期长的特点，每年的清明节、中元节、春节前后是高火险期。

二、实施方案

（一）周密部署，推进森林防火组织建设

国网丹东供电公司成立领导小组，召开专题会议对森林草原输配电线路火灾防范工作进行部署，明确各职能部门工作目标和责任分工，确认输电工区及各县级供电公司负责人为森林草原防火工作的第一责任人，强化组织协调和过程管控。

（二）政企联动，加强森林防火沿线宣传

加强与政府部门的横向协同，共同防治山火事故，并大力发动人民群众，做好线路沿线森林防火宣传工作，利用社会力量对线路安全进行监督，营造群防群治的良好氛围。

（三）细致排查，提升森林防火能力水平

面对目前域内林区线路基础较为薄弱的特点，国网丹东供电公司按照专项行动方案“全面排查、加快治理、强化防范、健全机制”的要求，彻底排查电力线路周边危险树木，持续开展通道火灾隐患排查治理，确保危险树木情况排查精准、治理到位。

（四）未雨绸缪，开展森林防火线路特巡

每年的清明节、中元节、春节前后，根据山火隐患明显的季节、时段特点，考虑天

气状况、地理环境、植被情况、线路通道情况、周边人员活动规律等因素，及时展开线路特巡，消除线路隐患，降低线路走廊区域内发生山火险情的可能性。

（五）重点治理，强化线路设备运维保障

为强化线路设备运维保障，国网丹东供电公司采取了三个方面的措施：①强化重点区域治理，对丹东境内 7 处森林公园、13 处自然保护区以及森林草原火灾频发区域的输配电线路火灾隐患，要优先治理并加快推进；②建立健全线路火灾防范常态化工作机制，编制应急预案，积极采取森林草原输配电线路退出重合闸、主动拉停、快速隔离等避险措施；③积极探讨、实践新技术应用，通过搭载不同的应用模块，利用无人机对线路进行全面排查，及时发现并处理线夹过热、超高树木、异物搭挂等隐患，在输电工区设置监控室，利用可视化拍摄技术，远程监控穿越林区线路运行情况，完善通道技防措施；④加快配电网自动化的实际应用能力，通过加装接地自跳开关，第一时间切断接地点电源，消除山火隐患。

三、现场实施情况

国网丹东供电公司积极结合“电力设施保护宣传月”“5.15 政务公开日”等活动开展集中宣传，在做好疫情防控的前提下，积极组织本单位运维人员到县域和市区内各人口流动较大的农贸市场、集市开展了电力设施保护宣传活动。

（一）电力宣传，牢记于心

将展板、条幅放置于临近电力设施的集市等人群密集处，并发放宣传单。以图文结合的方式科普施工作业车辆临近放电、道路开挖损伤电缆说挂线、钓鱼触电、超高树木触线、线下盖房以及线下焚烧垃圾的危害，如图 2-52 所示。

（二）隐患排查，不忘使命

（1）专项行动与日常巡护、督查与自查相结合，对全部穿越林区线路进行巡查，对线路廊道进行修枝断梢，清除对林木放电等隐患，依据“早巡视、早发现、早处理、早送电”的处置原则，差异化制订故障巡视及故障点研判方案，全力降低山火风险。

图 2-52 宣传人员向人民群众派发森林防火宣传用品（一）

图 2-52　宣传人员向人民群众派发森林防火宣传用品（二）

（2）完善防山火隐患“一患一档”，并以此为立项依据，对设备接地、线路防雷进行改造，经效果评估后将隐患一一“销号”，实现闭环管理。

（三）清明防火，防止火灾

根据清明前后，集中祭祖扫墓导致山火隐患增多的特点，编制《清明节防山火方案》，对易发山火隐患点悬挂宣传防火安全横幅（见图 2-53），强化群众山火防范意识。安排专人蹲守和流动巡视（见图 2-54），建立山火隐患档案，对所有山火隐患点周边群众进行防山火安全宣传，认真落实防火责任制，对防火重点区域与区县分公司属地化通道维护联络员取得联系，协调区域防火工作，建立山火联防、信息共享的机制，如图 2-55 所示。

图 2-53　悬挂森林防火条幅

（四）扎实预算式过程管控

制作供电可靠性管控看板（见图 2-56），时刻以提升供电可靠性为主线，落实森林草原防火工作，让工作人员上下班过程中都能看到供电可靠性管理提升三年专项行动，以供电可靠性带动森林防火，以森林防火提高供电可靠性。

图 2-54 公司领导至森林防火现场督导检查

图 2-55 66kV 湾永线拉古哨分 27～28 号线路外 400m 处发生火情

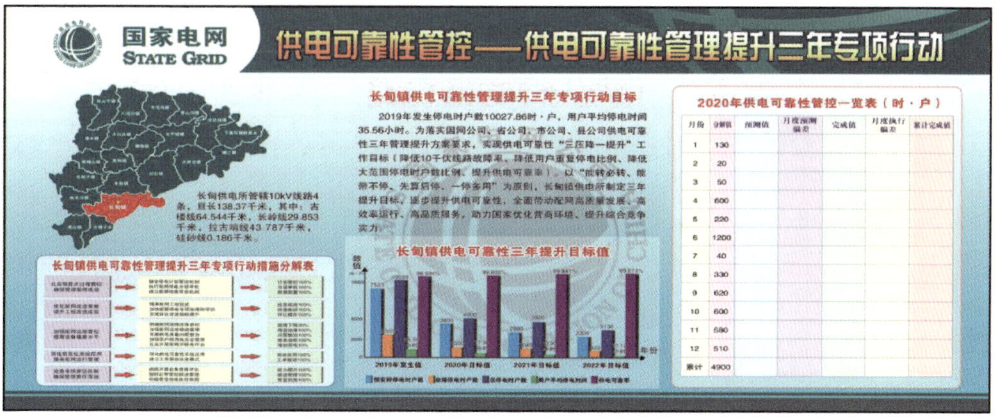

图 2-56 供电可靠性管控看板

四、实施成效

公司结合丹东地区穿越林区线路点多面广的实际情况，发挥供电所属地化管理作用，分解工作任务到一线，确保防火工作“事有人抓、责有人担、设备有人管”，切实形成统一指挥、全体动员、逐级落实、日有汇报的完整防山火体系。共排查梳理森林草原输配电线路155条，累计发现火灾隐患242项，完成治理170处，预计减少故障停电时户数9500户。

五、下阶段重点工作安排

（一）进一步完善防火工作责任体系

明确电网规划设计、建设施工、运维管理等各环节火险防范和应急处置要求，将隐患治理纳入安全生产专项整治三年行动计划。

（二）与地方政府森林草原消防管理部门联合处置

完善火情互报、信息共享机制，完善快速响应联合处置机制，主动配合地方政府，借助广播、电视、网络等媒体加强森林草原防火宣传，开展森林草原防火专题宣传活动，不断扩大宣传范围，让“保护电力设施，人人有责”的理念渗透到每一位居民的生活中。

（三）持续优化森林草原地带线路运行方式

加强规划设计、建设施工等前期环节管控，结合实际开展差异化设计，因地制宜提高设防标准。加强规划设计阶段沿线环境信息调查收集，合理规划森林草原新建线路路径，减少穿越线路长度，加强高跨、防雷等差异化设计。

（四）持续加强森林防火提升供电可靠性

将森林草原防火纳入供电可靠性三年提升方案，作为供电可靠性三年提升强有力的支撑，为供电可靠性的提升提供坚强的后盾。

2.11 多专业融合提升配电网自动化管理水平

单位：国网大连供电公司

导读 2019年国网大连供电公司建立完善了配电自动化运维体系，特别是在自动化运维多专业协同作业方面，成立了集继电、通信、远动、配电的自动化综合运维班组，重点解决了配电自动化运维多专业协调难度大，主站、通信、终端维护界面不精准，配电终端不在线时故障定位难、信息交互不畅、自动化故障时责任不清等问题，保证了配电自动化实际应用和运维平稳有序开展。有效故障时长提升供电可靠性管理水平。

一、总体思路

（一）管理理念和策略

1. 大连配电自动化覆盖范围

国网大连供电公司目前已建成覆盖整体大连市的配电自动化主站，建设了满足与配电GIS系统、PMS系统、OPEN3200系统之间基本数据交互与集成的信息交互总线，已接入主站的配电自动化终端达到6018个。遵循“统一规划、分布实施、试点先行、逐步推广”的建设原则，配电自动化分期、分年度逐步建设，预计至2020年将达到6600个配电终端接入主站上线运行。

2. 主站构架和功能

大连供电公司已建成覆盖全市的主站系统，充分满足相关技术规程及指导文件的要求，符合国际标准。具备配电SCADA、馈线自动化、配电调度管理、智能调控、仿真培训等功能，建立符合IEC61968和IEC61970要求的配电网信息交换总线，以配电网信息交换总线有效集成生产管理系统（PMS）、营销管理系统（CIS）、95598系统、配电GIS系统、调度EMS系统、集控系统、用电信息采集系统等，使整个信息管理大区紧密结合，协同工作最终实现停电管理及配电网综合指挥和决策，为配电网调度提供一体化技术支撑，如图2-57所示。

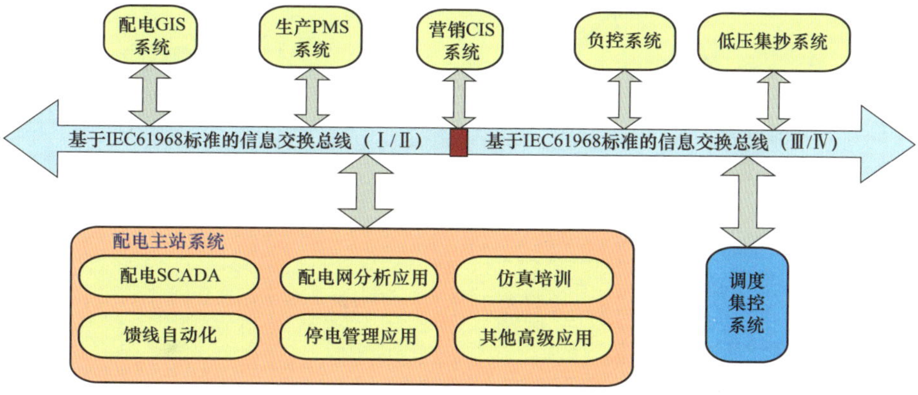

图2-57 主站系统总体构架图

3. 配电自动化终端接入主站流程

新建配电终端由配电 GIS 系统、PMS 系统经过 IEC 总线交互进入 OPEN3200 系统生成红图，节点入库、拓扑着色、通道配置调通、分配 IP、录入点表、联调成功后交付调度使用，如图 2-58 所示。

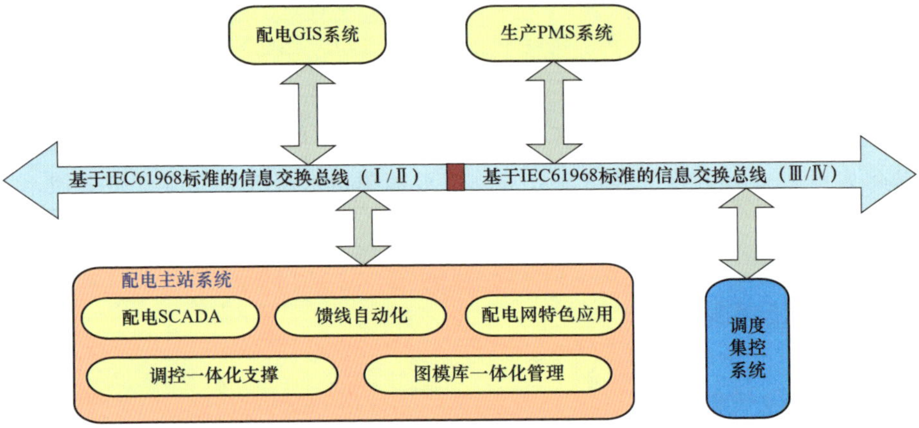

图 2-58　图模交互原理图

4. 通信系统方式

大连自动化通信系统，主站至 66kV 变电站通信属于骨干层，选用已建成的 SDH 光纤传输网开辟专用通道的方式，开关站向上至 66kV 变电站采用光纤方式（见图 2-59），开关站向下至箱式开关站、配电站采用 WiMAX 无线专网和 PLC 载波技术（见图 2-60、图 2-61）。

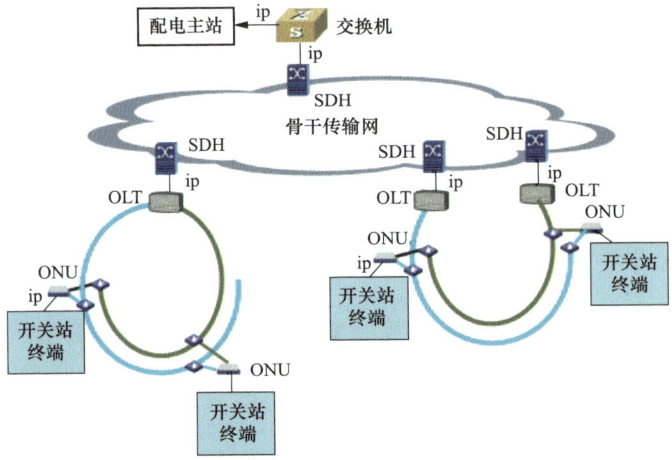

图 2-59　光纤专网（EPON 无源光网络）

（二）管理范围和目标

配电自动化运行管理应明确管理主体，重点满足配电自动化缺陷处理响应时间，运行日志、检修记录、巡视记录、缺陷记录等相关资料齐全。OPEN3200 系统内图形清晰、美观、实用，曲线、实时数据显示正常、符合逻辑，各涉及配电自动化系统工作的部门人员职责明确。

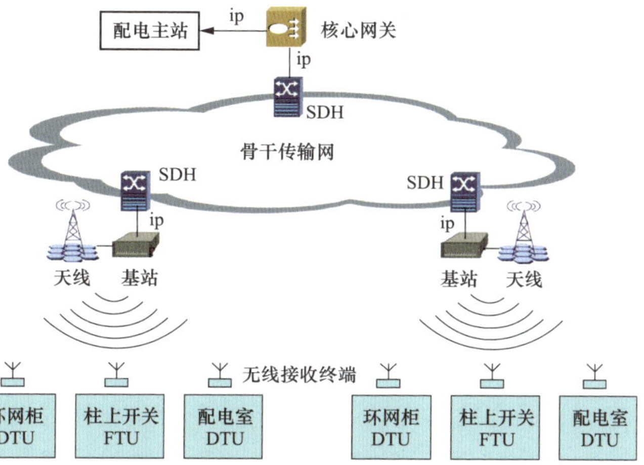

图 2-60　无线专网结构图

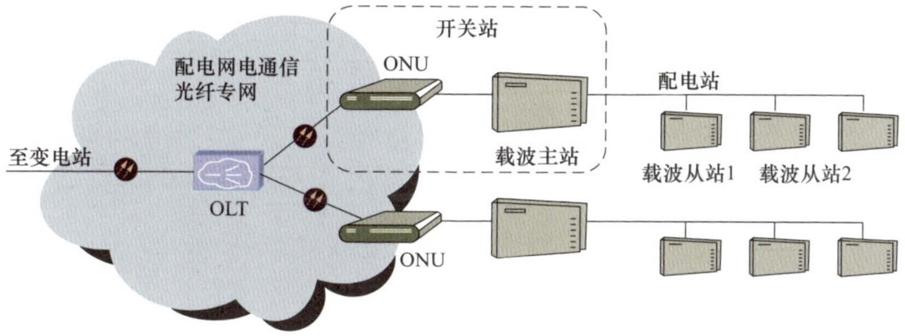

图 2-61　载波结构图

（三）管理指标体系及目标值

主要运行指标必须满足国家电网有限公司要求：①主站月平均运行率大于 99%；②配电终端月平均在线率大于 95%；③遥控使用率大于 90%；④遥控成功率大于 98%；⑤遥信动作正确率大于 95%。

二、主要做法与措施

（一）管理工作流程说明

（1）大连配电自动化试点工程于 2019 年 1 月通过国家电网有限公司工程验收以来，先采用按专业划分各专业共同维护原则，经过 3 个月的试运行发现：多专业共同维护，无统一协调，衔接不畅，造成配电自动化缺陷处理响应时间较长，出现终端通信断线和遥控失败等问题时需要配电、信通中心、远动及保护自动化所人员共同处理，各专业很难同一时间及时从市内到达现场处理，主站、通信、终端维护界面不精准，配电终端不在线时故障定位难，信息交互不畅，自动化故障时责任不清等大量问题，不但浪费人力物力，更重要的是自动化缺陷不能及时消除造成大批量配电终端长期不在线，严重影响自动化运行指标。

（2）经过专题分析得出结论，不论是配电、继电、通信、远动任何一个专业都不具备自动化运维主体能力，同时制订了整改方案，成立一个集继电、通信、远动、配电功能的自动化综合运维班组，同时在公司运维检修部增设专人协调管理，并制订了自动化综合运维班组职责和工作流程。自动化综合运维班组运转以来，配电自动化运行指标较前期大大提高，运行水平明显改善。自动化综合运维班组标准配置 10 个人，其中负责通信 2 人、继电保护 2 人、远动 2 人、配电 2 人、班长及技术员各 1 人。自动化综合运维班组编制在检修分公司配电运检室，如图 2-62 所示。

（3）配电自动化综合运维班组负责配电自动化常态化运行维护（不包含主站，主站硬件、软件及遥控操作归属调度中心）；建立配电自动化终端及通信台账建立，终端运行日志、检修记录、巡视记录、缺陷记录等全部运行资料建立修订；OPEN3200 系统前期图模导入节点入库；配电自动化系统故障定位、检修及缺陷处理；报送配电自动化日常报表，如图 2-63、图 2-64 所示。

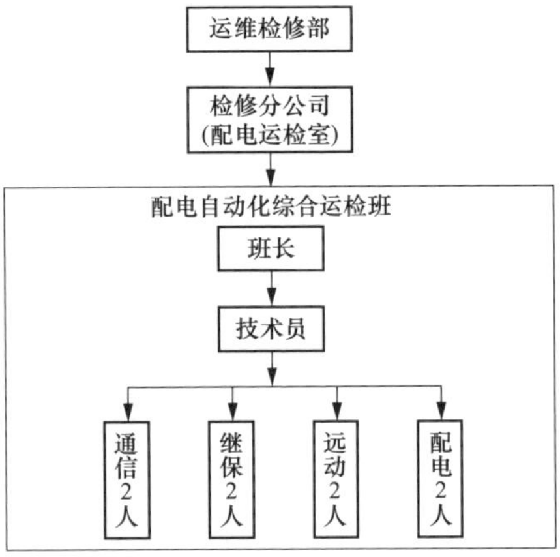

图 2-62　自动化综合运维班组组织构架图

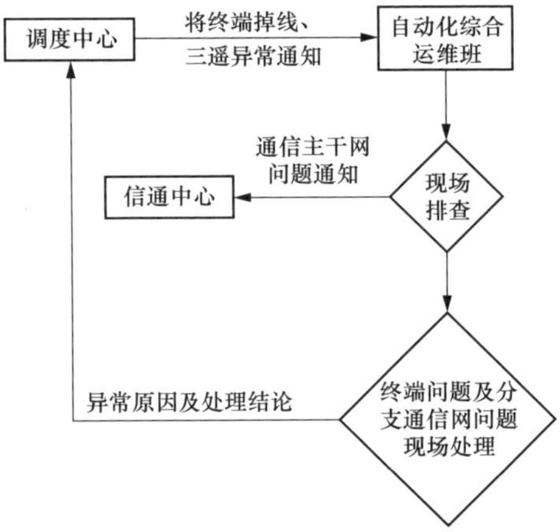

图 2-63　自动化异常处理流程

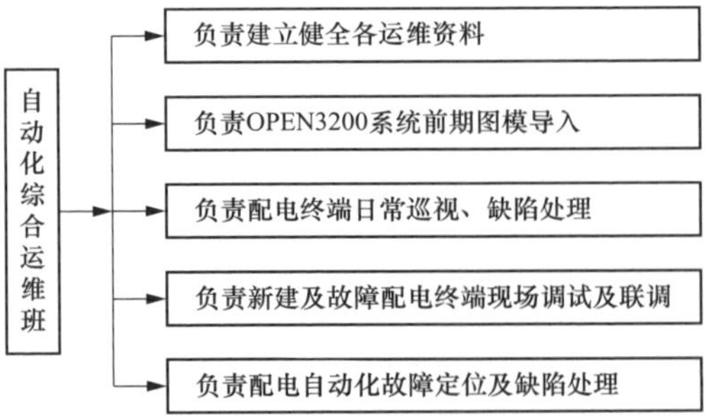

图 2-64　自动化综合运维班职责

（二）保障措施

1. 组织保障风险分析

配电自动化涉及专业面广，需要大量跨专业、跨部门的组织协调。配电自动化的实施，将带来配电生产管理的深刻变革。现有的管理体制和业务流程已不适应，规章制度滞后。现有配电生产和管理人员对配电自动化设备缺少必备的运行、维护经验，可能导致建设和运行后的运行维护责任不落实、制度不明确、管理不到位。过分依赖开发单位，使投运后的维护工作不能正常实施。

2. 组织保证措施

为贯彻落实有关配电自动化实际应用，国网大连供电公司成立了配电自动化领导小组和工作小组，负责项目的具体实施。通过健全组织体系和工作机制，主要领导亲自抓、亲自管，周密安排和部署，确保各项工作目标明确、责任落实、措施到位。

（1）配电自动化领导小组成员。主要职责：负责公司配电自动化、配电网建设改造与管理提升工程规划、计划、投资的审核；负责与政府及相关部门的沟通和协调；负责配电网建设改造与管理提升工程管理重大问题的研究；负责制订完善配电网建设改造与管理提升工程管理措施。

（2）工作小组。成员单位：电力调度控制中心、信息通信公司、检修分公司配电运检室、电力经济技术研究所、电力建设集团有限公司（沙河口分公司、中山分公司）、电力电器集团有限公司。

其主要职责是：在领导小组的指导下，负责公司配电自动化、配电网建设改造与管理提升工作的日常管理；定期召开工程管理协调会，负责总体把握工程进度、汇总分析工程建设情况，组织研究和协调解决有关问题；负责配电网建设改造与管理提升工作信息汇总和报送工作。

（3）支持保障系统。运检部在自动化综合班组开展工作前期，组织自动化综合班组全体人员进行配电自动化系统全面培训及安规、工作票、工作负责人培训，经考试合格方可开始工作，每季度运检部组织自动化综合班组全体人员进行通信、继电、配电、远动专业知识培训并经考试合格。涉及特殊情况如通信主网故障、终端遥控失败等异常需要联合作业的，由运检部负责自动化管理专人统一协调。

（4）评估与效益分析。

1）自动化综合班组成立以来，大连配电自动化系统实际应用水平大大提高，及时准确地排查出各类自动化终端缺陷 60 件，并全部在第一时间进行了消除，其中通信通道不稳定 17 件、配电终端死机故障 19 件/次、更换无线专网电源模块 11 块、更换 DTU 网板 6 块、更换无线专网 CPE7 个。配电自动化运行指标大大提高，配电终端在线率由 85.06%提高到 97.23%，遥控使用率及成功率均有所提高。

2）通过自动化综合班组发挥的作用来看，大大缩短了自动化故障定位和消除时间，并有效地改善了多专业协调不畅问题，降低了人员和车辆的消耗，与 2012 年 2～4 月比较，减少处理自动化故障人员 11 人次/月、车辆 6 台次/月。

（5）配电自动化综合班成立后解决的问题。班组成立以来成功排除了多次无线专网频率干扰问题，绿岛甲、绿岛乙、小孤山 2 号、群星 2 号 4 个配电终端，通信通道经常投退，经过自动化综合班现场测试数据采集，发现在基站带宽的边缘频段存在干扰。如图 2-65 所示，纵坐标为子载波功率，没有干扰时的正常信号低噪值为-100dBm 左右，干扰信号直接在正常信号上叠加；横坐标为频域的子载波号，5M 有 512 个子载波，10M 有 1024 个子载波。横坐标从左到右，表示频率从低到高，图 2-65 中突起的就是干扰信号，因为位于第 1000 个子载波附件，所以是带宽的高频段（即 1805MHz 附近）受到干扰。

经过对绿岛站点 CPE 终端附近路测情况来看，如图 2-66 所示。

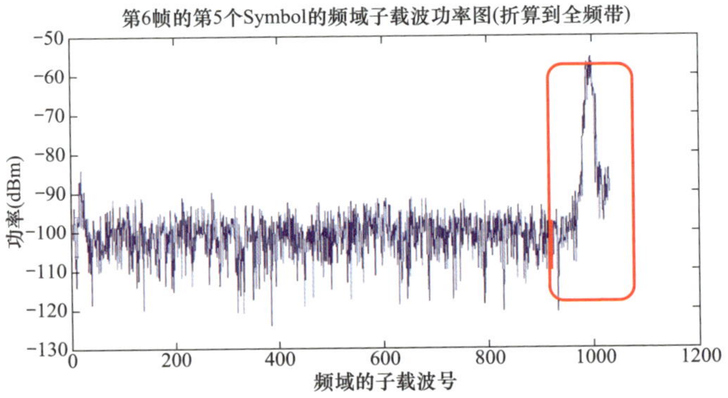

图 2-65　干扰曲线

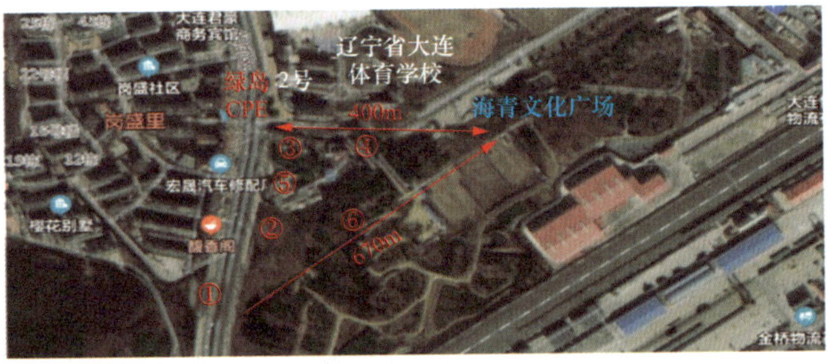

图 2-66　终端地理位置图

位置 1：终端没有入网，可能不在二道河基站的覆盖范围，丢包 100%；位置 2：丢包 1%；位置 3：丢包 40%；位置 4：丢包 0%；位置 5：丢包 2%，从路测结果可看出绿岛 CPE（位置 3）丢包很严重，但是位置 3 附件的位置 2、4、5 丢包较少，进一步说明绿岛 CPE 丢包跟绿岛周围环境相关。由于干扰源排查比较困难，从以上分析也发现干扰主要集中在基站带宽的边缘频段，所以为了尽快规避现网问题，将基站与 CPE 终端的收发带宽从 10MHz 改为 5MHz，并采用 5MPUSC _ 安 11 组网，绿岛 CPE 终端基本不再丢包，成功解决了绿岛等配电终端经常掉线问题。

三、主要成效

经过自动化综合班的效益验证，新技术、新设备的应用必然伴有相关管理手段和办法，新形势下配电自动化技术呈非线性的高速发展，没有与其相匹配的运维体系，配电自动化不但不能提升管理效益反会被束缚手脚，自动化综合班组有效地解决了跨专业、跨部门工作难以协调的问题，是配电自动化运维工作平稳有序进行的必要保证，有效提升了配电网自动化的设备应用水平和专业管理水平。为配电运维专业保驾护航，极大保证了供电可靠性。因此在国家电网有限公司深化建设以信息化、自动化、互动化为特征的配电自动化趋势下，在供电可靠性工作主线的引领下，自动化综合班的设立意义重大。

3 精准投资

3.1 针对可靠性薄弱环节，精准配电网规划设计

单位：国网朝阳供电公司

导读 供电可靠性是指一个供电企业对其用户持续供电的能力，制约可靠性提升的分别是网架、设备、可靠性管理和自动化。喀左县供电公司结合近年来故障停电时户数、线路故障跳闸数据、异常配电变压器等信息针对影响供电可靠性的薄弱环节，按照“花小钱、办大事，从根本上提升供电可靠性”的原则，执行配电网目标网架规划，按照规划分区形成架空线多分段适度联络的标准结构，加强中压线路间联络，构建坚强的负荷转带通道，提高线路负荷转带能力，着力解决中压配电网结构不清晰、联络不合理、交叉或迂回供电等问题，制订喀左地区“十四五”配电网可靠性专项提升规划，稳步提升喀左地区供电可靠性。

一、规划基本思路

为使本次规划成果更具专业化、投资精准化，实现配电网智能化、分段合理化，确定以“目标网架为引领”“解决供电可靠性问题为导向”的规划理念，以提升中压配电网供电质量为目的，彻底解决中压配电网薄弱环节，以专业规划公司具体操作，典型地区为试点，后续逐步铺开的思路开展工作。最终喀左县供电公司委托专业中压配电网规划公司（天津平云电力科技有限公司）具体实施，城市配电网以喀左县主城区地区网架为试点，农村配电网以喀左县农村地区网架为试点，以点带面全面铺开。最终形成“确定目标→理清现状→明确需求→制订原则→分步推进→专项提升→闭环评估→提炼升华”的规划思路。

二、规划工作开展情况

确定规划思路、方向后，2019 年 10 月喀左县供电公司开始组织规划人员开展现场调研及基础数据收集工作，结合近年来局属线路故障跳闸数据、异常配电变压器产生情况、诉求工单反映的网架问题等多渠道进行配电网架薄弱点筛查，编制配电网喀左地区电网问题汇总表，经过各专业部门多次集中研讨解决方案，按照“花小钱、办大事，从根本上提升供电可靠性”的原则，开展现场勘测、项目拟定，通过收口、审核、研讨、深化核心内容，并总结提炼，形成了适合喀左地区的网架规划设计理念，2020 年 6 月形成喀左县供电公司《喀左地区 66kV 及以下配电网供电可靠性专项提升规划》。

三、规划效果

喀左县所辖区域规划面积 2238km^2，其中 C 类供电区 264km^2、中压用户数 524 户，

D类供电区 1974km^2、中压用户数 3396 户。

通过对现场、基础资料和电能质量在线监测系统及近年来故障跳闸情况进行统筹分析，发现目前喀左地区存在以下几项问题：

（一）供电可靠率

喀左地区 2019 年全口径供电可靠率为 99.8296%，用户平均停电时间为 14.92h 每户，预安排停电时间为 7.96h 每户，故障停电时间为 6.96h 每户。喀左县北部区域供电可靠率较低，平均停电时间较长，如图 3-1 所示。

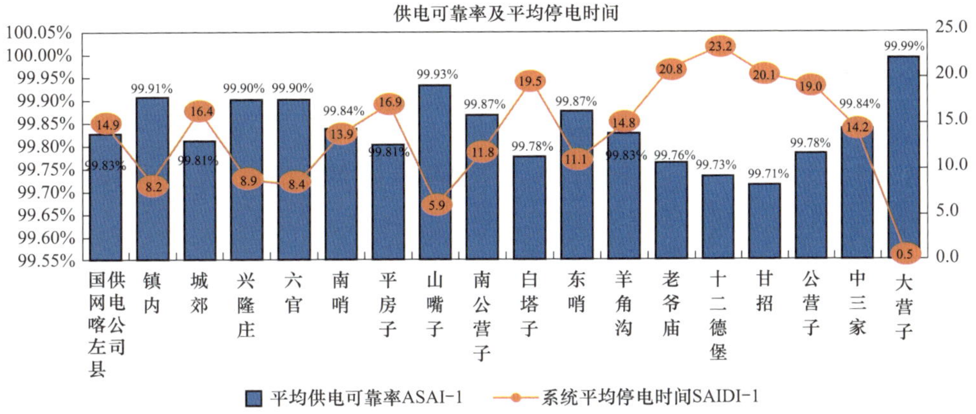

图 3-1 喀左地区 2019 年供电可靠性指标

（二）配电网负载率

喀左地区 2019 年 10kV 公用线路平均负载率为 26.58%，但仍有部分线路负荷偏重，共有 9 条线路负载率大于 80%，其中有 3 条线路属 C 类地区，6 条线路属 D 类地区；4 条线路负载率大于 100%，处于过载运行（见表 3-1）；需要重点采取负荷分流或者线路改造消除。

表 3-1　　负载率超过 80%的线路统计

序号	线路名称	所属变电站	导线截面	负载率（%）	装接配电变压器容量（kVA）	联络线路 1 负载率（%）	联络线路 2 负载率（%）	投运年限
1	塔大线	66kV 白塔子变电站	LGJ-50	160.60	6281	31.34	39.04	16
2	公塔线	66kV 公营子变电站	JKLYJ-240	81.96	17303	15.33	—	8
3	端宇 3 号线	66kV 端正变电站	JKLYJ-240	125.47	9505	—	—	6
4	大兴线	66kV 大城子变电站	LGJ-50	84.69	18641	—	—	48
5	城园线	66kV 城郊变电站	JKLYJ-240	82.20	27120	36.3	26.33	14
6	城五线	66kV 城郊变电站	JKLYJ-240	97.58	10088	—	—	14
7	城丰线	66kV 城郊变电站	JKLYJ-240	85.59	7255	—	—	7
8	端姆 1 号线	66kV 端正变电站	2×JKLYJ-240	131.33	12500	—	—	2
9	端姆 2 号线	66kV 端正变电站	2×JKLYJ-240	133.09	12500	—	—	2

（三）线路联络率

喀左地区共有 10kV 公用线路 123 回，主要以单辐射和单联络接线为主，分别占 47.97%和 44.72%，联络率为 52.03%，其中 C 类地区联络率 53.85%。本次规划项目着重解决中压线路联络问题，加强线路转带能力，减少停电时户数，见表 3-2。

表 3-2　　喀左地区 10kV 线路接线模式统计

网架结构	线路回数	单辐射	单联络	两联络	多联络
C 类供电区	26	12	10	2	2
D 类供电区	97	47	41	4	1
合计	123	59	55	6	3

（四）线路供电半径

喀左地区公用线路总长 2383.27km，平均供电半径为 7.25km，但局部区域仍存在部分线路供电半径过长，C 类地区共有 8 条线路供电半径大于 5km，D 类地区共有 31 条线路供电半径大于 10km，见表 3-3。

表 3-3　　现状公用线路主干长度分布情况

供电区分类	C	D	合计
主干线路平均长度（km）	3.38	10.09	7.25
超出供电分区线路长度标准的回路数（回）	8	31	39
占供电分区线路总数比例（%）	15.38	43.66	31.71

（五）负荷转供能力

喀左地区共有 61 条 10kV 线路满足“*N*-1”校验，10kV“*N*-1”校验通过率为 49.59%，其中，有 3 条有联络的线路未通过“*N*-1”校验，分别为 10kV 镇湾线、10kV 塔西线和 10kV 塔大线。急需加强喀左县 10kV 线路环网改造和重载线路负荷分类工程建设，见表 3-4。

表 3-4　　现状 10kV 有联络公用线路不满足“*N*-1”校验情况

线路名称	最大负荷时刻电流（A）	联络线可转带电流（A）	缺供负荷（MW）
镇湾线	88.42	82.61	0.096
塔西线	139.46	0	2.29
塔大线	353.33	305.54	0.786

（六）电能质量问题

根据 PMS 系统中的低电压台区进行核实，喀左地区共有 55 个台区电压质量不合格，其中电压低于 180V 的台区有 7 个，占比 0.26%；电压在 180～198V 之间的台区有 48 个，占比 1.78%；无电压偏高的台区，见表 3-5。

本次规划以上述电网问题为切入点，从降低故障率和缩小故障影响范围及时间两个方面综合提升供电可靠性。

表 3-5 喀左地区电压不合格台区情况

类型	电压不合格台区（个）		
	电压偏低（＜180V）	电压偏低（180～198V）	电压偏高（＞235V）
数量（个）	7	48	0
占台区总数比例（%）	0.26	1.78	0

降低故障率通过深入分析近年度配电网故障数据，将故障原因进行分类，重点通过改善运行环境、提高设备水平和优化负载水平等方面入手，降低故障率。

缩小故障影响范围及时间，优化线路分段，通过调整分段开关位置和新增分段开关，优化线路每段装接配电变压器容量，缩小故障停电范围。对大支线加装断路器，减少支线故障对主干线路正常供电影响。优化 10kV 网架结构和 10kV 线路负载水平，对单辐射线路和重过载线路进行优化改造，提高中压配电网的负荷转供水平。提高规划区智能化水平，针对网架成熟的线路和高故障线路加装配电自动化终端，实现故障迅速定位。

喀左公司“可靠性专项规划”工程项目，全面解决供电卡脖子和低电压问题，配合变电站新建配出工程和已有线路延伸工程，进行网架优化和负荷分流，提高线路利用率和联络率；更换改造老旧、安全隐患设备，提高设备水平，满足电网安全供电要求；结合网架优化和设备改造工程，同步开展配电自动化和通信网建设，统筹配电网一次、二次协调发展，提高智能化水平。

考虑喀左县配电网现状水平和投资能力，结合配电网发展总体目标，分别从网架结构坚强、供电容量充裕、供电质量优质、设备水平先进和智能化程度高五个方面着手，在“十四五”期间国网喀左县供电公司中低压配电网发展目标见表 3-6。

表 3-6 喀左地区各供电区配电网相关指标发展目标

指标情况		现状值	目标值
网架结构	10kV 联络率（%）	52.03	75
	10kV 站间联络率（%）	50.41	70
	10kV 线路“*N*-1”通过率（%）	49.59	65
	10kV 接线标准化率（%）	90.24	95
供电容量	10kV 线路重过载比例（%）	7.32	0
	10kV 配电变压器重过载比例（%）	2.98	0
	10kV 线路平均负载率（%）	26.58	30
	10kV 配电变压器平均负载率（%）	24.85	30
	户均配电变压器容量（kVA/户）	1.45	1.8
设备水平	10kV 架空线路绝缘化率（%）	9.83	15
	高损耗配电变压器台数比例（%）	0	0
供电质量	供电可靠率（%）		
	10kV 线路末端低电压占比（%）	0	0
	低电压台区占比（%）	2.04	0
智能化	配电自动化覆盖率（%）	60.98	100

此次规划单项工程实施做到规划到点，一步到位，如图 3-2～图 3-5 所示。

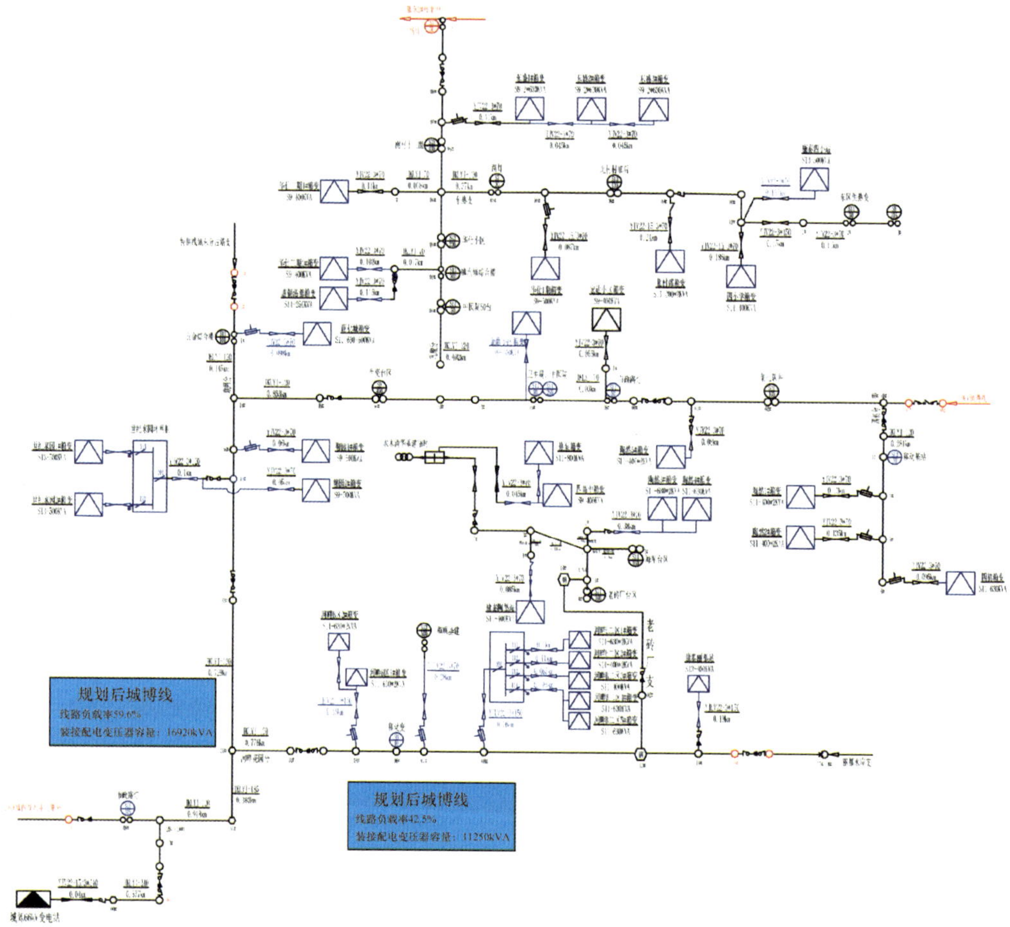

图 3-2　解决 10kV 城园线重载问题规划方案单线图

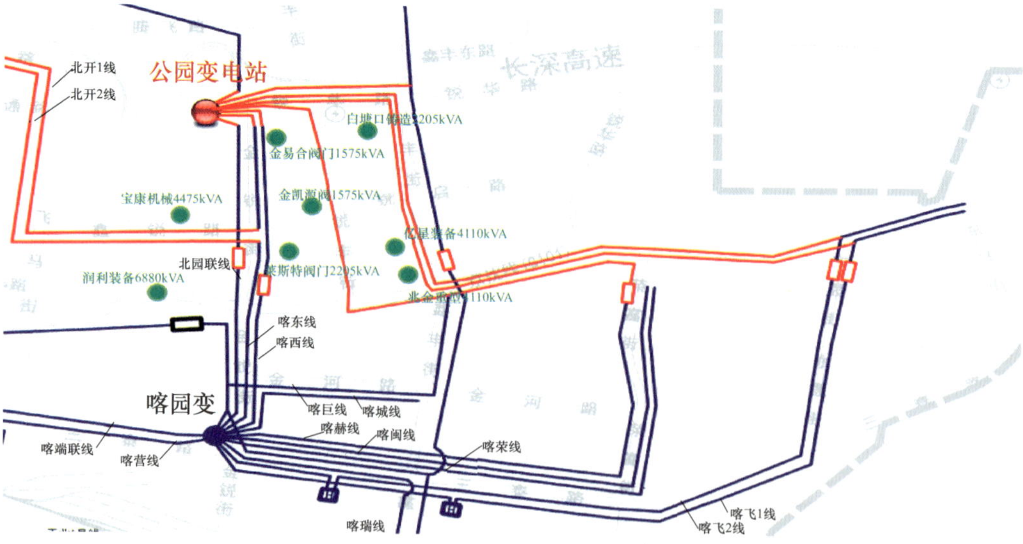

图 3-3　解决公营子区域新增负荷问题规划

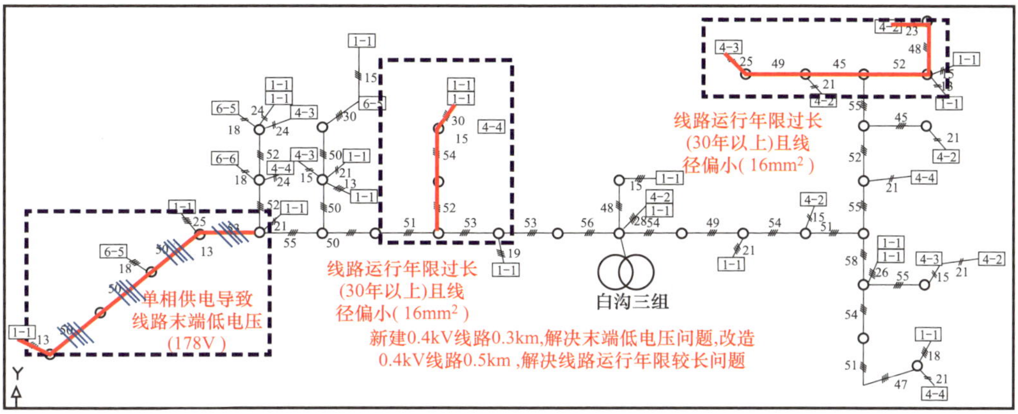

图 3-4 解决单相供电台区低电压问题简图

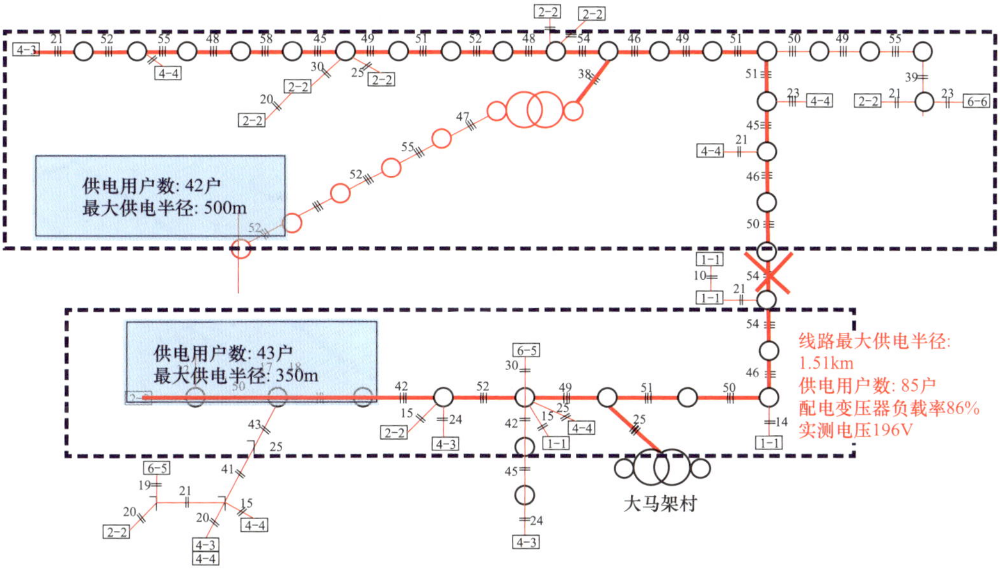

图 3-5 解决低压半径过长台区低电压问题简图

本次规划将喀左县城区与利州工业园区统筹考虑规划，公营子镇单独考虑，划分为 4 个供电网格，细化为 13 个单元。县城区与利州工业园区统筹考虑，共划分为 4 个供电网格，细化为 9 个单元，如图 3-6 所示。

现状年网架分析：LN-CY-KZ-LZN 网格现状年共有 5 回 10kV 公用线路，3 回单辐射，1 组单联络，如图 3-7 所示。

2025 年过渡网架：LN-CY-KZ-LZN 网格共有 8 回 10kV 公用线路，形成 4 组单联络，1 回单辐射，如图 3-8 所示。

饱和年过渡网架：LN-CY-KZ-LZN 网格远景年负荷为 42.61MW，负荷密度为 $5MW/km^2$，由两座变电站供电，共 12 回 10kV 公用线路，形成 6 组单联络，线路平均负荷 3.55MW，如图 3-9 所示。

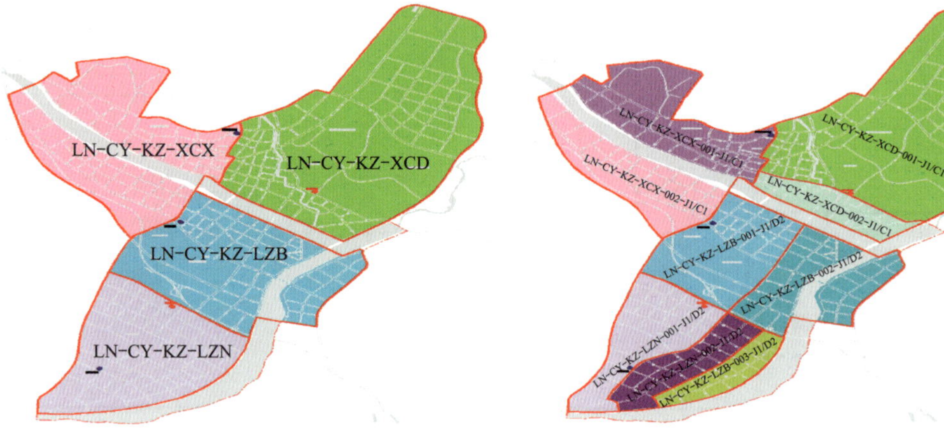

图 3-6 供电网格划分简图

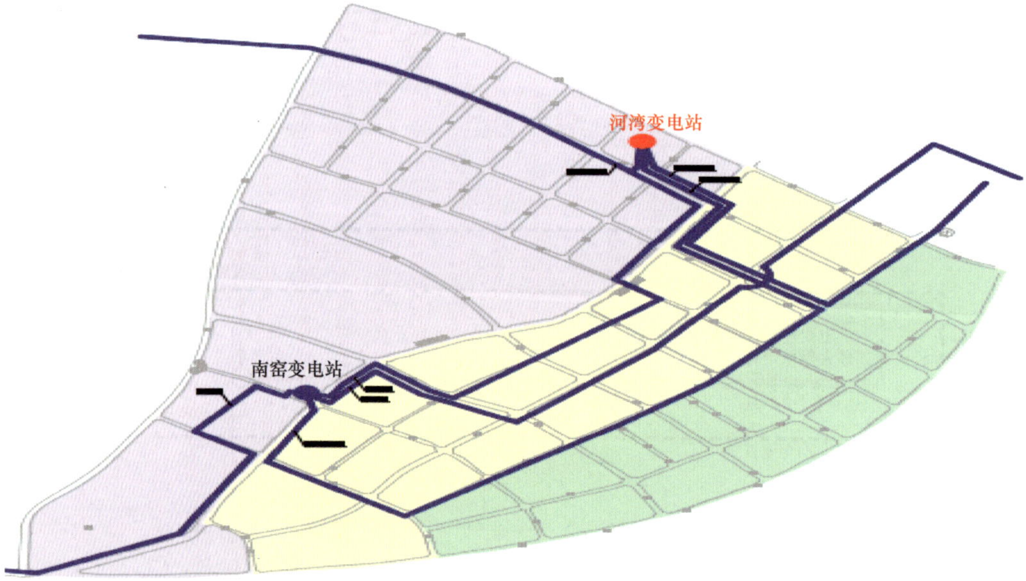

图 3-7 现状年网架分析简图

四、规划项目储备及投资估算

“十四五”期间，喀左地区 66kV 及以下配电网中公用电网部分投资为 4.5748 亿元。其中 35kV 及以上电网规划建设工程合计投资 5900 万元，10kV 电网规划建设工程合计投资 1.4134 亿元，0.4kV 电网规划建设工程合计投资 2.53 亿元，见表 3-7，投资估算占比柱状图如图 3-10 所示。

五、规划项目实施情况

喀左地区 66kV 及以下配电网供电可靠性专项提升规划形成后，规划中工程项目全部纳入工程改造项目库，按照轻重缓急原则逐年实施，现已完成储备配电网网架完善项目 28 项、农网改造项目 240 项。在储备库中选取、上报网架完善 18 项、农网改造 38 项。

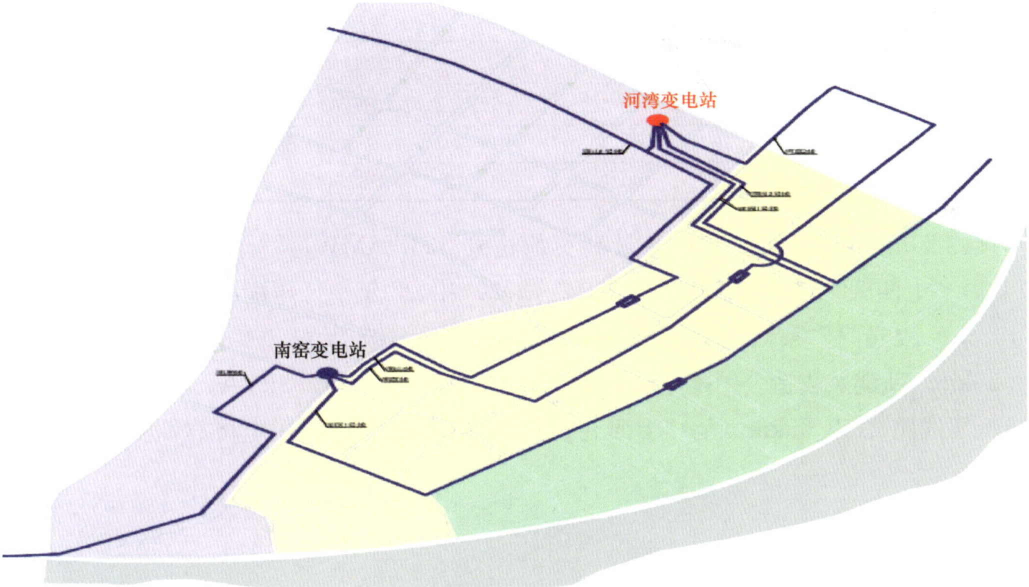

图 3-8 2025 年过渡网架简图

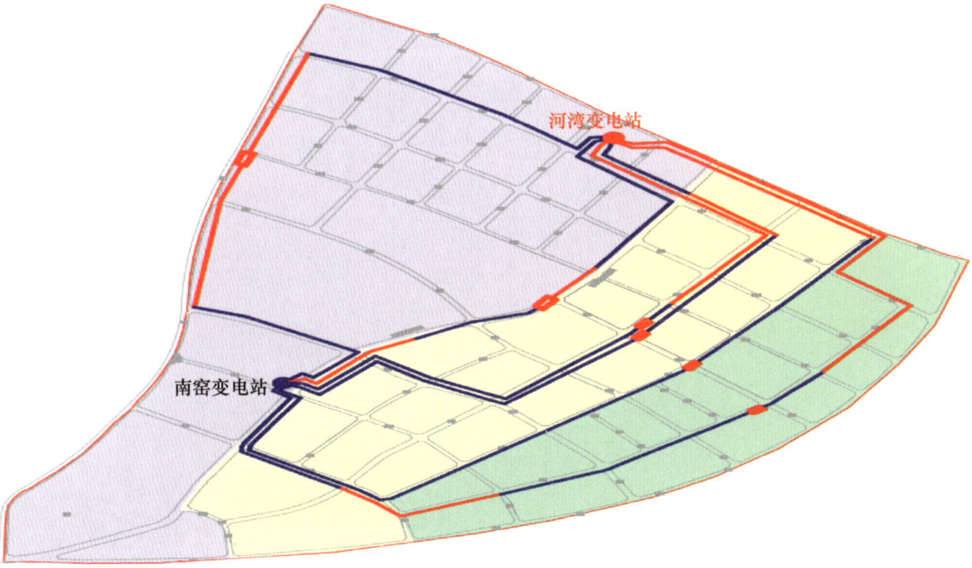

图 3-9 2025 饱和年过渡网架简图

表 3-7 **喀左县规划投资情况**

电压等级（kV）	2021 年（万元）	2022 年（万元）	2023 年（万元）	2024 年（万元）	2025 年（万元）	“十四五”合计（万元）
66	5900	0	0	0	0	5900
10	5717.28	3146.42	2158.8	1813.52	1298.96	14134.98
0.38	6062.09	6810.63	4116.05	5398.04	2890.43	25277.24
独立二次工程	98.04	56.76	123.84	47.32	53.3	379.26

续表

电压等级（kV）	2021年（万元）	2022年（万元）	2023年（万元）	2024年（万元）	2025年（万元）	“十四五”合计（万元）
通信工程	14.59	8.45	18.43	6.53	8.45	56.45
合计	17792	10022.26	6417.12	7265.41	4251.14	45747.93

预测2025年喀左地区全社会最高负荷达到423.86MW，“十三五”年均增长率为5.74%，“十四五”年均增长率为5.63%。2020～2025年中低压配电网累计新建10kV线路15条、改造46条，新建主干线路106.59km，改造主干线路211.59km，共计318.18km。新建及改造公用配电变压器135台，容量共计7598kVA，以台区为单位，共改造低压线路3159.65km。至“十四五”规划期末喀左县农网供电可靠性实现99.90%。

3.2 “三个一”配电网规划，助推可靠性长效提升

单位：国网沈阳供电公司

导读 供电可靠性提升的根本，在于优化网架结构的合理性。受限于上级电源分布，现阶段省内多数地区网架薄弱，线路互联互供能力和拓展能力都大大不足，严重影响了供电可靠性。沈阳供电公司通过“一张蓝图”“一人规划”“一册运维”的思路，将目标网架建设贯彻落实到各类工程中，真正实现通过改善网架，优化线路运维水平，提升负荷转带和线路互联互供能力，从本质上提升供电可靠性。

一、国外重点城市典型配电网结构介绍

（一）新加坡配电网网架

采用“花瓣式”结构，每个花瓣引入第三个电源点，供电可靠性大大增加，如图 3-10 所示。其优点是接线方式供电可靠性极高，全年无计划停电；缺点是电源布点及投资需求庞大，只适合在极特殊供电区域，目前国内只有雄安新区采用此种模式。

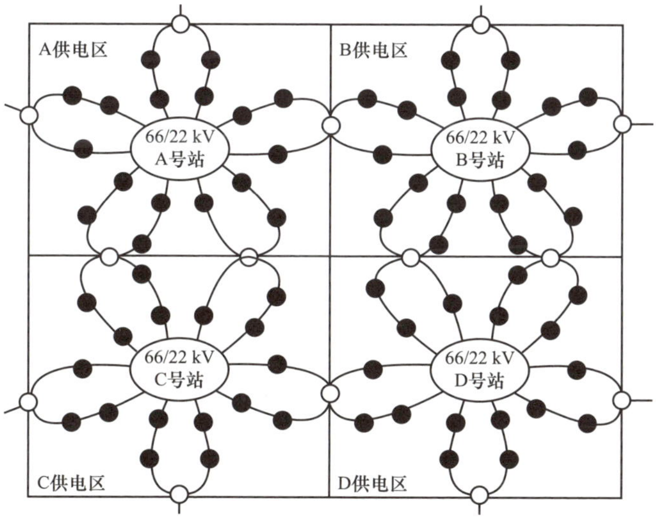

图 3-10 新加坡配电网网架

○—联络点；●—配电站

（二）日本东京配电网网架

东京配电网普遍采用开环运行，多分支多联络方式，在保证供电可靠性的情况下，力求投资最小，如图 3-11 所示。其优点是调度操作简单、保护方便配置；缺点是供电可靠性相比花瓣式和闭环式较低。

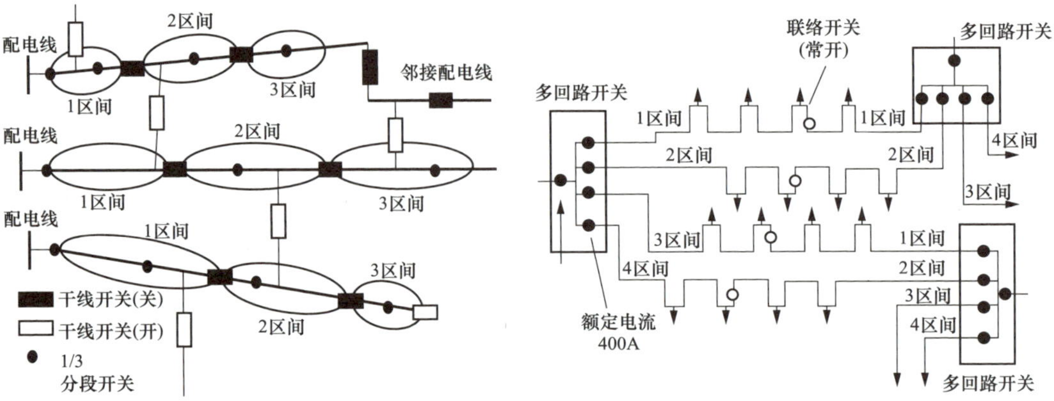

图 3-11　日本东京配电网网架

（三）法国巴黎配电网网架

巴黎配电网采用环路运行方式，主要采用双侧电源、双主干线、双路 T 接至负荷的“三双”结构，如图 3-12 所示。其优点是操作简单、维护便捷、供电可靠性高；缺点是对电源布点要求较高，需要在主网架相对完善的基础上建设。

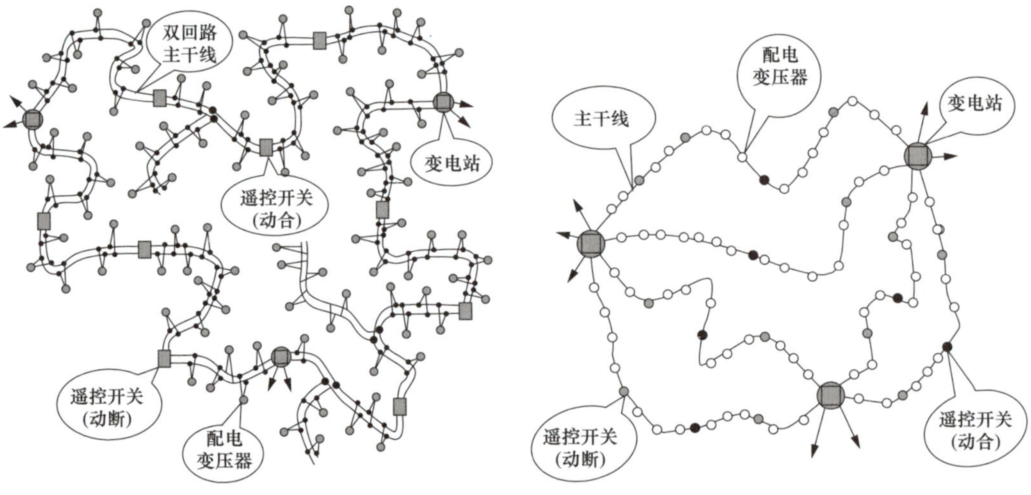

图 3-12　法国巴黎配电网网架

二、“一张蓝图”目标网架建设思路

（一）目标网架建设思路

通过对国外重点城市网架结构分析，巴黎简单高效的结构更加贴近于省内实际情况，也与国家电网有限公司推广的架空“多分段单联络”、电缆“单环”与“双环”的网架结构形式相契合，故目前国网沈阳供电公司以此作为规划思路，从而解决现阶段问题。

沈阳供电公司采用“一人规划”建设思路，组建“运检部专责＋发策部专责＋供电分公司规划专责“的“2＋N”规划团队，由供电分公司牵头制订规划方案，经运检部、发策部共同审核后方可实施。通过“一人规划”方案的制订，解决了存在多年的多人规划问题，从“九龙治水”转变为“一龙管水”。

针对供电公司规划思路前后偏差的问题，组织编制《运维策略指导书》，结合差异化运维思路，制订五年、十年网架规划策略，由公司生产副经理审核批准后严格执行，实现了供电公司建设思路的一以贯之。

（二）现阶段问题及解决策略

1. 线路联网采用T接方式

目前，多数线路联络采用T接方式，甚至3T、4T等以上的蜘蛛网接线方式，虽然短期内投资少收益大，但这种复杂接线严重影响着调度指挥、运行维护、同期线损，也使得运维人员无法快速掌握线路结构，上手缓慢，容易出错。

解决策略：针对线路T接问题，国网沈阳供电公司计划新出线路，将T接线路还原为单、双环、适度联络的运行方式。

2. 跨区域交叉供电

跨区域交叉供电线路对调度指挥造成较大困扰，特别是电缆线路无法加装互供表，也严重影响着线损。

解决策略：国网沈阳供电公司针对此问题，暂时采用自环方式的过渡方案，并逐步建设成独自供电区域的双环运行，使得运维工作界面更加清晰，线变关系一目了然，缩短了供电半径，有效提升供电可靠性。

3. 配电网规划思路不统一

2018年以前，国网沈阳供电公司主干线电缆由电缆工程局规划，区域电网由供电分公司自行规划，运检部、发策部项目各自规划，用户接入由客服规划，从而导致了网架规划思路不统一，造成了“九龙治水”的局面。

解决策略：随着电缆工程局属地化、客服5000kVA接入权限下放，运检部、发策部项目方案集中评审等措施，彻底解决了规划思路不统一的问题。

三、多工程规划融合典型案例

由于配电网工程分门别类，各类工程建设性质及建设周期各不相同，虽然相比于主网规划来说配电网结构简单、方式简洁，但配电网网架建设的多渠道、多角度、多思维、多周期性，无法用标准来衡量使得建设方案融会贯通在“一张蓝图”里还是非常不易的。这就需要具备处理多种问题的技巧和方法。对此，公司制作以下典型案例供各单位参考。

（一）典型案例一：基建联网工程与技改工程结合

原方案：66kV变电站A出线Ⅰ、Ⅱ和变电站B出线Ⅲ、Ⅳ计划与新投C变电站出线形成双环网。由于多种原因，C站多年未投运，造成此4条线路一直为放射型线路，供电可靠性无法保证。

现方案：在规划的C变电站附近布置4座环网开关站，暂将出线Ⅰ、Ⅱ与出线Ⅲ、Ⅳ形成环网，待将来C站投运后，直接将新出线接入环网开关站，与A、B站形成双环网，同时缩短了Ⅰ、Ⅱ、Ⅲ、Ⅳ线供电半径，如图3-13所示。

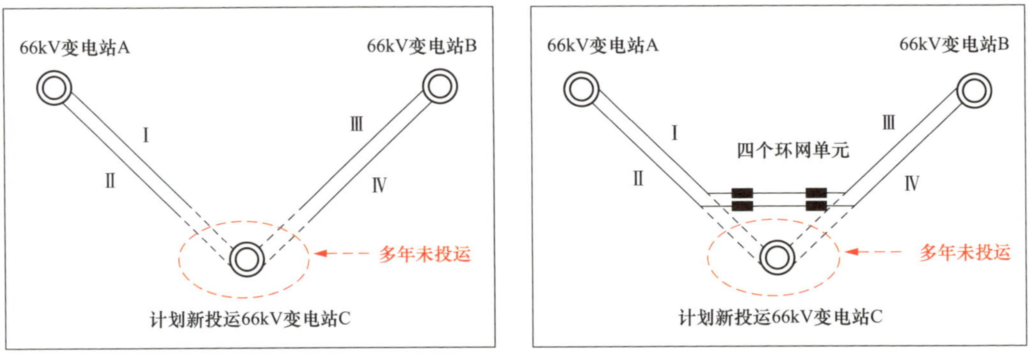

图 3-13 原始规划思路及改进规划思路

（二）典型案例二：基建联网工程与客户工程结合

原方案：66kV 变电站 A、B 两条出线通过原规划联网路径进行联网。现有 A 站附近客户工程要实施，A 站间隔都已有规划。

现方案：将原规划的目标网架进行调整，将变电站 A、B 通过客户工程形成的新路径进行联网，节省成本，提高线路利用率，节省间隔出线，如图 3-14 所示。

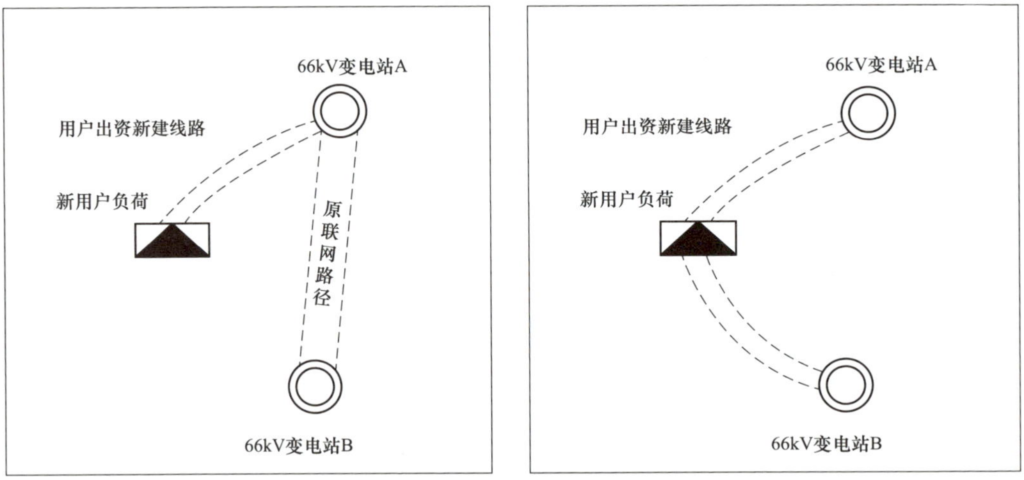

图 3-14 原始规划思路及改进规划思路

四、主要成效

截止 2020 年上半年，国网沈阳供电公司线路联网率将由年初的 57.2%提升至 77.8%，并大幅消除线路单 T、多 T 模式。预计未来 3～5 年，国网沈阳供电公司联网率及 *N*-1 通过率将达到国内一流城市水平，建设清晰、合理、可靠的网架结构，为供电可靠性的大幅度提升奠定坚实的基础。预计 2025 年，沈阳地区供电可靠率可达到 99.97%，其中 B 类以下地区实现供电可靠性 99.93%，A+、A 类地区供电可靠率实现 99.99%，确保电力客户可靠供电。

3.3 通过农网改造，提高线路可靠运行

单位：国网辽阳县供电公司

导读 辽阳县甜水地区10kV水泉线已运行超30年，线路老旧、分歧线路无断路器，主干线无分段开关，网架不合理，同时变压器容量不足等问题，造成线路频繁跳闸。国网辽阳县供电分公司多措并举，通过农网工程改造，有效降低了线路跳闸率并缩小停电范围，全面提高了该地区的供电可靠性。

一、基本情况

10kV水泉线位于辽阳县甜水满族自治乡，由66kV水泉变电站供电。10kV水泉线于1978年2月1日建成投运，线路全长52.526km，配电变压器总台数73台，总容量2.5MVA，其中公用变压器49台，容量1.47MVA，专用变压器24台，容量1.03MVA。10kV水泉线2019年共停电14次，其中2次计划停电，12次故障停电，全年共计消耗时户数1426.72，见表3-8。由于线路运行情况较差，对分公司全年供电可靠性产生较大影响，因此于2020年1月按照批复计划对线路进行全面改造。

表3-8　　2019年水泉线故障停电情况

序号	起始时间	终止时间	持续时间	时户数	停电性质	责任原因
1	2019-05-2710：34	2019-05-2713：49	3.16	50.65	内部故障停电	设备老化
2	2019-09-17 10：26	2019-09-17 22：17	11.85	299.41	内部故障停电	大风大雨
3	2019-08-20 15：38	2019-08-20 17：01	1.38	66.54	内部故障停电	其他外力因素
4	2019-07-05 07：20	2019-07-05 10：19	2.98	124.17	内部故障停电	设备老化
5	2019-06-20 19：40	2019-06-21 09：15	13.58	18.05	内部故障停电	其他外力因素
6	2019-05-21 10：37	2019-05-21 13：28	2.85	141.88	内部故障停电	设备老化
7	2019-05-20 09：40	2019-05-20 10：57	1.28	60.53	内部故障停电	异物短路
8	2019-04-30 16：26	2019-04-30 21：21	4.92	194.36	内部故障停电	其他外力因素
9	2019-04-25 13：55	2019-04-25 19：16	5.35	144.33	内部故障停电	异物短路
10	2019-04-17 13：32	2019-04-17 17：09	3.62	185.98	内部故障停电	大风大雨
11	2019-03-18 13：40	2019-03-18 14：43	1.05	21.81	内部故障停电	用户影响
12	2019-03-19 20：38	2019-03-19 23：32	2.9	119.01	内部故障停电	异物短路

二、主要做法

（一）全方位开展线路改造

分公司坚持以问题为导向，加强可靠性指标分析，结合地域特征有的放矢制订有针对性改造计划。利用春检针对10kV水泉线绝缘化率低、网架不合理、台区容量不足以及设备老旧和无分段开关等问题制订相应详细的工程改造方案以达到减少停电次数、降低停电影响用户数的目的，如图3-15所示。

图 3-15　线路改造

（1）针对导线半径细、线路绝缘化率低造成的“卡脖子”等问题进行线路大截面绝缘导线更换工作，共计更换小截面导线 25km，见表 3-9。

表 3-9　　水泉线改造前数据统计表

<table>
<tr><th>变电站名称</th><th>10kV 线路名称</th><th>主干线径</th><th>分支线径</th><th>供电半径（km）</th><th>主干长度（km）</th><th>最大允许电流（A）</th></tr>
<tr><td rowspan="3">水泉变电站</td><td rowspan="3">水泉线</td><td>1～27 号 LGJ-240</td><td>LGJ-35</td><td rowspan="3">17.7</td><td rowspan="3">17.7</td><td rowspan="3">265</td></tr>
<tr><td>28～126 号 LGJ-150</td><td rowspan="2">LGJ-50</td></tr>
<tr><td>127～144 号 LGJ-50</td></tr>
</table>

（2）针对网架不合理，线路主干无分段开关，为了加强线路分段能力，提升供电可靠性，对主干线路、分歧线路加装负荷开关或隔离开关，确保在日常检修、维护以及抢修过程中分歧及时隔离相关设备，缩小停电范围，进一步提升供电能力。共计新装负荷开关 2 台，隔离开关 4 组，负荷开关 3 台，见表 3-10。

表 3-10　　水泉线改造后数据统计表

<table>
<tr><th>变电站名称</th><th>10kV 线路名称</th><th>主干线径</th><th>分支线径</th><th>供电半径（km）</th><th>主干长度（km）</th><th>最大允许电流（A）</th></tr>
<tr><td rowspan="2">水泉变电站</td><td rowspan="2">水泉线</td><td>1～128 号 LGJ-150</td><td>JKLYJ-70-120</td><td rowspan="2">17.7</td><td rowspan="2">17.7</td><td rowspan="2">325</td></tr>
<tr><td>128～173 号 JKLYJ-120</td><td>JKLYJ-70-120</td></tr>
</table>

（3）针对台区容量不足以及低压线路老旧等问题进行台区改造，改造变压器 16 台，总容量 1600kVA。新建及改造低压台区 26 个，无功补偿装置容量 1.02Mvar，新建和改造公共计量装置 26 套。

（4）针对老旧设备进行更换，更换避雷器 36 组，跌落式 12 组，进一步提高设备健康水平，使电网运行更加稳定。

（二）多角度开展预算式停电管控

分公司制订了《辽阳县公司 2020 年供电可靠性管控方案》，每周三上午由生产副经理召开计划作业平衡会，简化计划审批流程，及时对停电范围大、停电次数多的计划做出调整。将春检作业、农网工程、配电网自动化工程及业扩项目包工程合并为一次作业减少停电次数，避免频繁停电，见表3-11。通过对停电之前的严格管控，合理计划停电消耗时户数，保证计划消耗停电时户数与实际消耗时户数偏差在5%之内；同时对各供电所临时申请停电设定限至，超出限值的供电所需向运检部汇报停电原因并绩效考核。

表3-11　　2020年计划停电工作内容及时户数预测

序号	开始时间	结束时间	工作内容	影响农村时户数	预测时户数	月度预测偏差率（%）
1	2020年1月7日 06：00	2020年1月7日 18：00	10kV水泉线主干110号新增负荷开关一台、隔离开关一组、10kV水泉线杨木二组变台更换变压器及配电箱、二次电缆、10kV水泉线屈家一组变台更换电杆、设备台架及变压器	204	215	5.00
2	2020年4月13日 08：00	2020年4月13日 15：00	10kV水泉线湾沟分歧46号杆分歧侧安装户外高压隔离开关一组、更换导线并接引、10kV水泉线湾沟分歧52号更换15m水泥杆一基、分歧侧安装户外高压隔离开关一组并紧线、10kV水泉线湾沟分歧62号架设导线一空、10kV水泉线湾沟主干28号-台子分歧28号线路及变台改造、10kV水泉线湾沟主干61～水东分歧32号更换金具、分歧侧安装高压隔离开关一组、更换导线并紧线	99.82	105	4.9

（三）针对性整治异常配变

10kV水泉线由于分歧线路线径小、变压器容量不足、位置偏僻、台区供电半径过长等原因产生低电压问题台区13台、共发生24次。针对水泉线全部公网49个台区进行测温、测压工作，对出口电压及台区末端电压测量98次，合理调整台区挡位8台，改造变压器5台、台区四线治理2处、重新调整表计6处。通过改造，10kV水泉线配电变压器运行情况得到大幅提升，低电压问题台区变为1台、低电压次数变为1次，实现10kV水泉线故障率压降、大范围停电时户数压降、供电可靠率提升的工作目标。

三、显著成效

经过本次农村电网改造规划建设，10kV水泉线加大了导线截面和更换老旧设备等措施，线路绝缘率由0%提高到48%，提升了线路供电能力、设备健康水平，可满足10年负荷增长需要，有效提高了该地区供电质量和供电可靠性，保证了甜水乡地区农村居民正常生产生活用电，为用户提供可靠、优质电力，促进农村经济发展。通过改造，取得以下成效（见图3-16）：

（1）10kV水泉线停电次数大幅缩减，2020年共停电2次，比2019年减少19次，同比减少90%，并且未发生大面积停电、重复停电情况。

（2）2020年水泉线无停电报修工单，无95598投诉工单，实现生产类工单“双零”，受到上级公司高度认可。

（3）2020 年水泉线发生低电压台区 1 台，比 2019 年减少 13 台，同比减少 92%。

（4）2020 年过载变压器 3 台，同比 2019 年减少 100%，2020 年过载次数 22 次，同比 2019 年减少 100%。

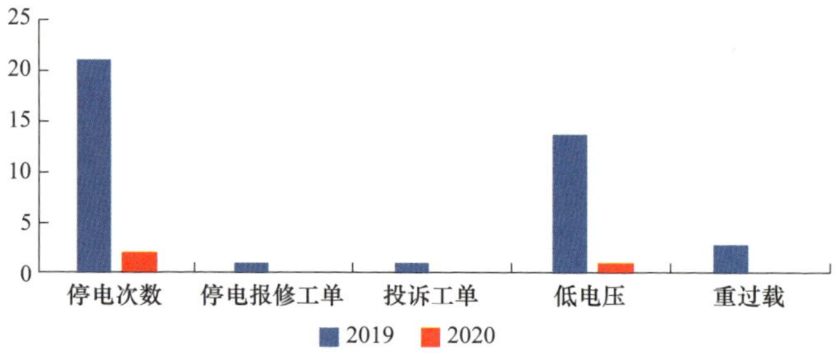

图 3-16　显著成效树状图

分公司通过以农村线路改造和企业供电保障为生产闭环管理模式，确保电力稳定运行，让老百姓真切感受到用电可靠性的提升，用实际行动提高广大用户的安全感和信任度。

3.4 新工艺、新技术助力城市核心地区供电可靠性提升

单位:国网鞍山供电公司

导读 鞍山市站前区是鞍山政治文化中心和商业中心，属于A类供电区域，为贯彻落实国家电网有限公司《城市配电网供电可靠性提升工程工作方案》(国家电网设备〔2018〕1012号)工作部署，根据《国网辽宁省电力有限公司城市配电网供电可靠性提升工程实施方案》文件精神，同时促进鞍山市经济发展，打造良好营商环境，鞍山公司采用先进工艺技术，对核心区供电设备进行改造。本文介绍了国网鞍山供电公司通过精准投资改造，修建新型电缆隧道，安装在线监测系统，施工中采用新工艺、新技术等一系列手段，提升了设备智能化水平，全面提高了鞍山市核心区供电可靠性。

一、供电现状

鞍山站前区面积约5km^2，用电户数4.2万户，约10万人口，商业用电量占比79.8%，主要为政府机关、火车站、军分区、大型商场等重要负荷。站前地区因急需接入万熹城市广场、康欣花园、百脑汇、庄士中心城及中港国际等主要负荷，总报装容量达89.3MVA，66kV站前变电站现有两台31.5MVA主变压器，最大负荷39.56MVA，负载率62.8%，无法满足用电需求，影响区域内供电可靠性。

二、供电方案制定

新建1台50MW的移动变电站，1座10kV中心开关站，1座284m预制方涵隧道，1座805m盾构隧道，配出5回10kV线路与站前变电站和五一路变电站盾构隧道配出线路进行联网，转带站前变电站部分负荷，从而减缓站前地区的供电压力，同时解决万熹城市广场、康欣花园、百脑汇的用电问题，如图3-17所示。

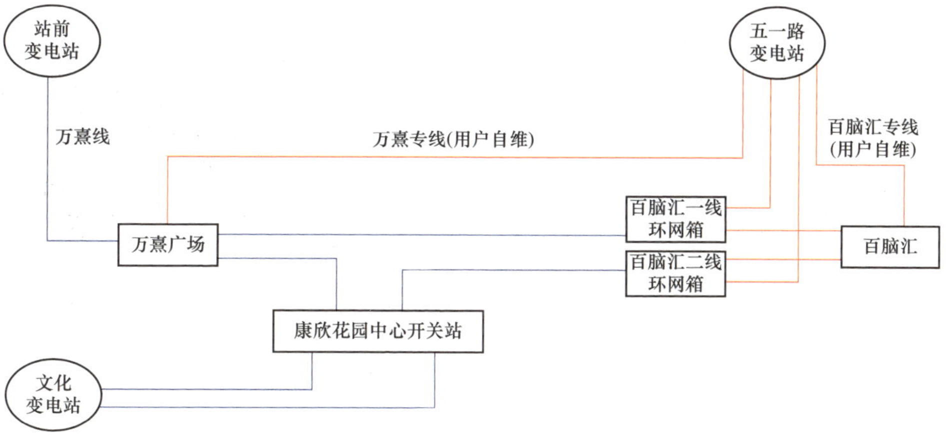

图3-17 站前地区供电配套工程过渡和正式供电方案图

三、技术方案

（一）建设“第一条”在线监测预制方涵电缆隧道

为提高施工效率，国网鞍山供电公司首次采用预制方涵组装的方式修建，该隧道全长约 280m，位于地下 5.5m，方涵 1.5×2m、壁厚 180mm，如图 3-18。

(a)预制隧道组装前　　(b)隧道安装做防水

图 3-18　防水技术措施

（1）防水技术措施。该隧道建设的难点在于防水技术，经过专家的几轮讨论确定，一是采用 P8 抗渗等级的混凝土（可埋设深度 10～20m）；二是预制方涵接口槽内安装海绵腻子止水条，当方涵连接时，给每组方涵加载不小于 40t 的预应力，使节间压紧起到防水止水作用；三是在内外接缝处粘接管廊密封胶（日本技术），以确保万无一失。

（2）防火技术措施。受路径限制，建成后隧道内暂有 5 回 10kV 线路和 1 回 66kV 线路运行，电缆上下敷设，为满足国家电网有限公司 18 项反事故措施中的防火要求，对 66kV 电缆全线缠绕防火包带，并全线加装 3M 防火隔板进行物理隔离，无法加装防火隔板的位置对 10kV 电缆进行防火包裹，同时每隔 10m 左右加装一个自动灭火弹，如图 3-19 所示。

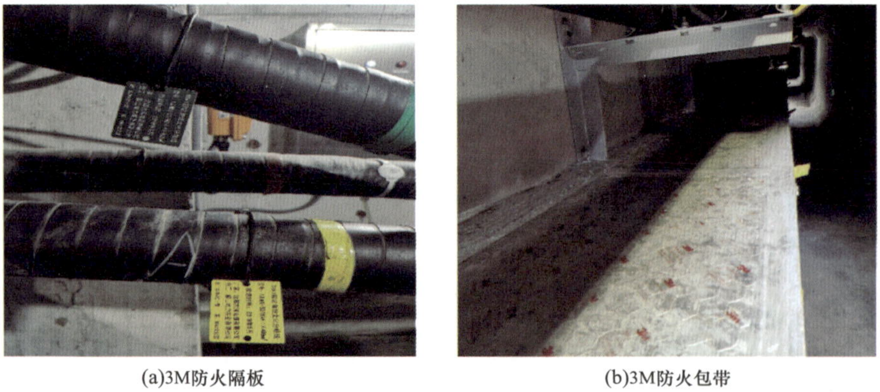

(a)3M防火隔板　　(b)3M防火包带

图 3-19　防火技术措施（一）

(c)防火阻燃护套

(d)自动灭火弹

图 3-19 防火技术措施（二）

（3）综合在线监测系统。该隧道同步加装了智能视频监控系统、环境监测系统、火灾报警系统、隧道手机信号覆盖系统、自动排水照明系统等，实现隧道的 24h 在线监测，全面提升了电缆通道内电缆线路的供电可靠性，如图 3-20 所示。

(a)视频监控系统

(b)通信系统

(c)气体监测系统

(d)自动排水系统

图 3-20 综合在线监测系统

（二）建设“第一座”10kV“三遥”智能中心开关站

康欣花园中心开关站（见图 3-21）是国网鞍山供电公司第一座“三遥”智能开关站，采用“四分段四联络”的供电方式，实现“*N*-2”供电，该运行方式更加灵活，可靠性程度更高。

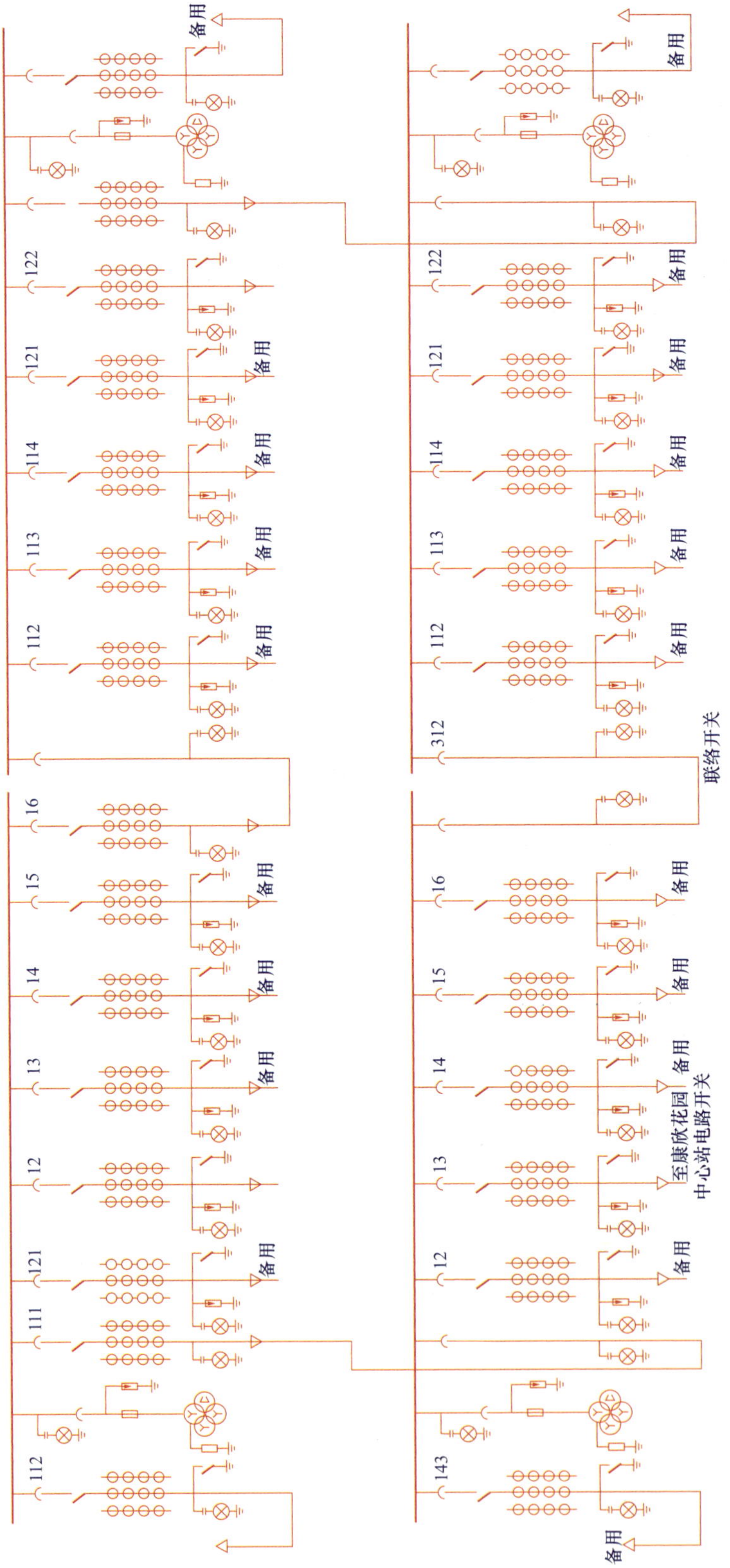

图3-21　康欣花园中心站10kV变电站模拟图板

该开关站配备环境监控系统、温湿度控制系统、气体监测系统、门禁系统、消防系统、通信系统、无线测温系统、小电流接地系统等，信息可上传至供服中心监控主站，由配调进行24h在线监测，确保核心区供电可靠性实现99.99%以上，如图3-22～图3-26所示。

（三）建设“第一座”无人巡检盾构隧道

因站前地区周围建筑物较多、地基较浅、作业面与其他管线安全距离等条件限制，采用开挖方式，易发生大楼基础侧移，不满足安全要求且电缆隧道与管线交叉较多，无处迁改，经论证后，最终确定采用盾构方式修建。

该隧道全长805m，外径3.5m，内径3m，位于地下15m，起自铁东六道街五一路变电站，沿铁东六道街向南至胜利路锦州银行止。全线共5座电缆井，分别位于铁东六道街2座、鞍山银行门口1座、百脑汇广场1座、锦州银行门口1座。新建2回10kV公共线路与文化变电站配出线路进行联网，同时该隧道将作为文化变电站和山南变电站的电源路径。

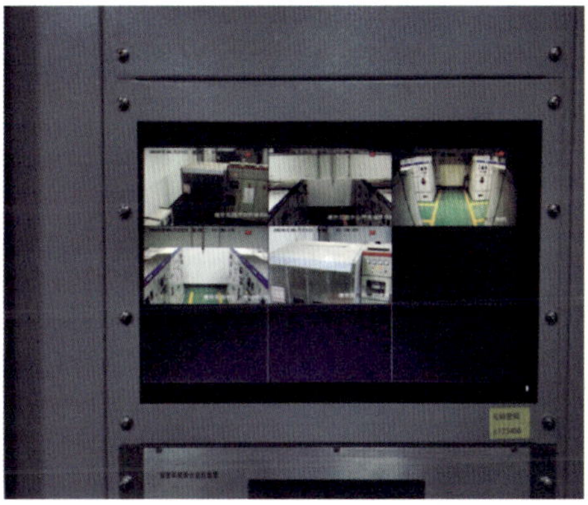

图3-22　中心开关站监控系统

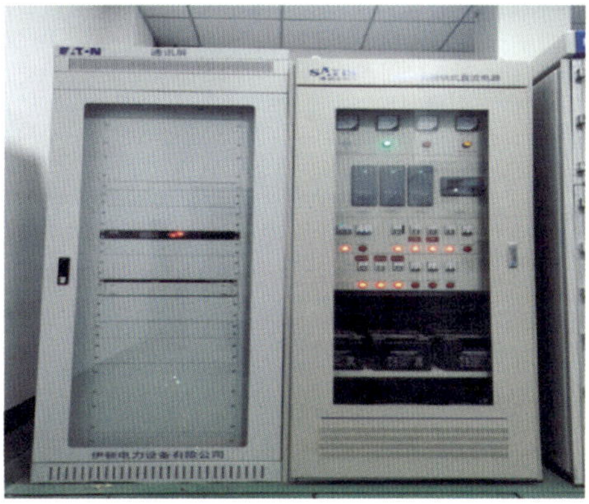

图3-23　通信系统

图3-24　气体监测系统

图 3-25　小电流接地选线系统

图 3-26　无线测温系统

为满足国家电网有限公司 18 项反事故措施中的防火要求，该隧道也将同步建设在线监测系统，包含中心级监控平台、站控级电缆状态监测子站、通信信号传输组网、出入口门禁安全管理系统现场监测单元、智能视频监控系统、电缆通道环境监控及设备自动化控制系统、火灾报警系统、隧道手机信号覆盖系统、应急通信定位系统和智能巡检机器人系统等。

四、取得成效

工程建成后，近期将解决鞍山站前地区万熹城市广场、百脑汇、庄士中心城、新港国际等负荷急需供电问题，同时也解决了站前地区近 10MVA 的负荷发展，为服务地方经济发展提供了保障。远期将解决站前地区近 10 年及远期的负荷发展需求。

目前站前核心区的供电可靠率达到 99.99%，电压合格率达到 100%，线损率 3.48%，功率因数 0.98。

3.5 杆塔差异化设计，提升供电可靠性

单位：国网抚顺供电公司

导 读 抚顺地区属季风性水文气候多发区，地形主要以山区为主，气象对流则形成雨水，并且降雨70%集中在夏季，易发生洪涝灾害。据气象部门统计，自1951年以来，抚顺地区共发生多次暴雨，特别是近几年，抚顺遭受了百年难得一遇、历史罕见的特大暴雨，"8.16""8.13""7.29"事件造成抚顺东洲、新宾、清原等地区受灾严重，经济损失惨重。针对抚顺地区水文特点，以提升供电可靠性为切入点，通过差异化设计，减少因洪水灾害造成的线路故障，提升设备抵御灾害能力，从而提升迎峰度夏期间供电可靠性。公司采取差异化设计，将损失已经控制在最小范围，有效提升供电可靠性。

一、差异化设计、提升供电可靠性

为减少洪涝灾害给电网造成的损失，提升电网安全及供电可靠性，国网抚顺供电公司总结历年经验，针对抚顺地域特征，为全面做好防洪防汛工作，组织编制了《国网抚顺供电公司配电网线路防洪减灾差异化设计典型技术方案》，对储备的线路要求执行差异化设计，即对不同地势、不同档距、不同路径，根据实际情况，采取不同的防洪防护方式来应对洪水灾害。2018年7月24～27日，10号台风"安比"席卷辽宁，造成抚顺、朝阳、阜新等8个城市大幅降水，抚顺清原地域河流涨水明显，洪峰流量超过600m^2/s，造成道路冲毁、房屋倒塌、农作物受灾严重，此间，公司提前部署、积极应对，全力以赴抗击特大暴雨，全面做好防汛工作。由于采取差异化设计，在此期间未发生倒杆断线，未造成线路停电，实现供电可靠性的提升，如图3-27～图3-30所示。

图3-27 钢管杆设计方案

图3-28 河中央采取石笼设计方案的电力设施运行正常

图 3-29　采取减少耐张档距设计方案电力设施运行正常

图 3-30　河中央采取深埋式方案的电力设施运行正常

二、典型经验介绍

根据抚顺易发生灾害地区的特点，以提升供电可靠性为切入点采用“差异化设计”，增强电力设施抵御自然灾害的能力。“差异化设计”即是在标准设计基础上，针对关键线路、重点部位适当提高建设标准，增加部分投资，最大限度减少自然灾害造成的供电可靠性下降及损失。差异化设计重点体现在以下四个方面：

（一）采用钢管杆、大型铁塔等设计，远离洪水侵扰

跨河、重要转角等地段，根据不同的需要，采用窄基塔、钢管杆、大型铁塔等设计，远离洪水侵扰如图 3-31～图 3-33 所示。《国家电网公司配电网工程典型设计》推荐的窄基铁塔最大档距为 120m，当实际使用条件超过 120m，可采用《66kV 输电线路通用设计》相应模块塔型。

图 3-31　采用档距 120m 内窄基塔设计

（二）提高基础防洪能力

水泥杆采用防护墩措施，提高基础防洪能力，无论是高强度钢筋混凝土电杆，还是钢管杆，其护基的最好形式是钢筋“石笼”方式。该“石笼”内用大于 300mm 块石堆成

防护墩（见图 3-34）。工程经验证明，这种防护墩可对流动河水产生的力进行削弱，起到防冲刷及防漂浮物撞击的护基作用。

图 3-32 采用档距 120m 以上 300m 以内钢管杆设计

图 3-33 采取档距 300m 以上大型铁塔设计

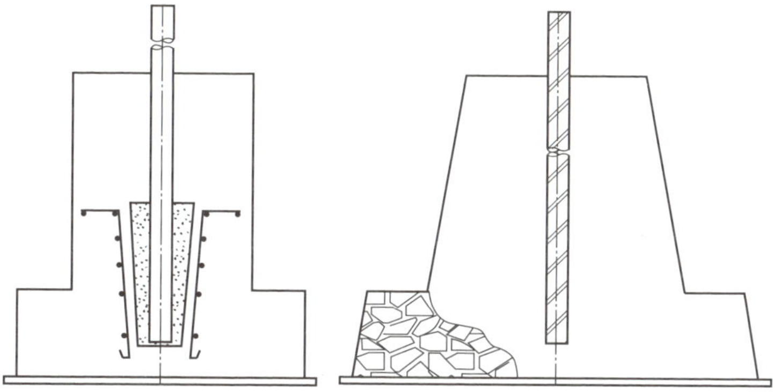

图 3-34 混凝土下台阶基础立面图与毛石基础立面图

（三）增加埋设深度提高抗浸泡能力

对水田地、低洼地区采取高杆低用，增加埋设深度，提高水泥杆抗浸泡能力。钻孔灌注桩是一种深基基础形式，其特点是适应性强、承载力大等，如图 3-35 所示。钻孔灌注桩适用于带法兰超高性能混凝土电杆，也适用于钢管杆，图 3-36 所示。

图 3-35 深埋式高性能混凝土电杆设计

（四）减少耐张段档距，避免大面积倒杆

耐张杆采用非预应力水泥杆，避免大面积倒杆，如图 3-37 所示。减少耐张段档距的主要

优势在于：提升线路强度，增强抗击大型洪水灾害能力。由于耐张档距近，耐张杆本身机械强度加大，加上拉线的辅助，抗洪能力得到很大提升，即便发生倒杆，因为耐张档距很近，倒杆数量也会降到最低，最大程度减少经济损失，有效提升供电可靠性。

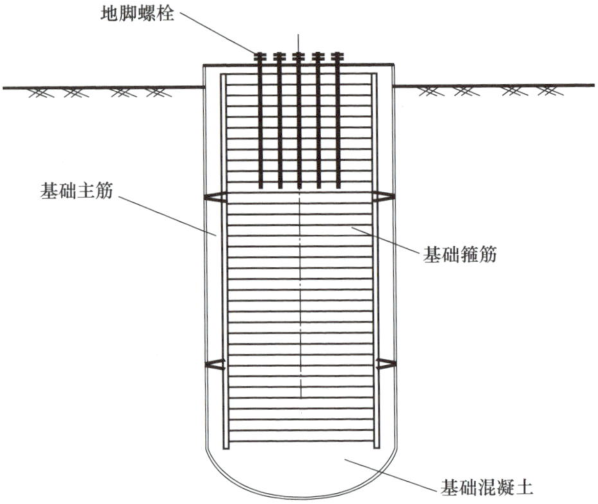

图 3-36　钻孔灌注桩立面图

图 3-37　采取减少耐张档距并更换钢管杆式设计

三、专业治理成效

为满足供电可靠性，根据国家电网有限公司、国网辽宁省电力有限公司迎峰度夏防汛工作要求，国网抚顺供电公司积极总结差异化设计典型经验。2018 年全年国网抚顺供电公司共发生大小洪水 3 次，未发生倒杆断线情况；2019 年共发生大小洪水 2 次，未发生倒杆断线情况，发生飓风 1 次，高压杆未发生倒杆，断线 1 处，低压杆倒杆 3 基，断线 4 处。2018 年至今迎风度夏期间公司供电可靠性逐步提升，由 99.871％提升至 99.892％

抚顺公司秉承不停电就是最好服务的理念，多角度、全方位提升供电可靠性，从设计角度出发，将自然灾害带来的损失降到最低，为公司“提质增效”尽一份力量。

3.6 精准投资，多措并举，提前完成抵边村寨改造工程，缩短停电时间

单位:国网丹东供电公司

导 读 农村电网是农村经济发展的重要基础设施，解决电力问题是打赢脱贫攻坚战和精准扶贫、精准脱贫的重要基础，更是抵边村寨等深度贫困地区打赢脱贫攻坚战的重要前提和保障。按照《国家电网有限公司关于开展“三区两州”、抵边村寨配电网工程“百日攻坚”行动的通知》要求，国网辽宁省电力有限公司启动实施“抵边村寨”电网升级改造攻坚计划，丹东是辽宁省唯一“抵边村寨”改造工程实施的城市，而宽甸满族自治县又是重中之重地区，工程要求2020年5月底全面竣工。国网丹东供电公司认真落实上级会议精神，提升政治高度，明确工作任务，扎实预算式管控，全力以赴、攻坚克难，提前两个月圆满完成“抵边村寨”电网工程改造任务，缩短停电时间。

国网丹东供电公司总结提炼2020年度“抵边村寨”（第三批）电网工程改造管理典型措施，切实提升配电网建设管理水平，全面提升供电可靠性。

一、基本情况

抵边村寨地区低电压问题十分突出，百姓投诉不断，有的百姓居民家电压只有160V，家用电器基本不能使用，并且线路网架薄弱、设备老旧、变压器容量不足且绝缘化率低，部分区段故障率居高不下，严重影响供电可靠性，为切实解决故障频发、电能质量低下问题，“抵边村寨”工程施工刻不容缓。

宽甸地区抵边村寨工程改造98项，总投资5261.94万元。涉及7个乡镇22个自然村。生产部分新建及改造高、低压导线237.115km，新建及改造变压器142台，容量20000kV安；营销部分改造居民两表箱340个，动力计量箱17个。施工队伍5支，共计165人。

二、确保完成改造任务采取的措施

（一）前期准备阶段

在制订工程可行性研究时，根据工程量，充分考虑工程施工对供电可靠率的影响，以及工程实施后对供电可靠性的提升。在设计之初，根据施工队伍的施工承载力，合理安排施工内容，并结合系统图、单线图，提前编写施工方案，对每次施工制订一对一施工计划，提前做好时户数计算，并严格执行预算式管控，确保停电范围最小、停电时间最短。

做好入网施工单位的资质及施工人员的资质、健康状态审查工作，对“入网作业人员实操能力”进行现场考核。按照国家电网典型设计和国网辽宁省电力有限公司标准化建设要求各施工队伍建设样板工程进行建设，通过样板工程引导全配电网工程标准化

建设。

（二）施工阶段

1. 强化管理体系建设，提供坚强组织保障

为保证工程顺利进行，公司与政府成立“抵边村寨”电网改造工程联合领导小组，由县政府县长、国网丹东供电公司总经理任领导小组组长，负责贯彻落实“抵边村寨”工程的决策部署，研究解决“抵边村寨”工程在实施过程中遇到的重大问题，指导开展相关工作，避免耽误工期。每周召开工作会议，指导监督工程建设，决策工程重大事项。通过日统计、日汇报、周例会实时了解工程施工进展情况，及时对工程进展情况和存在问题进行总结汇报。

2. 强化工程计划组织，有序推进工程管理实施

（1）按照里程碑计划的工程整体进度要求，科学编制工程里程碑计划。

（2）坚持双周例会、早会通报、约谈制度，及时通报工程进度及有关问题，促进上下的沟通与协作。

（3）加强工程实施过程管控，按照“月计划、周安排、日管控”原则，统筹安排涉网停电计划，执行预算式管控，在保证工程进度的同时，减小停电范围、减短停电时间，减少时户数消耗、提高供电可靠率。

（4）充分利用配电网工程管理 App 系统开展工程进度关联分析，强化里程碑计划执行考核。

（5）配电网工程继续执行销号式管理，做到工程完成一项，结算、决算一项，审计一项。

（6）严格做到配电网工程依法合规，配合做好工程的审计、稽查和验收工作。

3. 加强与物资部配合，保证现场物资供应与产品质量

做好物料准备工作，为完成工程总体目标打下坚实的物资基础。为了减少因工程物料没有及时到货对工程进度产生的影响，配电网办协助物资部建立健全了物料管理体系。在获悉中标结果后，物资部门将主动与中标厂家联系，明确供货时间、供货地点，实现由“等物料”模式向“要物料”模式的转变。2020 年“抵边村寨”工程有 10 个台区处于中朝水丰库区的特殊地理位置，物资涉及船运，丹东公司积极筹措物资，利用丰水期完成水泥杆等大宗物资的运输，保证电杆组立等工作按期完成。

4. 发挥战略合作框架协议作用，营造工程良好环境

（1）充分依托《“十三五”电网发展合作框架协议》，继续加大政策宣传力度，助力配电网工程的建设顺利推进。

（2）充分利用供电所属地化优势，加强同地方政府的沟通和协调，为农网工程顺利实施保驾护航。针对“抵边村寨”工程时间紧、任务重的实际困难，国网丹东供电公司在工程计划任务下达之前，就与丹东市、县、乡三级政府建立政企联动机制，向地方政府宣传本年度建设任务及工作目标，积极取得各级政府对“抵边村寨”工程的大力支持。

征占地等工作由各乡镇政府协助，乡镇供电所为支撑，派出农电工积极参与工程的现场管理，确保工程年度目标任务按期完成。

5. 多措并举，确保工程进度

（1）公司领导下沉一线“分片包干”（见图 3-38），管理人员一人包一乡镇（共 7 个乡镇）长期驻扎，所辖 7 个供电所的所长、安全员、技术员组成现场检查组到岗到位，全方位、全过程监督现场施工的安全、质量、协调征占地等事宜，确保工程按期完成。

（2）组立低压电杆时，采用导线绝缘包封的办法进行，有效避免重复停电，从而提高了供电可靠性，也加快了施工进度。

（3）采取计划停电与带电作业相结合的方式，遵循“能带不停”的原则，工程期间累计开展不停电作业 11 次，减少了停电时户数 3420，从根本上提高了供电可靠率，如图 3-39 所示。

图 3-38 公司领导下沉一线

图 3-39 不停电作业提高供电可靠性

6. 多种形式加强安全管理

（1）加强安全培训管理，组织施工单位 208 人进行安全资格考试，考试合格后取得相应资格。

（2）强化现场督导检查，分公司组成现场检查组 7 支，对施工现场进行监督，每天对发现的问题进行违章曝光。

（3）供电所中选派 21 名技术人员，聘为“甲方代表”，全面负责工程现场安全质量管理和属地协调工作，弥补工程管理人员匹配不足短板。

（4）通过建立微信在线安全管控群及布控球，第一时间发布现场安全质量信息，全面掌控、监督现场安全质量问题，确保工程管理沟通顺畅、责任落实、人员履责、监管到位。

7. 做好疫情防控，保证全员健康

严格落实公司把好“三关”，做到“三到位”要求，逐项工程制订疫情防控方案和应急预案，建立参建人员健康档案，备足口罩、消毒液等防疫防护用品，确保疫情严格防控（见图 3-40）。加强督导检查，所有工程现场封闭管理，开展防疫专业培训，每天掌控参建人员体温、隔离情况等人员档案，确保人身安全。

8. “党建＋”工程助力脱贫攻坚

“抵边村寨”工程实施过程中，公司始终以“党建＋”项目工程作为强化配电网建设的根本，紧密围绕配网工程安全生产目标，先后涌现出一批先锋模范人物，形成了“党员示范，群众争先，全体奋进”的良好氛围，优质高效地完成了改造任务，如图 3-41 所示。

图 3-40　施工前开展队伍测温工作

图 3-41　“党员服务队”深入一线

三、取得的成效

（一）进一步提高了配电网健康水平

通过“抵边村寨”工程的实施，提高了偏远农村的配电网供电水平，进一步保证了企业及居民用电可靠性。在改造以前，配电网不堪负重，供电线路事故频繁。通过工程的实施，在所涉及的地区完全解决了配电事故频发问题，有效提高了供电可靠性。通过对三相动力用户和单相居民用户计量装置的改造，提高了计量装置准确性，有效促进了降损增效工作，增加了售电收益。用户计量装置健康水平大幅提高，保障了设备安全稳定运行，为防止用户窃电、加强营销管理，提高经营收益提供了硬件设备保障。

（二）提高了电压质量和供电可靠性

在项目实施前，工程涉及地区低电压问题十分突出，百姓投诉不断，有的百姓居民家电压只有 160V，家用电器基本不能使用。通过工程的实施，对抵边线路进行网架结构改善，更换老旧设备，增加用户实际可用容量，解决了老百姓电能质量问题的同时，彻底解决了这部分地区的电压质量不合格等问题，老百姓再也不用将大棚卷帘机轮流起动，不用担心电力不足而造成经济损失了。家里的空调、冰箱、电磁炉、电磨、除草机也可随时使用。全部工程实施完毕后，新建改造低压台区达 212 个，同时通过优化停电方案，减少停电 3 次，减少停电时户数消耗 834，缩短用户平均停电时间 0.19h。

（三）取得了良好的社会效益

“抵边村寨”工程实施以来，农村用电设施与周围环境更加协调，村容村貌更加整洁美观。经过改造的供电线路、供电台区抵抗自然灾害能力显著增强，安全用电水平得到提升，供电可靠性不断提高，电压质量明显改善。与此同时，农村地区电气化水平显著提高，有力推进了乡村振兴战略的顺利实施。让农民用上了操作简易、快捷、故障率低的电机井，解决了农田灌溉“靠天吃饭”的窘迫局面，实现绿色灌溉，提升了农业整体灌溉效率；让农村地区的种植业、养殖业、农作物深加工产业如雨后春笋般“应电而生”。有了充足的电力保障，不仅促进了设施农业的发展，还增加了务农打工人员的经济收入。宽甸县古楼子乡截至目前已建和在建的暖棚大约有520栋，依托“抵边村寨”工程的实施，将继续增加150栋，并建设多个冷库，用于农产品的储存。

4 计划管控

4.1　强化停电计划综合管理，提升综合检修及工程改造质效

单位:国网沈阳供电公司

导读　停电时户数作为影响供电可靠性的重要指标，计划停电仍存在大量“一事一停”“临停”现象，严重制约了供电可靠性的有效提升。沈阳公司以提升供电可靠性为主线，按照“先算后停、一停多用”的工作原则，强化综合停电管理。结合各项建设改造、生产检修、用户接入、市政迁改、用户申请等多项业务统筹安排停电计划，多专业联合对频繁停电的线路把脉问诊、对症开方，全面提升综合检修及工程改造质效，着力推动公司配电网可靠供电水平上台阶。

一、综合停电概况

目前国网沈阳供电公司仍存在连续两年停电次数5次以上线路，频繁停电整治工作迫在眉睫。经分析，导致线路频繁停电的各项原因中：引线断线、树害鸟害等运行原因占比19%，绑线脱绑、螺栓松动等检修原因占比27%，电缆、避雷器等设备故障占比23%，用户自维变台老旧问题占比26%，保护定值设置不合理或配合不当占比5%，见表4-1。

表4-1　　线路频繁停电原因统计表

序号	线路频繁停电主要因素	占比
1	引线断线、树害鸟害等运行原因	19%
2	绑线脱绑、螺栓松动等检修原因	27%
3	电缆、避雷器等设备故障	23%
4	用户自维变台老旧问题	26%
5	保护定值设置不合理或配合不当	5%

欲解决上述问题，需由配电（运行）专业提前组织对频繁停电线路进行巡视和隐患排查，提高设备巡视质量，必要时进行登检，对排查的缺陷和停电当天登检发现的问题进行集中消缺处理。

由配电（试验）专业对电缆、变压器、避雷器等设备进行试验。由营销专业用电检查人员提前对用户自维设备进行检查，对存在缺陷的用户老旧立陡线改造。由配电（保护）专业对线路出口、柱上断路器、开关站的保护定值进行重新核算和配置，实现故障的分段隔离，缩小故障停电范围。各项检修、改造以及试验计划停电时间相互叠加，严

重影响停电时户数的降低。因此强化停电计划综合管理，减少不必要的停电时户数产生，是当前提升供电可靠性势在必行的手段。

二、主要做法

（一）开展综合检修，强化专业协同

同时结合停电对线路基础信息进行整改，由生产、营销专业线损管理人员对线路出口、公专变台计量装置进行检查消缺，对互感器、计量表、集中器故障或缺失的进行更换，确保线路检修后，自动化图模、GIS线变关系准确，分线线损合格。公司提前组织保护、试验等专业培训，开展对属地单位的专业学习活动，由属地单位完成综合检修的定值整定和试验工作，如图4-1所示。

图4-1 开展属地单位现场培训

（二）做好前期准备，实现一停多用

充分利用基建工程、输变电设备改造、农网智能开关工程等停电机会，重点针对频繁停电线路开展综合检修。对于秋检主网停电计划涉及的频繁停电线路，以于洪大彰线等3条线路停电为试点，开展一次频繁停电线路综合检修。建立健全组织领导及管控体系，细化任务目标，强化工作水平。下设专项指挥小组，召开综合检修座谈会，认真部署各类人员到达现场应负责的具体工作，实现“点对点”负责（见图4-2)；明确作业地点范围、作业内容、作业时间、作业日期、作业人数以及现场注意事项等，坚决做到“守土有责、守土尽责”。分时段送电开关位置设专人看护并布置安全措施，确保计划作业顺利实施。公司全程跟踪指导，各供电分公司观摩学习。

图4-2 召开综合检修座谈会

（三）夯实基础工作，做到“四个提前”

（1）提前建立综合检修工作小组，由于洪供电分公司生产副经理为组长，组建由属地分公司生产（运行、检修、保护、试验）、营销、调控、安监、计量等专业参与的综合检修工作组。

（2）提前组织大彰线等3条线路综合检修实施方案编制，如图4-3所示（书末插页）。内容涵盖作业班组信息、安全管控要点、注意事项及作业指导图等。根据每条线路的实际情况，有针对性的执行综合检修方案，落实缺陷治理闭环管理措施。由属地单位确定检修任务，根据检修任务编制“三措一案”，合理测算每一项工作任务的人员分配并明确责任人。

（3）提前实施现场勘查、作业培训、交底，各专业结合实际组织开展安全、技能、工艺、救援、两票填写等专题培训。

（4）提前筹备所需的人力、物料、设备、车辆、工器具等，提前开箱验收、组装、调试设备。

（四）深化治理成效，强化质量管控

1. 规范检修标准，整体提升网架结构

明确线路“一次大检修3年不大修”的工作目标，除对已知缺陷进行消缺外，开展全线逐杆登检消缺工作，并确定以下6条检修标准：

（1）针对树障。在坚持积极修剪的前提下，进行绝缘线更换和路由调整。

（2）针对相间短路、接点打火和鸟害隐患。进行导线调弛、跳引线绝缘化改造、并沟线夹固定和驱鸟器安装。

（3）针对变台隐患。进行立陡线、引流线全部更换检修。

（4）针对倒杆隐患。进行电杆更换、拉线加固。

（5）针对导线脱落。进行逐杆登检紧固绝缘子和更换绑线。

（6）针对歪杆。歪斜绝缘子将采取集中检修和日常维护方式解决。

2. 多策并举，精细化时户数管控

（1）严格执行“预到场、预汇报”制度，周全考虑、周密部署、周细安排设备停送电操作时间，上下一盘棋，做好横向沟通配合，有序搭接，防止作业时出现真空；组织方案研讨会，寻找最优方案，要求施工单位增加作业人员，选用“精兵强将”，集中突破工程攻坚区域。

（2）在满足安全的前提下，以开关设备为停电分界点，计划分段实施，缩小停电范围及停电时间；提前移位架设水泥杆、钢管杆，缩短停电时间，降低停电时户数。

3. 对症下药，强化综合检修质效

（1）对频繁停电的10kV线路开展特巡，做好线路评价，重点是老旧变台上引下线、绝缘裸露点、裂纹电杆、树障和经受过大负荷和汛期出现的设备缺陷及隐患，针对发现问题的与停电检修结合一并处理，确保停电检修有的放矢。

(2) 对绑线脱绑等无法通过普通巡视发现的缺陷，采取停电当天登检的措施，与前期排查的缺陷集中处理，根治病态，消除线路设备隐患于萌芽状态。

(3) 对变压器、避雷器等设备按照《电力设备预防性试验规程》规定进行定检及试验，判断威胁电气设备正常运行的各种隐患与风险，制订针对性更强的防控措施。

(4) 对用户自维设备进行检查，对存在设备隐患的用户及时下达《用电检查结果通知书》，督促用户利用停电做好整改，做好存在缺陷的用户老旧上引下线改造工作；对公用变台区进行考核表接线核查及互感器变比核对工作，助力GIS线变关系准确、分线线损合格。

4. 分时段送电，降低时户数

对于工程量较大，涉及工程范围较广的检修作业，国网沈阳供电公司组织各部门积极配合，提前进行现场勘察，组织施工方案研讨会，召开现场办公会，同时采取桌面推演的方式不断优化施工作业方案，研讨出分时段送电，集中力量攻坚作业难点，有效压缩停电时间，节约停电时户数。

(五) 提升综合检修意识，培养专业人才队伍

组织召开大彰线等3条线路综合检修后评估工作会议，针对设计、筹备、施工、验收等各阶段情况，总结经验、查找不足、评估成效、追溯责任，不断优化综合检修管理模式。

各供电分公司充分学习于洪、大彰线等3条线路综合检修的经验，结合自身实际情况，开展线路综合大检修，提升综合检修意识，公司全程参与、配合、指导。

三、主要成效

通过综合大检修，对频繁停电线路进行全面的“体检”和“治疗”，消除运行隐患，提升基础管理水平，提升检修质量，充分发挥运维策略策划书对配电运维工作的指导意义，将运维策略落实到每一条线路的检修维护工作中。建立符合国网沈阳供电公司自身特点的配电综合大检修组织体系、流程，为常态化、标准化开展综合检修奠定基础。2020年截止目前，国网沈阳供电公司通过采用综合检修的管理模式，合并停电计划104条，降低配网故障跳闸率28.08%，降低停电时户数7.32万。

4.2 打造“五色”停电管理法助力提升供电可靠性

单位:国网盘锦供电公司

导 读 2020年，国家电网有限公司提出建设具有中国特色国际领先的能源互联网企业战略目标，对供电可靠性管理工作提出了更高要求。切实解决配电网频繁停电问题，提高供电质量和客户满意度，减少用户停电，提高供电可靠性，是供电企业提高服务质量的关键。本文从技术、管理角度对可靠性提升工作进行研究，以提升供电企业持续可靠供电的能力，满足城市不断增长的用电需求。

一、基本情况

2019年国网盘锦供电公司全口径供电可靠率为99.8539%，用户平均停电时间12.7942h，停电5次及以上用户占比34.04%，停电3～4次用户占比20.20%，全年单户停电时户数达到60h以上用户7户。频繁停电的主要原因有：①工程频繁停电作业影响，原因是农网工程施工量较大、且农村区域线路多为辐射状线路，不具备环网拉手条件，导致单次作业的停电范围较大；②故障停电影响，由于用户原因、外破、设备本体原因等产生的故障停电占比28.34%，故障停电仍有进一步压降空间。

为贯彻落实国网盘锦供电公司供电可靠性管理提升三年专项行动方案要求，进一步提升优质服务和配电网管理水平，国网盘锦供电公司根据配电网实际，建立“五色”停电管理法提升供电可靠性。

二、实施方案

建立线路计划停电作业及故障停电“五色”预警管理和分级管控机制。计划停电，做实“一停电一分析”，将全市所有配电线路进行“五色”分级预警，需安排停电检修工作的，提前完成检修作业方案编制、无人机配合特巡、带电检测，梳理排查缺陷隐患，采取“一停多用”、负荷转供转带等，减少计划停电次数，缩小停电范围，压降停电时户数；故障停电，根据故障停电次数，分级采取管理干部全面巡视、制订线路综合治理方案、应急项目管理模式治理、主管领导“说清楚”等手段，层层传递压力，提升基层运维人员责任心，压降线路故障停电次数。防止配电线路频繁停电工作流程图如图4-4所示。

（一）“五色”管理法具体内容

1. 红色线路

停电次数达到4次的线路，严禁安排停电检修计划，每周报送线路运维工作开展情况。必须安排停电计划的，要分析具体原因，提供检修作业实施方案，报公司生产副总经理审核后方可进行作业且要提前开展特巡，梳理排查缺陷隐患，对重点线路区段的设备进行带电检测和红外测温，停电后实施通道清理和综合检修。

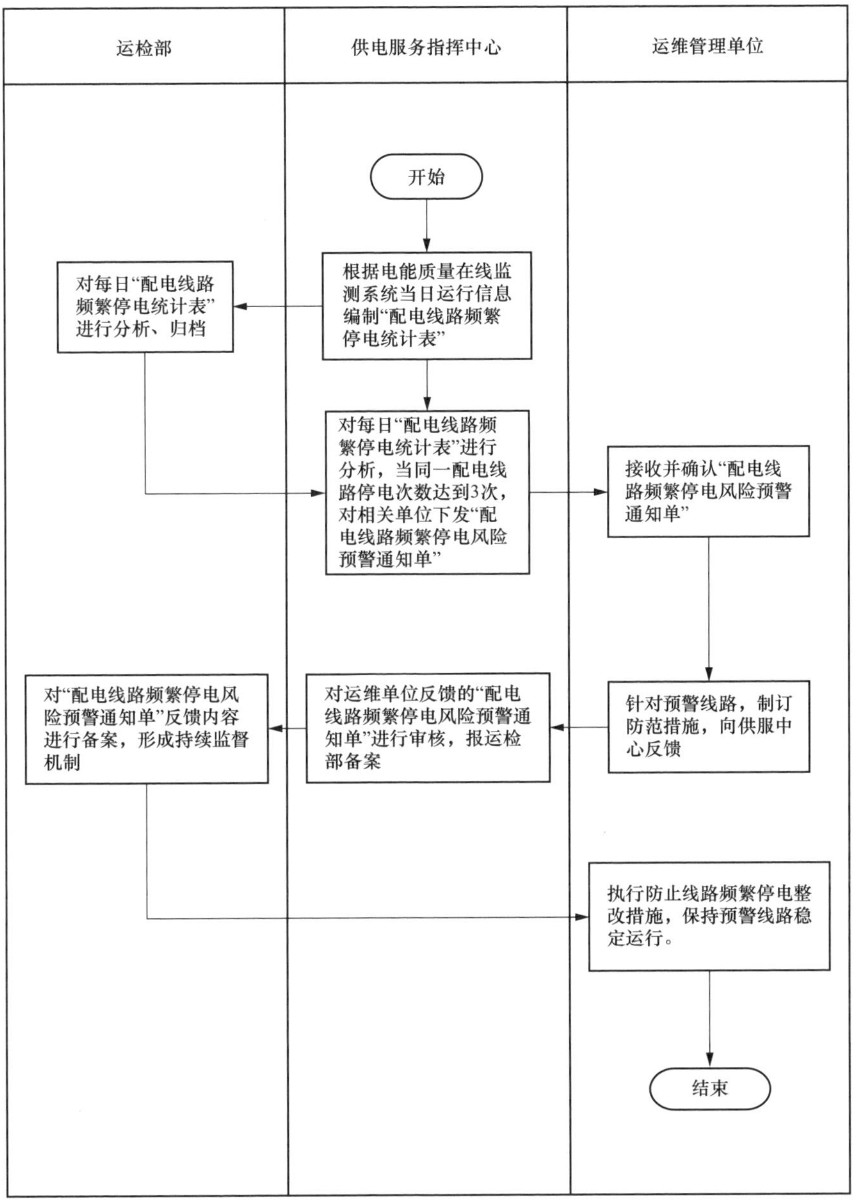

图 4-4　防止配电线路频繁停电工作流程图

2. 橙色线路

停电次数达到 3 次的线路，严控停电检修计划，每周报送线路运维工作开展情况。必须安排停电计划的，要分析具体原因，提供检修作业实施方案，报市公司运检部审批后方可安排且提前开展特巡（可采取无人机协同），梳理排查缺陷隐患，对重点线路区段的设备进行带电检测和红外测温，停电后实施通道清理和综合检修。

3. 黄色线路

停电次数达到 2 次的线路，严审停电检修计划，每月报送线路运维工作开展情况。必须安排停电计划的，提供检修作业实施方案，报县公司主要负责人审批后方可安排，停电后实施通道清理和综合检修。

4. 蓝色线路

停电次数达到 1 次的线路，严审停电检修计划，每月报送线路运维工作开展情况。必须安排停电计划的，提供检修作业实施方案，正常安排检修计划，争取一次停电解决全部问题。

5. 绿色线路

本年度未发生停电的线路，正常安排检修计划，定期开展线路巡视、通道清理和设备带电检测，每月报送线路运维工作开展情况。“五色”法管理停电线路明细如图 4-5 所示。

可靠性系统数据统计

150			2	无	内部故障停电	2020-08-08 08:37	2020-08-08 12:32	二镇二线25号杆T接七分5号杆	1	3.92	3.92
151			2	无	计划施工停电(内部)	2020-03-15 09:00	2020-03-15 11:00	二镇二线出口至22号杆	11	2.00	22.00
152	辽东湾	二镇一线	1	无	内部故障停电	2020-02-10 12:34	2020-02-10 16:57	二镇一线南主于1号环网柜至3号环网柜	1	4.38	4.38
153	辽东湾	二洲线	2	无	临时检修停电(内部)	2020-05-12 11:41	2020-05-12 12:57	二洲线7号杆至68号杆	1	1.27	1.27
154			2	无	临时检修停电(内部)	2020-02-25 08:31	2020-02-25 10:12	二洲线7号杆至68号杆	1	1.68	1.68
155			2	无	临时检修停电(内部)	2020-07-05 14:59	2020-07-05 16:56	二洲线68号杆至157号杆	1	1.95	1.95
156	盘山	冯盘一线	1	无	内部故障停电	2020-07-25 05:00	2020-07-25 07:06	冯盘一线18+1号杆分	13	2.10	26.62
157			1	无	内部故障停电	2020-07-25 05:01	2020-07-25 07:04	冯盘一线13号杆至65号杆	9	2.05	18.33
158			1	无	内部故障停电	2020-02-11 09:29	2020-02-11 10:51	冯盘一线65号杆至67号杆	2	1.34	2.68
159	盘山	冯新二线	1	无	内部故障停电	2020-02-06 18:04	2020-02-06 19:08	冯新二线101号杆右分1号杆至14号杆	1	1.07	1.07
160		冯新一线	1	无	内部故障停电	2020-03-20 19:08	2020-03-20 00:25	冯新一线101右分13号右支55号杆	1	5.28	5.28
161	盘山		1	无	临时检修停电(内部)	2020-05-01 02:40	2020-05-01 07:17	冯新一线56-1号杆至119号杆	1	4.62	4.62
162	双台子	高北一线	0								
163	盘山	高三线	3	无	计划施工停电(内部)	2020-04-29 07:11	2020-04-29 18:28	高三线出口至9号杆	1	11.28	11.28
164			3	无	临时检修停电(内部)	2020-06-18 13:25	2020-06-18 14:22	高三线130号南站分01号至33号	1	0.95	0.95
165			3	无	内部故障停电	2020-08-05 00:21	2020-08-05 06:53	高三线144号西莲花分21至30号	1	6.53	6.53
166			3	无	临时检修停电(内部)	2020-05-13 12:28	2020-05-13 13:39	高三线9号杆至95号杆	1	1.18	1.18
167			3	无	临时检修停电(内部)	2020-05-13 16:00	2020-05-13 17:14	高三线9号杆至95号杆	40	1.23	47.19
168			3	无	计划施工停电(内部)	2020-04-29 07:11	2020/4/29 18:33	高三线9号杆至95号杆	10	11.37	112.98
169	兴隆台	高三乙线	1	无	临时检修停电(内部)	2020-08-25 10:22	2020-08-25 17:15	高三乙线所内出口至3号开闭所	1	6.88	6.88
170	盘山	高黑线	2	无	内部故障停电	2020/7/10 9:19	2020-07-10 10:56	高黑线61号至115号	13	1.62	20.80
171			2	无	内部故障停电	2020-08-07 18:41	2020-08-07 19:17	高黑线61号至115号	1	0.60	0.60
172			2	无	内部故障停电	2020-07-10 09:21	2020-07-10 10:55	高黑线02号杆至61号杆	2	1.57	3.14
173			2	无	内部故障停电	2020/7/10 9:21	2020-07-10 10:55	高黑线53号镁砂厂分13号至35号	2	1.57	3.14
174			2	无	内部故障停电	2020-07-10 09:24	2020-07-10 10:59	高黑线75号至敬老院分09号	1	1.58	1.58
175			2	无	计划施工停电(内部)	2020-04-29 06:32	2020-04-29 18:33	高黑线02号杆至61号杆	16	12.02	191.42
176	盘山	高化线	2	无	计划施工停电(内部)	2020-04-29 06:32	2020-04-29 18:44	高化线4号至39号杆	15	14.47	216.73
177			2	无	计划施工停电(内部)	2020-04-28 07:20	2020-04-28 21:48	高化线4号至39号杆	15	14.47	216.73
178	盘山	高文线	1	无	计划检修停电(内部)	2020-08-16 08:19	2020-08-16 16:11	高文线130号至203号	1	7.87	7.87
179			1	无	计划施工停电(内部)	2020-08-25 08:09	2020-08-25 16:14	高文线203号至247号	7	8.08	56.56
180			1	无	计划施工停电(内部)	2020-08-25 08:09	2020-08-25 16:14	高文线75号至130号	7	8.08	56.56
181			1	无	计划施工停电(内部)	2020-08-25 08:09	2020-08-25 16:14	高文线130号至203号	10	8.08	80.80
182			1	无	计划施工停电(内部)	2020-04-28 07:22	2020-04-28 21:48	高文线10-1分至兴通房产分	1	14.43	14.43
183			1	无	内部故障停电	2020-07-01 10:02	2020-07-01 15:24	高文线75号至130号	1	5.37	5.37
184			1	无	计划施工停电(内部)	2020-04-28 07:18	2020/4/28 21:48	高文线出口至171号杆	6	1450	86.68
186	双台子	古城一线	0								
186	盘山	古岗线	1	无	计划检修停电(内部)	2020-04-15 08:08	2020-04-15 14:03	古岗线56-1号杆~109号杆	1	5.92	5.92
187			1	无	临时检修停电(内部)	2020-07-03 09:06	2020-07-03 09:50	古岗线116号杆~127号杆	1	0.73	0.73
188	盘山	古周线	1	无	内部故障停电	2020-08-07 19:03	2020-08-07 20:07	古周线35号杆~76号杆	3	1.07	3.21
189			1	无	计划检修停电(内部)	2020-04-15 08:08	2020-04-15 14:03	古周线38~126号杆	1	5.92	5.92
190	盘山	古粮线	4	无	临时检修停电(内部)	2020-05-02 17:51	2020-05-02 20:00	古粮线1	1	2.15	2.15
191			4	无	临时检修停电(内部)	2020-05-13 08:02	2020-05-13 09:40	古粮线	1	1.63	1.63
192			4	无	计划检修停电(内部)	2020-01-12 08:59	2020-01-12 16:17	古粮线	11		80.09

图 4-5 “五色”法管理停电线路明细

（二）“五色”管理措施

县供电公司根据运检部下发的线路“五色”清单明细，按照线路“五色”预警管理工作要求，分级管控停电检修计划。需安排停电检修工作的，县供电公司提前完成检修作业实施方案编制、无人机配合特巡、线路带电检测，梳理排查缺陷隐患，按时报送线路运维工作开展情况，采取“一停多用”，减少线路检修停电次数，如图 4-6 所示。

图 4-6 重点线路开展无人机巡视

线路发生故障停电后，年度累计 1 次的，设备主人对线路故障区段开展巡视，向县供电公司运检部报送巡检结果；年度累计 2 次的，同班组长/供电所所长对线路开展全面巡视、带电检测，制订消缺计划，按照“五色”管理模式提报停电检修计划；年度累计 3 次的，县供电公司运检部运维管理专责对线路开展全面巡视、带电检测，向市公司运检部报送线路综合治理方案，按照“五色”管理模式提报停电检修计划；年度累计 4 次的，市公司运检部运维管理专责、县供电公司运检部主任对线路开展全面巡视、带电检测、无人机巡视，采取应急项目管理模式全面消除线路缺陷；年度累计 5 次的，运检部副主任、县供电公司主管领导对线路开展全面巡视、带电检测、无人机巡视，县供电公司主管领导向市供电公司运检部“说清楚”；年度累计 5 次以上的，运检部主任、县供电公司主要负责人对线路开展全面巡视、带电检测、无人机巡视，县供电公司主要负责人向市供电公司主管领导“说清楚”。一周内发生 2 次或月度内发生 4 次故障停电的线路，县供电公司应立即采取应急项目管理模式全面消除线路缺陷。

三、实施成效

通过“五色”管理法，可对全部配电网线路实施分级管控。在运维方面可针对线路所处环境、运行状况，开展差异化运维、设计工作，结合季节性特点制订差异化巡视周期表，确保关键时段巡视质量。在检修方面通过线路颜色分析，可合理安排年度内检修计划，通过对计划审核、整合等达到减少停电次数、提升供电可靠性的目的。

截至 2020 年 8 月末，盘锦公司未发生大范围停电情况，停电 5 次及以上用户占比 0.05%，同比降低 19.9 个百分点；停电 3～4 次用户占比 9.85%，同比降低 13.8 个百分点，无累计停电时间达到 60h 以上用户，总停电时户数 43209 时户，同比减少 44753 时户，供电可靠性大幅提升。

4.3 以用电客户需求为导向，引领供电可靠性管理水平稳步提升

单位:国网铁岭供电公司

导 读 提升供电可靠性是公司履行能源央企政治责任、社会责任、经济责任的使命担当。为进一步提升供电可靠性管理水平，提高客户满意度，清河供电分公司严格执行上级公司的管理要求，加强预算和过程管控，严把停电计划关，压降异常停电，实现供电可靠性指标的可控、能控、在控，提高客户用电保障和服务质量，树立企业品牌形象和提升经济效益。

一、总体思路

为贯彻落实国家电网“1135”新时代配电网管理总体战略部署、国网辽宁省供电公司辽电设备〔2019〕346 号《国网辽宁省电力有限公司关于印发城市配电网供电可靠性提升工程工作方案的通知》和辽电设备〔2020〕264 号《国网辽宁省电力有限公司供电可靠性管理提升三年专项行动方案》工作相关要求，清河供电分公司坚持以客户为中心、夯实专业基础管理，在进一步总结铁岭“十三五”期间配电网存在的主要问题基础上，深入分析 2019 年配电网供电可靠性完成情况，进一步提出精准项目需求编制和投资计划时序，强化停电管控，实现供电可靠性“三压降一提升”的工作目标。

二、主要做法

清河供电分公司紧紧围绕优化电力营商环境、为地方经济高质量发展提供安全可靠电力供应的目标，建立科学合理、高效运转的组织结构，细分管控对象分类实施停电时户数“预算式”管控，明确供电可靠性管理目标，优化管控对象业务流程，推动供电可靠性指标管理与业务有机融合。在此基础上，定期开展停电时户数“预算式”管控评估，持续改进、动态提升。同时，全面加强配电网规划建设运维水平，多措并举提升供电可靠性。通过一系列举措的实施，配电网精益管理水平显著提升，供电可靠性显著增强，大幅降低客户停电感知，客户满意度大幅提升，有力促进了地方经济高质量发展。主要做法如下：

（一）明确构建可靠性治理体系指导思想，确立以“两个始终”为引领的供电可靠性管理理念

通过改进调查研究、掌握基层实情，站在客户的视角审视现有供电服务体系，换位思考体验电力客户的用电感受和诉求，明确了以“两个始终”为引领的供电可靠性管理提升方向。即始终以客户用电视角，引领供电可靠性提升，坚持以客户需求为导向，把企业、居民等客户对提高供电可靠性的需求作为工作改进的出发点和落脚点；始终把服务地方经济社会发展摆在突出重要位置，通过建立高效组织体系、创新服务方式、完善服务标准、健全管理机制，不断提高供电可靠性，改善电力客户服务水平，如图 4-7 所示。

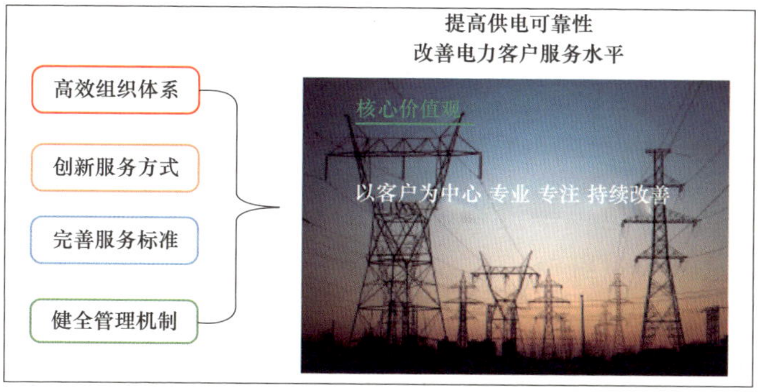

图 4-7 以客户为中心提高供电可靠性

（二）加强系统基础数据共享，深化各专业配合治理

利用配电网设备信息资料库，通过电能质量在线监测、智能化供电服务指挥、SG186 采集、PMS 等系统，深化各专业相通相融，推行营、配基础数据的集成共享和质量治理，打破专业“壁垒”和信息“孤岛”（见图 4-8）。实现配电网运行状态的在线监测，建立各供电所及配电班组微信群实时汇报制度，保证停电数据及时性、准确性，提升设备故障处理效率，减少因设备故障造成的停电损失，提升配电网供电可靠性。

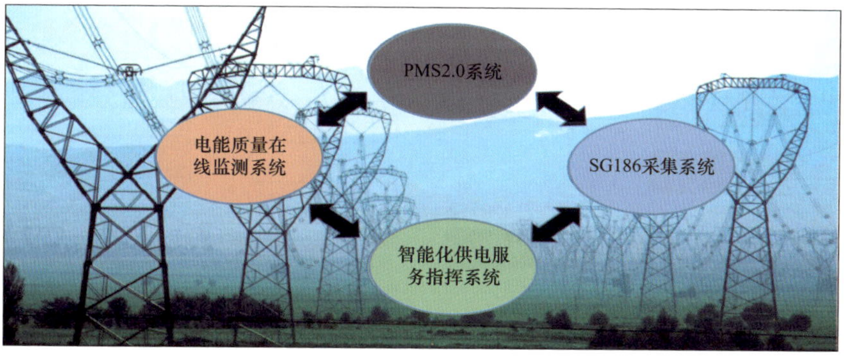

图 4-8 加强数据共享 深化各专业配合

（三）分类实施停电时户数“预算式”管控，明确供电可靠性管理目标

供电可靠率指在统计期间内，对用户有效供电时间总小时数与统计期间小时数的比值，是反映供电系统对用户供电可靠度的关键指标，其计算方法为

$$供电可靠率 = \left(1 - \frac{用户平均停电时间}{统计期间时间}\right) \times 100\%$$

停电时户数是电力客户年停电时间与用户数的乘积，反映供电企业供电区域内供电可靠性高低，统计时间内停电时户数越小，则该统计时间内供电区域供电可靠性越高。其计算方法为

$$供电可靠率 = \left(1 - \frac{停电总时户数}{统计期间小时数 \times 总用户数}\right) \times 100\%$$

1. 细分管控对象，制定差异化管控重点

实施停电时户数“预算式”管控，关键在于精确管控停电时间和停电范围，按照多个维度对停电时间和停电范围进行细分，确定管控对象，按照精益化管控的理念，明确有效的管控方法。通过细分管控对象，对业务流程在现有基础上进行精准优化，避免发生现有管理资源的浪费和管控不到位等情况。清河分公司根据管控对象，从影响范围来看，按照受影响的用户数大小，具体分为大中型小区停电、市区线路停电、城镇线路停电、偏远农村线路停电等。将计划停电按原因主要分为运维检修停电和电网建设停电；进一步按工作流程细分，运维检修停电具体分为作业计划、作业执行、作业验收等阶段，电网建设分为规划立项、可研设计、施工作业等阶段。将非计划停电则分为偶发零星故障停电和自然灾害大面积停电等。管控对象细分种类如图 4-9 所示。

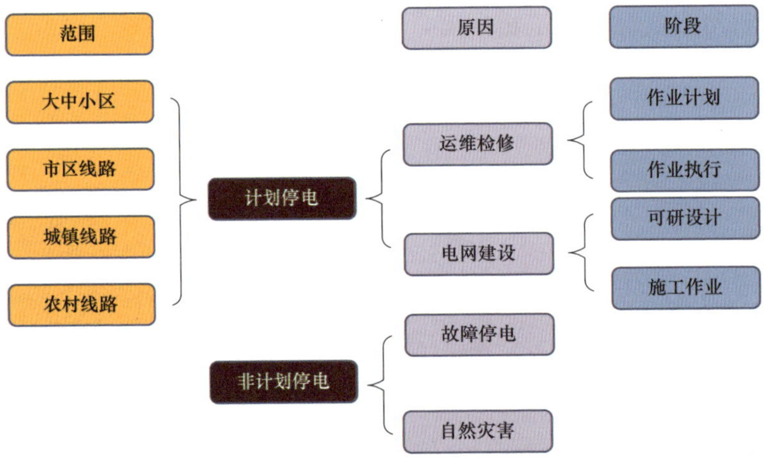

图 4-9　管控对象细分图

2. 前移管理关口，“三级打包”，不断完善停电需求

(1) 合理统计计划停电时户数年度目标值。2019 年 12 月统筹 2020 年配电网检修、技改、大修、农网等项目需求，最大化整合停电需求。前移配电网停电管理关口，在项目需求提报、可研评审时，按照“网格、馈线、台区”三级打包，不停电作业提前参与可研评审。进一步甄别不停电作业替代方案、实施内容、停电范围，编制年度停电检修计划时户数需求。

(2) 根据各班所用户规模、年度停电计划及近三年来的设备运维情况差异化，将停电时户数指标分解到各班所，按照年度时户数额度，进一步细化分解至年、月、周进行跟踪管控，见表 4-2。

表 4-2 停电时户数分解表

月份	停电总时户数	计划停电户时数	故障停电时户数	供电可靠率	累计供电可靠率	系统平均停电时间	系统平均停电频率
1月	500.27	0.01	500.26	99.964	99.964	0.2676	0.115
2月	740.93	528.96	211.97	99.941	99.9531	0.3962	0.174
3月	3319.72	2542.85	776.87	99.7615	99.8871	1.7743	0.487
4月	4109.63	1317.31	2792.32	99.6951	99.8397	2.1956	1.306
5月	2669.83	1169.75	1500.08	99.8083	99.8327	1.426	0.79
6月	1819.87	719.87	1100	99.8651	99.8381	0.9716	0.654
7月	1773.4	894.52	878.88	99.8728	99.8432	0.9463	0.446
8月	2754.98	905.41	1849.57	99.8024	99.838	1.4701	0.859
9月	1046.3	435.87	610.43	99.9225	99.8473	0.5581	0.349
10月	3157.3	2565.9	591.4	99.7739	99.8398	1.6825	0.688
11月	10754.2	8962.75	1791.77	99.2042	99.7826	5.7296	1.621
12月	3590.92	3461.72	129.2	99.7429	99.7792	1.9131	0.526
累计	36237.67	23504.92	12732.75	—	—	19.331	—

（四）优化管控对象业务流程，推动供电可靠性指标管理与业务有机融合

1. 业务流程“环环相扣”，减少非有效停电用户和时间

（1）重点开展停电方案审查、优化，逐项研判是否最大程度减少停电时户，严格控制线路、台区用户停电范围。

（2）着力缩减运维检修引起的停电次数和时间。以持续提升配电网供电可靠性为目标，从源头为不停电、结合停电创造条件。按照“先算后报、先算后停”的原则，实现“能转必转、能带不停、先算后停、一停多用”。

（3）作业执行方面，按“能停电前、可带电实施的不纳入停电施工内容”“能杆下做不在杆上做”等原则，充分做好停电前施工准备，开展并行操作、并行作业，合理压缩各环节停电时长。确保停电范围合理，停电次数、停电时户数最优，严控非有效停电用户，避免长时间停电或重复停电。

2020年，清河供电分公司将可靠率目标提升至99.896%，同时10kV线路计划重复停电次数预计同比下降30%，重复停电用户数占比低于79.8%。2020年截止到目前，大范围停电时户数占比0%。

（4）深入开展停电时户数“预算式”管控。一方面，确保停电时户数预算编制质量。各供电所时户数预测是否符合实际，是否影响正常运维检修和电网建设时序，时户数预算与生产、营销等生产环节是否存在矛盾，重要时户数预算编制参数设定是否准确，主要时户数预算指标的年度间变动情况是否合理，时户数预算执行保障和监督措施是否有效等；另一方面，确保停电时户数预算执行过程刚性管理，各供电所时户数预算安排与实际执行情况是否一致，时户数预算是否影响了供电服务水平，是否引发客户投诉，时户数预算反馈数据是否符合可靠性管理要求，停电时户数管控过程中各班所、各岗位是

否充分参与等，如图 4-10 所示。

图 4-10　运检部及供电所召开停电平衡会

每周分公司将各供电所预算式管控情况以周报形式下发至各供电所，以在本部悬挂展板等方式，确保预测落实到位。

2. 建立标准化运行专题分析机制，优化非计划停电流程

（1）降低故障停电发生频次。加强配电设备运行分析和闭环监督，开展配电设备运行分析和专项治理，建立“一个故障，多维度分析、先措施、后工程、闭环监督”的标准化运行专题分析机制。对所有故障停电事件逐条进行分析，责任认定到设备主人和所属班组，针对性开展配电网设备专项整治，开展“一线路一方案”频停线路专项整治。

（2）“逢停必检”开展线路杆段综合检修。结合停电处理杆塔裂纹、线路对地距离不足、分支开关老旧、线树矛盾等隐患，压减线路故障发生概率。将隐患消缺与线路改造紧密结合，实现架空线路通道治理，推广架空线路走廊标准化创建；通过停电契机，加装用户分界开关，加强用户侧安全用电管理，持续降低用户故障对公网影响。截止到 2020 年 8 月份，清河供电分公司配电网故障数量 49 件，同比减少 26 件，压降 34.7%，约减少停电 1300 时户。

（3）实现配电网主设备检测全覆盖闭环消缺。通过扩大带电检测覆盖范围，建立红外成像常态巡检机制，及时核对重、过载设备的参数、负荷、地域特征等情况，确保设备接点处于正常状态，保证国有设备的正常稳定运行。

（4）提升配电网抵御灾害能力。实施线路防雷提升工程，采用加装避雷线、避雷器等雷害防护措施，开展多雷区防雷治理，如图 4-11 所示。2020 年，清河供电分公司因雷害造成线路故障 12 次，同比减少 9 次，压降 42.9%，约减少停电 280 时户。

（5）营配调多源信息融合，实现 10kV 故障主动研判。全面提升操作速度、故障快速感知、隔离和复电能力。超前预判、动态优化抢修梯队网格配置，提升抢修响应速度。今年截止到 8 月份，发生的 49 件 10kV 线路故障中，23 件实现超前预判，占比 46.3%，约减少停电 780 时户。

图 4-11　10kV 镇北线改造工程加装避雷线

（五）加强智能化电网建设，夯实电网设备基础

（1）夯实电网设备基础。进一步提高电网规划的针对性，优化电网发展重点领域和规划项目优选排序原则，提出精准投资策略，指导规划项目有序实施。按“同一变电站”“同一馈线”对储备项目进行归集，综合项目重要性，将“同一停电范围”的项目一并下达。电网建设及投资方面，特别是变电站间负荷转供能力和电网抗灾能力，优化网架结构，提高电网供电能力和适应性，消除大面积停电隐患，提升配电网运行水平，如图 4-12 所示。

图 4-12　10kV 张镇联线改造工程

（2）提升智能化水平。加快推进自动化建设，“四同步”建设自动化终端，差异化开展重要分段、联络点“三遥”改造，配电自动化覆盖率达 100%。构建多源信息融合的主动故障研判体系，有效提高配电网故障处理效率，降低故障处理时间，减少停电范围。据统计，2020 年约减少停电 600 时户。2019 年清河供电分公司共改造配电网自动化开关 64 台（见图 4-13），新增故障指示器 320 处，实现城镇配电网自动化线路 100%覆盖，农网线路 100%覆盖。为了提升配电台区智能感知能力，计划 2020 年投资建设智能台区

（TTU）40 个，加强对电网实时状态、设备、开关动作次数、负荷情况、潮流动向等数据进行采集、监测，提升供电可靠性。

图 4-13　安装配网自动化开关

三、实施效果

（一）供电可靠性显著提高，客户满意度大幅提升

2020 年以来，清河供电分公司通过实施基于停电时户数预算式管控的供电可靠性管理，取得显著成效。截至 2020 年 7 月，分公司全口径平均供电可靠率达 99.9904%，同比增长 0.0259 个百分点；城市平均供电可靠率达 99.9946%，农村平均供电可靠率达 99.9853%，平均停电频率计划停电频率 0.34 次/户。城市供电可靠性持续提升，客户满意度不断增强。

（二）配电网精益管理水平提升，塑造良好企业形象

供电可靠率高低代表着供电企业的配电网精益管理水平的高低。清河供电分公司通过实施停电时户数预算式管控的供电可靠性管理，推进全链条向市场化、互动化和精益化转变，有效促进了企业核心竞争力和效率效益全面升级。分公司认真履行国企政治责任和社会责任，全力支持地方经济社会发展，着力打造安全、稳定、可靠的智能电网和一流配电网，对改善营商环境、推动经济建设发展起到了重要支撑作用。

4.4 多措并举，科学管控计划停电，推进可靠性“三压降一提升”

单位:国网辽阳供电公司

导 读 本典型经验从计划主次的编订、每项作业项目设定时长、多部门建立可靠性计划审批群、与物资部联合跟踪管控到货时效性，召开带电作业竞赛5个部分展开叙述，提出了可靠性计划管控的亮点工作，实现对停电计划“预算式管控”，全面推进公司供电可靠性“三压降一提升”工作。

一、情况概述

2020年，国网辽阳供电公司运维检修部始终秉承“不停电就是最好的服务”理念，以“可靠性”为抓手，深入开展改造升级工程、带电作业以及配电网压降等工作；制订《辽阳可靠性管理指导书》及《辽阳可靠性三年提升方案》，严格执行停电计划分级审批制度，加强综合停电管理与转供电管理，合理安排施工、检修计划，有效控制大范围停电，避免10kV线路重复停电发生；发挥属地化运维管理与监督作用，提高配电网设备巡视、检修质量、提升设备健康水平，积极开展不停电作业，全面提升辽阳地区供电可靠性。

二、主要做法

（一）为配电网停电作业计划提供科学指导

在配电网停电计划制定中，国网辽阳供电公司按照“一停多用”的停电原则，确定停电的主、次关系，合并同类作业内容，由分散到集中，做到技术、网改工程改造及大修项目配合基建工程；消缺配合技术、网改工程改造及大修项目；二次设备定检项目配合一次设备改造大修项目；短期停电项目跟随长期停电项目。结合项目方、施工方的申报计划，充分考虑总体项目需求，定量分析各类配电网停电项目工作量，对施工队伍人力资源承载力进行评估，实现停电计划科学管控，如图4-14所示。

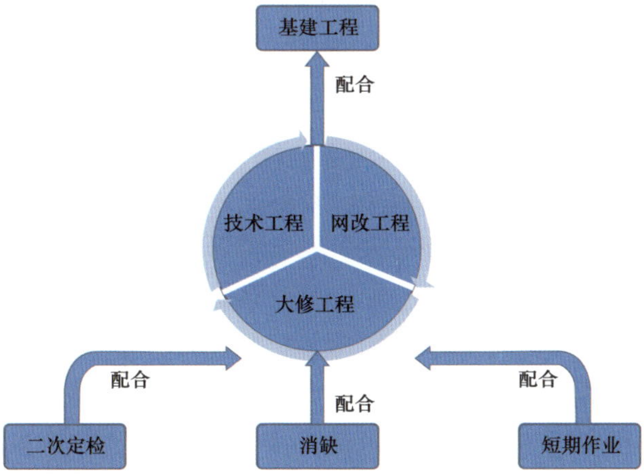

图4-14 停电作业项目流程图

（二）规范计划作业标准，执行停电作业时长定额管理

为了科学管控计划停电时间，根据电压等级、作业内容的不同，针对配电网停电作业标准时长管理需要，对各类项目作业时长设定定额标准，分别设定了操作时间、作业时间及作业人数，制订“作业项目时间表”（见图 4-15）。结合“作业项目时间表”，将停电作业时间定额管理与员工绩效有机结合起来，形成绩效考核闭环管理。依据“作业项目时间表”可预算出每次作业停电时长，既减少了冗余停电时间，统一了现场作业标准，又解决了预测停电不准确的问题，避免了停电时间过长引起的大范围停电。

（三）与多部门联动，实现以可靠性为中心的预控式管控

公司运检部与多部门联动，建立了公司可靠性计划管控群，实现运检、调度、输电运检、变电运行、检修等生产过程的预先参与指导，简化计划审批流程，每周二公司运检部通过微信平台发布停电计划，各专业对计划进行确认，针对提出异议的专业，周三前可直接线上修改并发起重新审批流程，经调度审批后在群里进行发布，方便了各单位第一时间对停电范围大、停电次数多的计划做出调整，如图 4-16 所示。为及时了解停电计划执行情况，利用微信群对每日停电计划进行跟踪，及时汇报停送电时间，有无异常事件，保证计划停电可控、能控、在控。同时，从线路运行状况、气候季节变化以及用户用电需求多角度考虑，每月对各单位临时申请停电时户数设定限值，消耗时户数超出计划 5%的单位需分管生产局长向运检部主任汇报停电原因并绩效扣分。

（四）强化物资责任管理，提升可靠性预控能力

与物资部联合制订设备问题清单。加强设备订货的前期可靠性管理工作，并在订货合同中填入适当的可靠性条款，限制供应商到货时间，一旦出现因物料到货延期问题，要求其视影响程度大小、延期时间长短缴纳滞纳金，并上报省电力公司物资部列入黑名单。通过使用设备问题清单，可进一步提高研究、设计、制造单位及用户对设备可靠性的重视程度，将可靠性管控由事后统计分析转变成了事前制订、事中控制、事后总结的标准化、规范化和科学化的管理模式。

（五）以轮训、竞赛为手段，促进配电网不停电作业全区域发展

2020 年，公司围绕地区供电可靠性，创建了 66kV 输电线路带电断接引流作业法，提出了利用各种新研发的绝缘工具代替人员进入强电场的操作方式，进行带电断接引流工作，为线路改造提供技术支撑。

不断提升配电网不停电作业管理水平。创新不停电作业双许可模式，开展配电网不停电技能轮训、竞赛。此次竞赛分为实操和理论两部分，7 支参赛队伍共 21 名选手参加了竞赛。实操竞赛项目以“绝缘手套作业法更换直线杆中相绝缘子”为主，邀请带电作业专家现场评分，所有题目全部源于现场工作实际，旨在提高员工现场实际作业和分析能力。高温炙烤下，参赛选手展现了良好的专业素养和过硬的技术技能，充分展示了培训成果，达到了以赛促学、以赛促训的目的。筹备增加辽阳县带电班，拓展不停电作业项目，实现“先算后停”科学管控停电计划。针对客户申请接网供电和电网检修时，全

作业项目时间表							
序号	设备名称	作业内容	数量(组/台)	停电时长(h)	操作时长(h)	作业人数	备注
1	电杆	机械组立杆塔	1	1	0.5	2	不含挖基坑
		机械组立钢管杆	1	4	3	3	不含挖基坑
		人工立杆	1	2	1.5	12	不含挖基坑
		电杆扶正(直线)	1	1	0.5	2	
		电杆扶正(耐张)	1	3	2	2	
		更换裂纹杆	1	2	1.5	3	
2	金具	更换直线金具	1	2	1.5	2	
		更换耐张金具	1	4	3.5	6	包括金具更换，导线恢复紧线接引等.
		立瓶更换(直线)	1	1.5	1	2	
		立瓶更换(耐张)	1	2.5	2	2	
		带电安装故障指示仪	1	1	0.5	2	
3	变台	搭设变台(非典设)(双杆)	1	4	3	5	
3	变台	搭设交台(典设)	1	5	4	5	
4	变压器	更换交压器(机械)	1	2.5	2	3	包含拆旧和金具、避雷器、跌落熔渐器支装和高、低压接线制作
		更换交压器(人工)		6	5	4	包含拆旧和金具、避雷器、跌落熔渐器支装和高、低压接线制作
		新装变压器(机械)	1	2	1.5	3	包含金具避雷器跌落熔断器安装和高低压线接线制作不包含立杆
		新波变压器(人工)	1	4	3.5	4	包含金具避雷器跌落熔断器安装和高低压线接线制作不包含立杆
5	真空开关	更换真空开关	1	2.5	2	3	
		更换真空开关(智能)	1	3	2.5	3	
		新装真空开关	1	2	1.5	4	
		新装真空开关(智能)	1	2.5	2	4	
6	隔离开关	更换隔离开关	1	3	2.5	3	包会拆旧和金具、避雷器及相关配套附件安装
		新装隔离开关		4	3.5	3	包含金具、避雷器及相关配套附件安装
7	负控箱	新装负控箱	1	3	2.5	3	
8	接引	新建设线路接引(架空)	1	1.5	1	2	
8	接引	新建设线路接引(电缆)	1	2	1.5	3	不含电缆头制作
9	跌落式开关	更换跌落式开关	1	2.5	2		包含拆旧和金具、避雷器及相关配套附件
		新装跌落式开关	1	2	1.5	3	包含金具避雷器及相关配套附件安装
10	避雷器	新装避置器(1组)	1	1.5	1	3	包含金具安装
		更换避雷器(1组)	1	2	1.5	3	包含拆旧和金具安装
11	拉线	新装拉线 钢绞级,1×19-13.0-1370-B, 100 钢绞线,1×19-11.5-1270-B.80 钢绞线,1×19-11.5-1270-B.50	1	1	0.5	1	
12	导线	导线连接	1	2	1.5	3	
		架设绝缘导线(JKLYJ-240、150、70)	1	2.5	2	4	
		更换绝缘线(档距50~70m)	1	3	2.5	4	
		调整导线驰度(档距50~70m)	1	2	1.5	3	
		架设架空避雷线	1	2	1.5	2	
13	环网柜	更换环网柜(1进3出)	1	4	3.5	5	包含拆旧和电缆敦设、电缆头制作
13	连接器	更换电缆连接器(1进3出)	1	4	3.5	5	
14	箱式变电站	更换箱式变电站	1	4	3.5	6	
15	开关站	更换开关站(1进3出)	1	4	3.5	6	包括旧设备拆除 新设备安装，电缆头制作等

图4-15 作业项目时间表截图

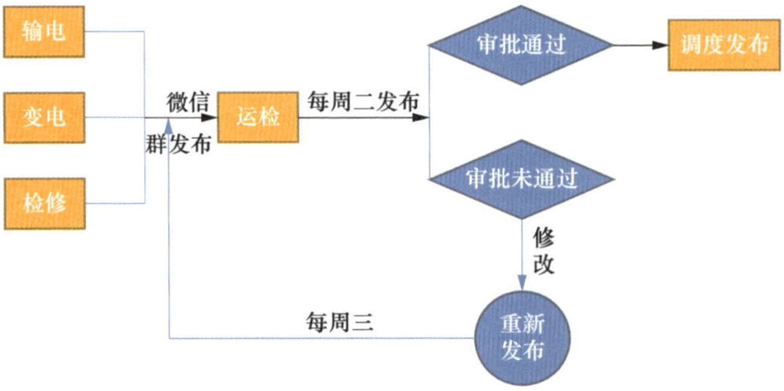

图 4-16　简化计划审批流程图

面实施不停电作业，缩短用户停电时间，减少用户停电次数，助力客户早用电、早受益，如图 4-17 所示。

图 4-17　配网不停电作业竞赛现场

三、工作成效

2020 年，国网辽阳供电公司停电计划实现“预算式”管控。按照“先算后报、先算后停”的原则，明确停电时户数预控目标，指标逐级分解落实到各单位班组、线路、台区。重要指标设定限值，超出限值单位需经公司分级审批后方可进行作业。根据预控目标消耗情况进行动态跟踪、定期分析。启动停电计划分级审批机制，科学管控停电计划，优化停电作业方案、合理安排停电时长，提倡“小范围、分段停”。奖惩并举，制订“日监测、周通报、月考核”机制，实现计划管控闭环管理，即每日对计划停电进行监测；每周以周报形式对各单位计划完成情况进行发布，由公司分管领导签字后进行通报；每月对各单位月度预测管控完成情况进行排名，由公司分管领导签发后发布局主页，并依据统计结果进行绩效考核。

截至 6 月底，全市频繁停电投诉压降 92.6%，配电网缺陷压降 54.74%；开展配电网不停电接网客户 15 个，不停电检修 859 处，累计不停电作业 498 次，减少停电时间 16448 时户，多供电量 240.4 万 kW·h。通过输电专业不停电作业累计完成 66kV 及以上电压等级带电作业 33 次，减少停电用户 2145 户・次，缩短停电时长 148.5h，多供电量约 62.7 万 kW・h；有效控制大范围停电 23 件，减少停电 4750 时户数，避免了 31 条 10kV 线路重复停电发生。大范围停电占比降低 6%，重复停电用户占比降低 27%，供电可靠率提高 0.0824 个百分点。

下一步，国网辽阳供电公司将继续强化配电网基础业务与客户侧用电安全管理，开展供电可靠性预算式管控，扎实推进配电网供电可靠性提升工程建设，全面带动配电网高质量发展、高效率运行、高品质服务，助力公司全面深化企业改革与电力营商环境建设。

5 不停电作业

5.1 提质增效、勇于创新配网不停电作业精益化管理

单位:国网营口供电公司

导读 2019年国网营口供电公司全年供电可靠率99.813%，重复停电用户占比26.83%，停电次数多、停电时间长，极大地影响了用户对供电企业的满意度，同时也降低了公司效益。国网营口供电公司通过创建多项业务协调统一的配电网不停电作业精益化管理体系，有效提升配电网管理和现场作业效率，减少停电损失，实现提高供电可靠性的目标。

一、总体思路

为进一步提高供电可靠性，国网营口供电公司以“能带不停”为原则、以安全为核心、以问题矛盾为导向、以工作需求为动力、以缩短停电时间以及减少停电范围为目标，要求检修、技改、抢修、消缺等多项业务从制订、执行等方面优先考虑不停电作业方式，将管理方向逐步由“经验论管理”向“科学定论管理”进行转变，以此创建配电网不停电作业精益化管理体系。

二、主要做法

（一）建立管理体系，统一业务流程

公司以业扩、检修、技改、消缺、抢修以及工程施工共6大业务模块为核心管理，创建配电网不停电作业精益化管理体系，成立精益化管理小组，推动精益化管理职责和具体流程的落实和应用，如图5-1所示。管理小组根据不同作业项目和作业方法，有针对性地编制不停电作业管理方案、作业指导书以及应急预案等，当有相应业务需要申请不停电作业时，负责该业务的管理小组根据基层班组反馈的该作业项目类型及作业环境，规定当前人员配置，选出最优作业方式，并提供相应的作业指导书和作业指南，作为填写工作票以及标准化作业的依据。管理小组同时执行监察作用，负责考核作业班组的标准化作业能力和现场作业安全水平。

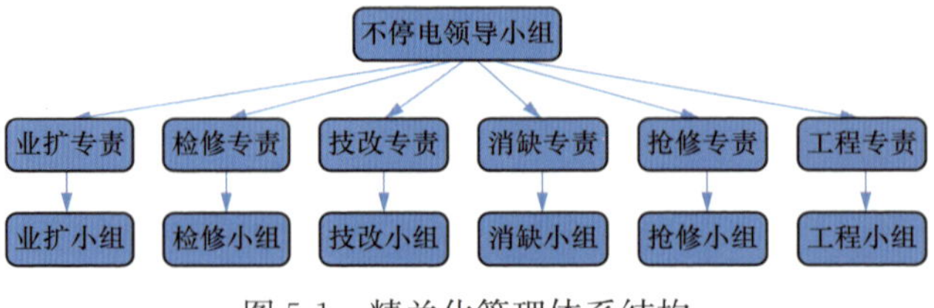

图5-1 精益化管理体系结构

（二）建立“能带不停”保障机制，提升“全时段”作业能力

1. 缺陷大数据支撑配电网抢修预案

国网营口供电公司统计近几年配电网缺陷，分门别类，系统分析，根据不同缺陷分类确定对应作业项目，制订相关不停电抢修预案，并对作业中的危险因素提前分析，为配电网不停电抢修甚至检修作业提供了科学性的理论基础，如图 5-2 所示。

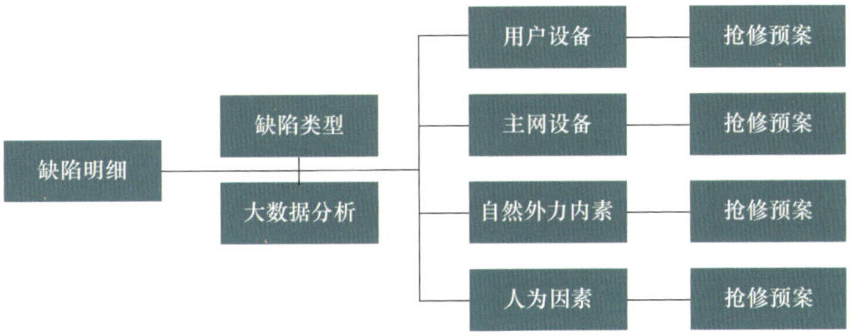

图 5-2　缺陷大数据分析

2. 定期开展不停电作业抢修演练，实施抢修消缺“全时段”管理

国网营口供电公司要求不停电作业人员应熟悉相关抢修流程，熟悉相应操作，定期开展不停电抢修培训，以简单抢修项目逐步向复杂抢修项目培训，保证不停电抢修人员熟悉多种类作业项目，以此保障配电网不停电抢修作业能快速、安全实施。国网营口供电公司规定不停电应急抢修执行“二十四时”制，编制抢修应急预案，成立多个抢修小组，制订详细值班计划，抢修小组轮流值班，实现抢修消缺“全时段”管理，如图 5-3 所示。

图 5-3　夜间不停电应急抢修

（三）深化“区域协作、市县一体”体系，提升“全区域”作业能力

建立适应国网营口供电公司的“区域协作、市县一体”配电网作业体系架构。在体系构架中，运检部作为顶层力量，协同领导带电作业中心和县域带电作业班组，加强上

下沟通、横向协同，并根据县域人员技术水平及作业需求，利用带电作业中心技术力量，为县区公司“量身定制”不停电作业技术帮扶方案。对于已具备一、二类不停电作业开展能力的单位，则重点向其提供复杂类不停电作业技术帮扶，必要时进行人员支持，对于尚未具备独立开展不停电作业能力的县区公司，提供不停电作业全流程帮扶指导。

（四）多项举措并行，提升“全类型”作业能力

1. 建立“全类型”项目培训机制

公司根据三类 37 个不停电作业项目，制订相应的标准培训方案，编制培训教材，规范工作流程，完善制度标准培训体系，确保“全类型”项目培训效果；同时开展差异化培训，加快新人成长，提升员工素质，促进配电网不停电作业广泛、规范开展。为让青年员工加强学习作业能力，公司编制“现场＋课堂”培训方案，通过“现场＋课堂”的形式，帮助新员工查缺补漏、夯基固本，如图 5-4 所示。

图 5-4　不停电作业培训

2. 推广优秀专家人才交流机制

国网营口供电公司推广全国优秀专家人才“请进来”和“送出去”交流机制，邀请省电公司、电科院及各省、各地市供电公司专业管理干部及不停电作业人员采取“听、看、讲、评”的形式进行观摩、指导和点评，加强同业之间交流学习，持续提高不停电作业队伍技术水平，深化对现场作业安全管控措施，提升综合战斗力，如图 5-5 所示。

（五）拓展技术创新应用，拓展“全类型”作业项目

国网营口供电公司定期组织召开技术创新、装备研发发布会，鼓励全民参与新技术、新装置、新方法的研发，促进优质成果全面推广应用；同时积极学习省电力公司推广项目，大力推进绝缘脚手架、绝缘平台、小型旁路设备和绝缘杆的应用，大力拓展电缆旁路作业，积极应用移动发电作业，研究完善低压带电作业，不断拓宽不停电作业适用范围，扩大不停电检修覆盖面，进一步完善的精益化管理体系，如图 5-6 所示。

图 5-5 外市单位来营口现场观摩交流

图 5-6 拓展绝缘平台不停电作业

三、实施效果

2020 年 1～7 月，国网营口供电公司供电可靠率 99.926%，同比提升 0.111 个百分点，停电时户数同比减少 111153 时户，用户平均停电时间同比减少 5.61 时户，重复停电用户占比同比下降 26 个百分点。共开展 10kV 配电网不停电作业 1271 次（其中城网 415 次，县域 856 次），同比增加 122.02%，超出年初计划目标 48.13%。多供电量 866.49 万 kW·h（其中城网 235.62 万 kW·h，县域 630.87 万 kW·h），不停电作业化率为 78.07%（其中城网 90.61%，县域 71.00%），同比提高 5.97%（其中城网提高 15.43%，县域配电网提高 3.13%）。

国网营口供电公司绝缘杆法带电作业班截止目前累计培训学员 44 名，学员通过率达到 100%，每位学员都能达到“会操作、能传承”的水平。成立不停电抢修队伍 22 个，配电网故障平均修复时间为 103min，同比下降 60%，极大地减少了故障停电损失，保护了用户的经济损失。

5.2　采用综合不停电方式实现高压不同源线路负荷切转

单位：国网鞍山供电公司

导　读　随着经济的不断发展，社会对用电的需求也在不断增加，不断地有新用户需要接入配电网系统，这就需要供电企业可灵活调整电网运行方式，实现用户负荷转移或部分转移。当前，鞍山地区的网架结构与南方发达地区相比仍显薄弱，部分情况下无法通过倒闸操作、环网互带等方式实现负荷转移，因此带电作业成为了一种新的负荷转移方式。

2020年7月，国网鞍山供电公司带电作业中心通过旁路作业法，在建北干114号实现原建北二线所带负荷“转移”给建北一线的作业，避免一次大型停电作业。

一、基本情况

随着鞍山市城市发展越来越快，部分用户原有容量已不能满足用电需求，需要增容改造。2020年7月，10kV建北二线所带一高压用户由于新购置一批用电设备，原有供电容量不能满足用电需求，需进行增容。如直接增容，将会导致10kV建北二线契约容量超过线路所能承载最大容量，经过研究讨论，为平衡10kV建北二线容量，国网鞍山市铁西区供电分公司决定将原10kV建北二线（见图5-7）所带郎家分19个用户的4190kVA负荷转为由10kV建北一线（见图5-8）带送，须在建北干114号进行带电断、接引线作业。若采用传统的带电作业方式，预计郎家分负荷须停电3h以上。为提高供电可靠性，践行“不停电就是最好的服务”理念，国网鞍山市铁西区供电分公司与带电作业中心研究决定，采取综合不停电作业方式完成本次负荷转移，转移过程中完全不停电。

二、实施方案

为保证全过程用户不停电，本次作业需采用“先接后断”方式，作业过程中会有一段时间10kV建北一线和10kV建北二线直接相连，而非同源线路直接相连会形成环流，如果环流过大，则可能导致设备损坏，甚至会造成作业人员受伤。

通过搭建模型分析计算，合上建材变电站分段开关可显著减少环流，产生环流不大于10A，在旁路负荷开关的可承受范围内，故可开展作业，如图5-9所示。

具体方案如下：

（1）作业开始前，工作负责人联系值班调度人员合上66kV建材变电站1037及1043变压器二次侧母联断路器，确保两条10kV线路处于同源状态。

（2）变电站工作人员将1043变压器退出运行，提高故障电流切断能力。

（3）斗内作业人员在工作范围内设置绝缘遮蔽。

（4）在建北干114号安装旁路设备，并使用旁路设备将10kV建北一线与郎家分负荷相连，为接引做好准备。

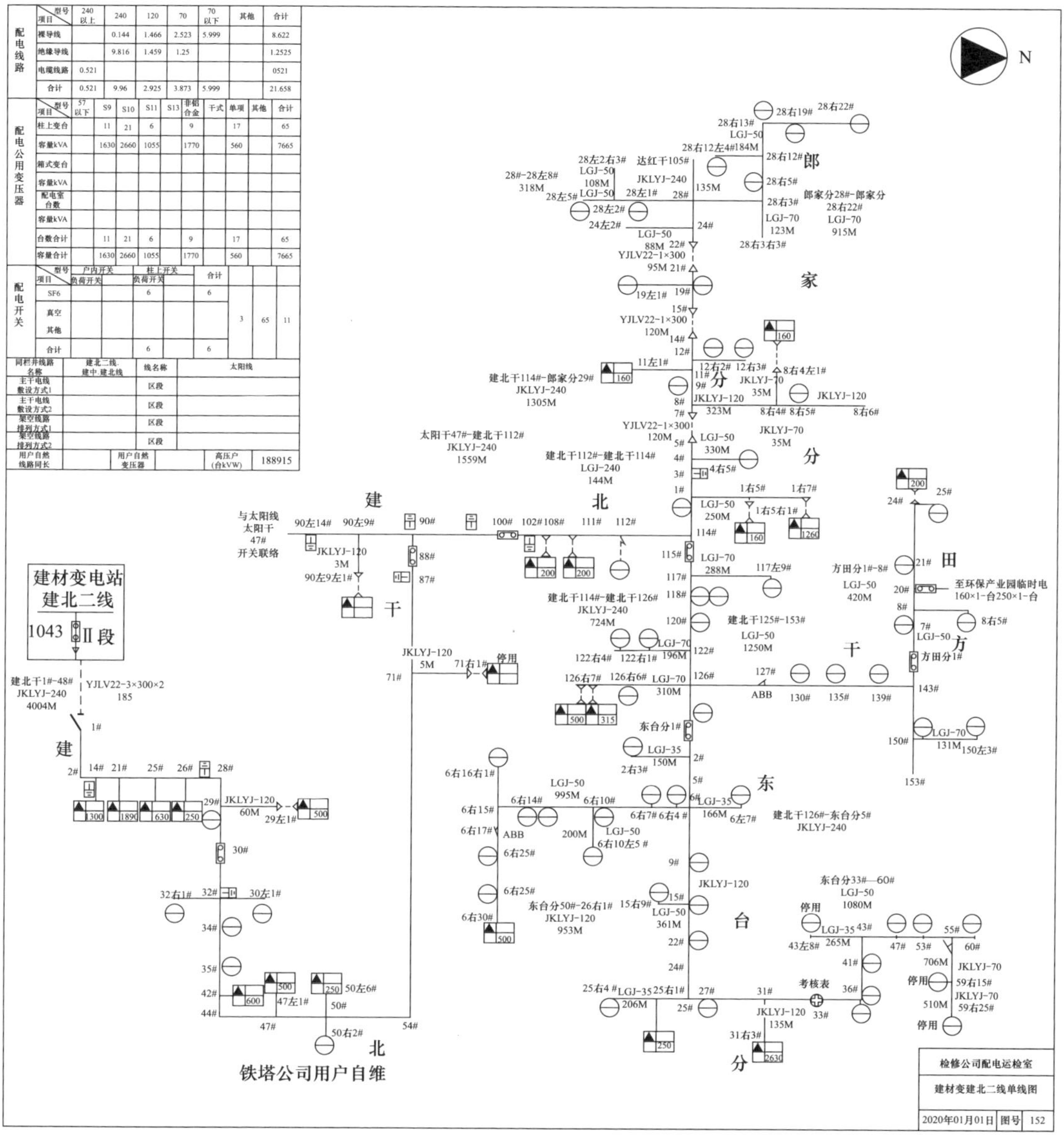

图 5-7 建北二线单线图

（5）斗内作业人员用引线将 10kV 建北一线与郎家分相连。

（6）断开旁路设备，并调整旁路设备使 10kV 建北二线与郎家分负荷相连，为断引做准备。

（7）斗内作业人员将 10kV 建北二线与郎家分负荷引线断开。

（8）旁路设备退出运行，负荷转移完成。

（9）斗内作业人员拆除绝缘遮蔽，退出带电区域。

（10）工作负责人联系值班调度人员，汇报作业结束。

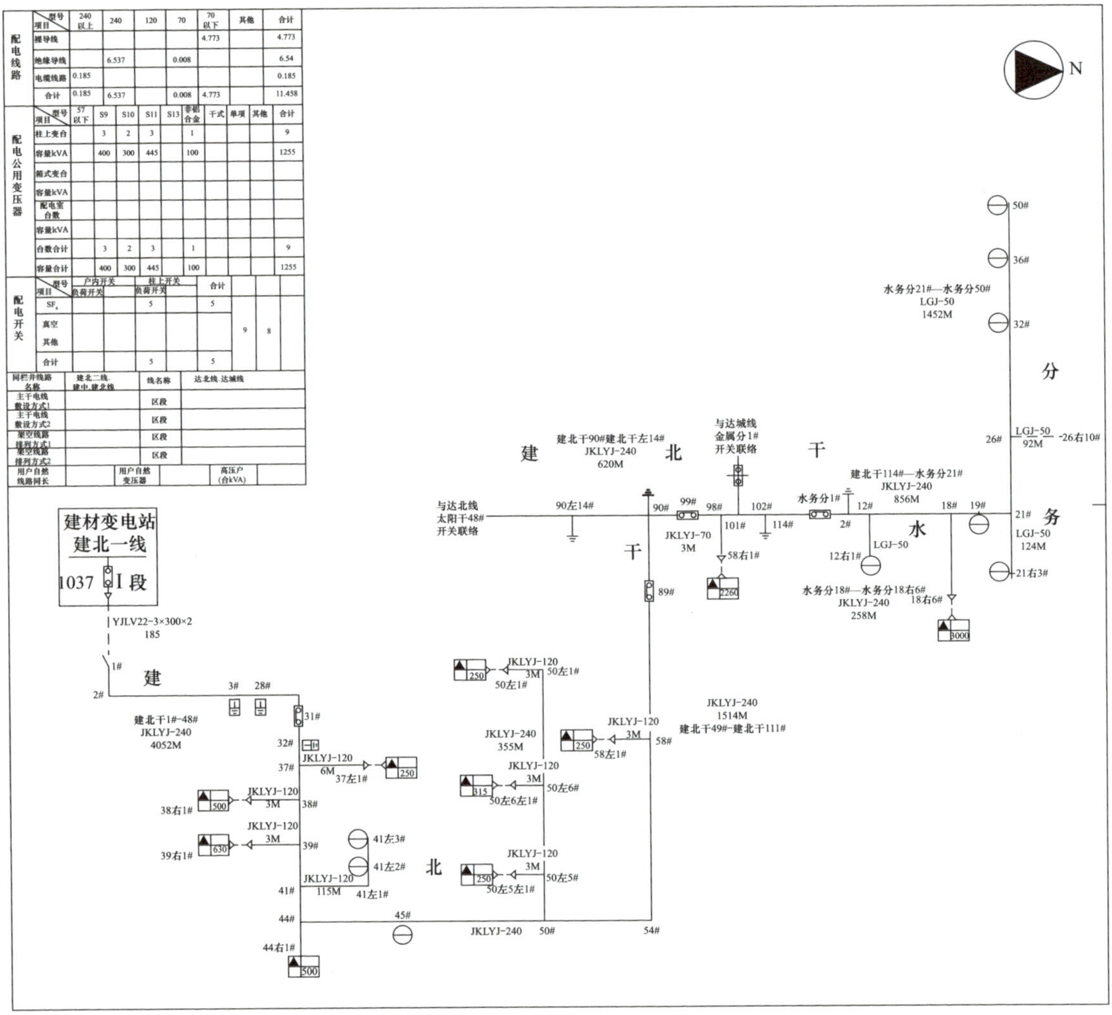

图 5-8　建北一线单线图

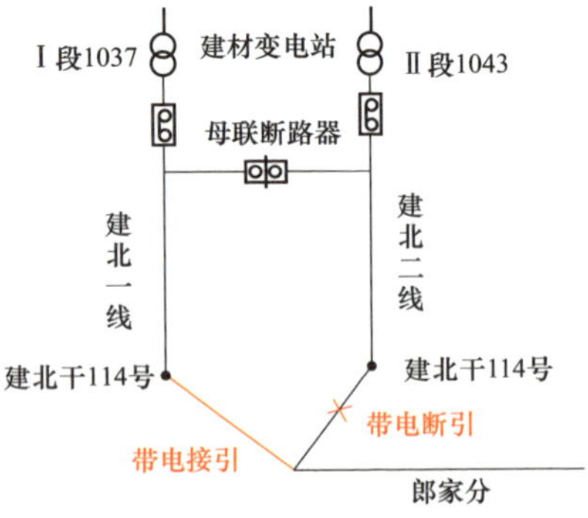

图 5-9　施工方案图

三、现场实施安排

本次作业共安排 1 个带电作业班组共计 10 人开展作业，共派出 10kV 绝缘斗臂车 2 辆，其他工程车 4 辆，旁路设备 1 套。

作业当天，气象条件符合作业标准，早 7 点，工作负责人在得到当值调度“66kV 建材变电站 10kV 分段开关已处于合位，10kV 建北一线、建北二线重合闸已退出，可以开始作业”的指令后，宣布作业开始。斗内作业人员按照作业方案逐步开展作业（见图 5-10），作业总用时 3h，作业过程中涉及的全部用户均未停电。

图 5-10 作业现场

四、实施成效

相比于传统的停电作业，本次作业减少停电时户数 460 时户，与传统带电作业相比，也可减少停电时户数 72 时户。随着经济社会逐渐发展，供电可靠性的要求也逐步提高，这一新作业项目的成功开展也为将来负荷切改方式提供了一种新的思路。据推算，类似负荷切改作业每年平均进行 10～15 次，采用新作业方法预计可减少停电时户数 6000 时户，可极大提高供电可靠性，提升用户满意度。

5.3 开展全域全业务不停电，全面提升供电可靠性

单位：国网鞍山供电公司

导读 为进一步落实“不停电就是最好的服务”工作理念，国网鞍山供电公司按照“五个鞍电”总目标和“二年进位提升”规划路径，以提高供电可靠性为主线，以新时代带电精神为指引，以“能带不停”原则为导向，通过规范五项行动措施（可靠性管理、计划管理、缺陷管理、作业管理、人员管理）完成工作目标，全面缩短辖区停电时间，提升供电可靠性，形成了全域全业务不停电工作行动典型经验。

一、工作目标

2020年，国网鞍山供电公司全面落实“不停电就是最好的服务”理念，实现城市供电可靠率99.98%（国内新一线城市水平），同比提高0.131%，户均停电时间1.752h，同比减少60.55%，不停电接火率100%，全年配电带电作业数量2300次以上（市区1800次、海城300次、岫岩100次、台安100次），其中三、四类作业100次以上，见表5-1。

表5-1　　2020年带电作业开展项目统计表

作业项目	作业方式	作业类型	作业数量
安装驱鸟器	绝缘手套、绝缘杆作业法	二类	500
更换/新建柱上开关	旁路作业法	三类	25
加装接地挂环	绝缘手套作业法	二类	240
业扩断接引	绝缘手套作业法	二类	220
业扩立杆	绝缘手套作业法	三类	20
防雷放电间隙	绝缘手套作业法	二类	265
标准化变台改造	绝缘手套作业法	二类	225
综合不停电作业	综合不停电作业法	四类	5
抢修		一、二、三类	300
消缺		一、二、三类	500
总计			2300

在铁西主城区选取钢西路以西、沈海高速以东、鞍刘路以南、千山西路以北的达道湾工业区建设约15km^{2}全业务不停电示范区，示范区内用户平均停电0.876h，供电可靠率99.99%（国内一线城市水平），实现配电网全业务不停电作业。

二、行动措施

（一）源头考核管控，带电作业需求前移

1. 加强停电时户数管控

100时户数及以上、300时户数以下的计划停电须经运检部审批；大范围停电（停电时户数300及以上，下同）的，须由分管副经理审核，省电力公司设备部审批，并由运行单位分管领导到省公司大范围停电分析会进行情况说明。

运行单位大范围停电时户数超过本单位全年停电时户数预测值的20%后，原则上不

允许再申请大范围停电；如需申请，须由运行单位分管领导报分管副经理审核，月绩效考核扣2分/条次，扣除省电力公司当季度可靠性奖励。

一个检修周期（春秋检）内，同一10kV线路原则上大范围停电不得超过一次（含上级电源停电），如第二次申请，须由运行单位分管领导报分管副经理审核，月绩效考核扣2分/条次，削减省公司当季度可靠性奖励。

一个自然年内，同一10kV线路原则上大范围停电不得超过一次（不含上级电源停电），如第二次申请，须由运行单位分管领导报分管副经理审核，月绩效考核扣2分/条次，削减省电力公司当季度可靠性奖励。

2. 加强工程前期管控

各运行单位和设计单位在制订工程方案和初设时，需充分考虑提升供电可靠性的方案和今后便于进行带电作业的设计标准。可通过带电作业方式实施的工程，需在可研报告中说明，并将带电作业取费按定额列入工程概算中（大修工程除外）；不能通过带电作业方式实施的工程，需在可研中加入预测的停电时户数，如停电时户数超过300，需提供情况说明和解决方案。

3. 加强业扩接火管控

运行单位上报业扩接火计划时（含用户故障抢修复电），应优先采用不停电作业的方式，如受地形等条件所限无法不停电接火需提前向运检部报备，原则上不得因为用户检修或接火而停电，运检部和营销部每月会严格考核各单位不停电接火率，对存在“能带未带”的单位月绩效扣5分/次。

（二）流程化繁为简，带电作业计划规范

为简化带电作业周计划申请流程，在满足安全风险管控前提下，将原周计划申请中每项作业单独提供计划审批单，改为以“清单”模式统一进行审批，提高效率。

带电作业中心开展计划作业应以周计划为准，填写配电带电作业周计划申请表后，经公司运检部、安监部、供电服务中心（配调）审核批准后，由供电服务中心（配调）向调控中心报备。

县公司开展计划作业应以周计划为准，填写配电带电作业周计划申请表后，经本单位运检部、安监部、县调审核批准后，由县调向调控中心报备。

周计划上报时间节点为周三下班前，对于业扩接火工程，为满足实现要求，可单独提报隔天计划。

经批准的带电作业周计划履行日检修票会签流程，带电作业中心由本单位负责制票，并在制票前与各运行单位生产调度核实是否具备作业条件，各县公司由本单位生产调度负责制票，供电服务中心（配调）及县调对带电作业周计划及日检修票的正确性负责。

供电服务中心（配调）及县调在批准停负荷的带电作业时，时间安排需满足用户停电通知时限要求，对于因方式变化（包括线路长度、容量、结构等）需线路保护改定值的，由供服中心（配调）及县调协调继电保护专业完成相关线路保护改定值。

（三）运维精益管控，带电作业职责明确

1. 巡视要求

各运行单位需严格执行供服系统的录入要求，定期将周期性巡视计划录入供服系统，供服将根据各单位的巡视情况（包括巡视轨迹、巡视照片等）进行考核。巡视记录可不在 PMS 中录入。

考核方式：供服中心将每月根据各运行单位的配电网巡视工单派单率、App 接单率、归档率，进行排名考核，未按周期要求完成巡视的单位月绩效扣 2 分/条次。

2. 缺陷要求

（1）缺陷的录入。巡视发现的所有缺陷需 3 个工作日内全部录入 PMS 中，系统中没有的缺陷类别需记录在巡视手册上。巡视时要考虑发现的缺陷能否带电消除，录入时需将缺陷部位照片、杆下停放车辆位置照片上传系统。

考核方式：运检部将每月结合到岗到位和基层调研对已巡视的线路进行现场抽查，如果发现有缺陷未及时录入系统，将严肃考核（发现一处扣 0.5 分）。

（2）缺陷的消除。缺陷应按照“能带不停”的原则进行消除。紧急（危急）缺陷应在 24h 内处理，重大（严重）缺陷应结合月度计划 30 天内消除，一般缺陷应结合季度或年度计划消除。未及时消除的缺陷应注明原因。缺陷分类参照《国家电网公司配电网设备缺陷分类标准》。

带电作业单位每周三下班前将下周消缺计划报送运行单位。缺陷处理后，运行单位应及时组织验收，并做好设备异动流程及台账更新工作，完成缺陷处理流程的闭环管理，如图 5-11 所示。

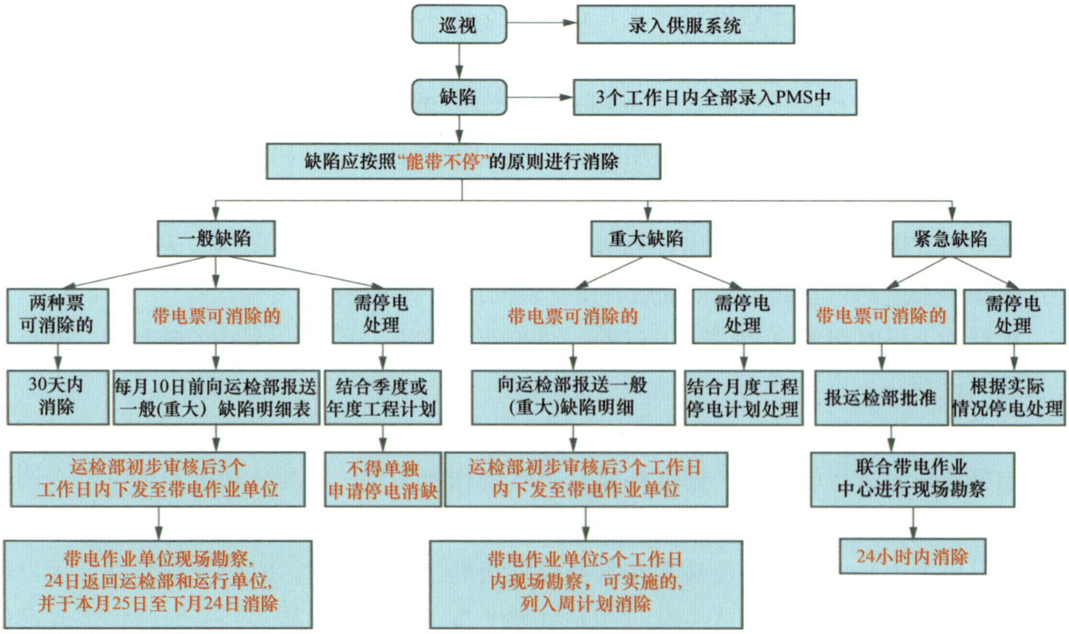

图 5-11 消缺工作流程图

考核方式：运检部每月将通过 PMS 系统考核，可通过两种票消除的缺陷，未在 30 天内消除，发现 1 条月绩效扣 0.5 分；能通过带电票消除的缺陷，未及时上报运检部的，发现 1 条月绩效扣 0.5 分。带电作业中心认领的缺陷未能按时消除的，发现 1 条带电作业中心月绩效扣 0.5 分。

运检部将每月抽查停电作业现场，如停电范围内的缺陷无消除计划，发现 1 条扣 0.5 分。

（四）践行服务理念，带电作业彰显优势

1. 服务工程建设

施工单位申请带电作业的，需经运行单位审核确认后，每周三下班前将施工图纸和国网鞍山供电公司配电带电作业申请单上报至运检部，经运检部审核后下发至带电作业单位。申请单中明确工程编号、工程名称、项目负责人及联系方式等内容。

带电作业单位在接到施工图纸和申请单后，应在 5 个工作日组织进行现场勘察（运行单位协助），确认是否具备不停电作业条件，并反馈运检部和运行单位。

经勘察不具备作业条件的，需经带电作业单位相关领导在配电带电作业申请单签字审批并返回运检部。具备作业条件的，由带电作业单位根据作业任务合理安排计划执行（一般不应超过一个月）。

2. 服务事故抢修

运行单位出现事故抢修需要带电作业单位进行带电抢修或辅助加装遮蔽用具时，需由运行单位向带电作业单位相关领导提出申请，并提供事故现场照片，包括线路或设备故障点、斗臂车停放地点等，带电作业单位以事故应急抢修单形式开展抢修作业，抢修所需材料由运行单位准备。作业结束后，运行单位应及时组织验收，并做好设备异动流程及台账更新工作。运行单位班组需在 3 日内向带电作业中心补填带电抢修流转单，逾期未填扣月绩效 0.5 分/件。流转单和事故应急抢修单作为运检部和人资部最终认定带电津贴的依据。

3. 先复电后抢修

国家电网有限公司日前发布的《国家电网有限公司供电服务“十项承诺”（修订版）》中增加了恢复供电的时间要求：到达现场后恢复供电平均时间一般为城区范围 3h，农村地区 4h。为加快兑现国家电网有限公司服务承诺，对抢修工作制订如下原则：

（1）架空线路应优先通过联络倒闸方式恢复供电，无法倒闸且抢修时限不满足要求的，应通过旁路电缆车、移动箱式变电站车（附近有 10kV 电源线路）进行先复电，附近无 10kV 电源线路的采用中压电源车、旁路电缆车配合或 0.4kV 电源车恢复供电。不具备装备时，可考虑架设临时线路。

（2）电缆线路应优先通过环网转带方式恢复供电，无法转带且抢修时限不满足要求的，可综合考虑架设临时电缆、中压电源车、0.4kV 电源车等方式恢复供电。

运检部整理出 10 类不容易满足时限的作业类型并提出相关建议，各运行单位参照落实。

4. 作业现场安全管控

为简化作业步骤，将现场安全管理落实到位，针对以下 12 项简单一、二类带电作业项目实行作业指导卡形式（见表 5-2），作业现场由运行单位安全专责负责到岗到位安全监管工作。

表 5-2　　采用作业指导卡作业项目

作业类别	序号	常用作业项目	作业方式
第一类	1	普通消缺及装拆附件（包括扶正绝缘子、拆除退役设备；加装或拆除接触设备套管、故障指示器、驱鸟器等）	绝缘杆作业法
	2	带电断引流线（包括熔断器上引线、分支线路引线、耐张杆引流线）	绝缘杆作业法
	3	带电接引流线（包括熔断器上引线、分支线路引线、耐张杆引流线）	绝缘杆作业法
第二类	1	普通消缺及装拆附件（包括清除异物、扶正绝缘子、修补导线及调节导线弧垂、处理绝缘导线异响、拆除退役设备、更换拉线、拆除非承力拉线；加装接地环；加装或拆除接触设备套管、故障指示器、驱鸟器等）	绝缘手套作业法
	2	带电辅助加装或拆除绝缘遮蔽	绝缘手套作业法
	3	带电更换避雷器	绝缘手套作业法
	4	带电断引流线（包括熔断器上引线、分支线路引线、耐张杆引流线）	绝缘手套作业法
	5	带电接引流线（包括熔断器上引线、分支线路引线、耐张杆引流线）	绝缘手套作业法
	6	带电更换熔断器	绝缘手套作业法
	7	带电更换直线杆绝缘子	绝缘手套作业法
	8	带电更换直线杆绝缘子及横担	绝缘手套作业法
	9	带电更换耐张杆绝缘子串	绝缘手套作业法

（五）充实队伍力量，带电作业任重道远

1. 开展取（复）证工作

截止目前，国网鞍山供电公司已上报 2020 年取复证人员 135 人，其中新取简单证 113 人（主业人员 79 人、非主业人员 34 人），新取复杂证 11 人，复杂证复证 11 人。省公司电科院将于疫情结束立刻组织取证培训。

2. 开展轮训工作

按照省公司要求，结合国网鞍山供电公司现状，2020 年允许集体企业取证人员适度参与带电作业，并制订了集体人员、县域人员到带电作业中心轮训计划，提高集体人员、县域人员带电作业技能水平。

集体企业（申普、县公司集体企业）取证人员暂定 7～12 月分两批次到带电作业中心轮训，参与实际作业项目，用半年时间培训至可独立开展斗上作业。2021 年，具备作业能力的集体企业人员将进入带电作业班组协助开展作业，解决带电作业中心承载力弱的问题。

县域人员暂定 4～12 月分 3 批次到带电作业中心轮训，带电作业中心承担培训任务，为每家县域公司至少培训 2 名以上可独立开展斗上作业人员，提升公司全域带电作业能力。

3. 开展定向帮扶工作

海城公司现已成立不停电作业专业班组，具备一、二类项目作业能力。由带电作业中心主任、副主任和带电作业一班负责对海城带电班组提供三四类作业项目技术支持，带电作业二班、三班作为后备支援班组，必要时向海城公司三四类作业项目提供作业人员。

岫岩公司、台安公司开展一二类作业分别由带电作业中心带电作业二班、带电作业三班提供技术支持，带电班班长负责协调技术帮扶工作，帮扶内容包括现场勘察、措施编制、工作票及作业指导书、现场作业等不停电作业全流程。带电作业一班作为后备支援班组，在其他两个班组由于作业等原因无法进行作业指导时，由一班进行支持。

提出帮扶申请的县供电公司，需由相关领导向带电作业中心相关领导提出申请并报送带电作业帮扶需求单，带电作业中心根据提报信息进行确认，并于 3 个工作日内回复，如可通过电话、邮箱等方式指导，应在回复同时进行指导；如需进行现场指导；应在回复后 5 个工作日内进行。

5.4 先复电后抢修，缩短用户停电时间

单位:国网鞍山供电公司

导读 目前，电力线路故障是影响供电可靠性的重要因素，部分严重故障发生时，从发现故障到抢修完成可能需要10余小时，导致用户长时间处于停电状态。因此，如何从故障状态快速恢复供电成为提升供电可靠性的重中之重。本文主要通过制订先复电后抢修的方式，缩短故障造成的用户停电时间，减少故障停电时户数，从而提升供电可靠性。

一、抢修预案制定

国网鞍山供电公司针对故障类型和停电范围大小进行分类，并分别制订抢修预案，如图5-12所示。

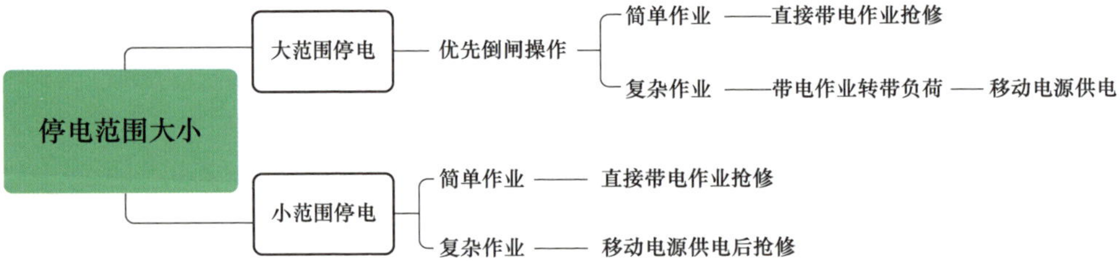

图5-12 抢修作业方案流程图

（一）单台区或小面积停电的处理预案

对于事故发生在台区或分歧线路，仅造成单台区或小面积停电的事故，如能在一小时内采用带电作业方式处理完成的简单作业（如跌落式熔断器烧损、变台上引线烧断等），应优先采用带电作业方式进行抢修，此类作业如果采用移动电源车进行复电，需要旁路电缆敷设、旁路电缆挂接、旁路设备投切、带电断接引线等一系列操作，复电时间反而过长，常需要一小时以上，并且会增加作业劳动强度，提高作业风险，在经济性上也得不偿失，故优先采取带电作业方式进行抢修。对于抢修时间超过一小时的复杂作业（如变压器烧损、隔离开关或柱上开关烧损、断杆断线等），在采用带电作业进行抢修之前，应先用移动电源为重要用户供电，缩短复电时间。

（二）造成大面积停电的故障处理预案

对于造成大面积停电的故障，如可通过采用拉合开关方式进行倒闸操作缩小停电面积，应优先进行倒闸操作，先恢复部分用户供电。对于可在一小时内采用带电作业方式处理完成的简单作业（如引异物引起的接地、导线落横担、绝缘子击穿等）应优先采用带电作业方式处理，原因同前文所述；对于抢修时间超过一小时的复杂作业（如断杆断线等），应优先考虑采用带电作业断接引线方式作为另一种“拉合开关”的操作，继续

"倒闸操作"恢复部分用户供电，同时隔离故障区段。若此时仍有部分重要用户未能恢复供电，应采用移动电源为其复电，待所有重要用户恢复供电后，在故障区段采用停电检修的方式进行抢修。

二、实施案例

（一）故障基本情况

2020 年 3 月 18 日，国际分 13 号杆被过路车辆撞倒（见图 5-13），导致 10kV 绿化线、五环线全线停电，共涉及高压用户 41 户，预计停电时间超过 10h。

为保证疫情期间用户正常用电，助力企业复工复产，带电作业中心决定启动先复电后抢修预案，先恢复用电再进行抢修，如图 5-14 所示。

图 5-13　事故现场照片

图 5-14　现场带电作业照片

（二）现场抢修过程

1. 倒闸操作和故障点隔离

带电作业班组先在国际分 9 号进行断引，并在国际分 15 号将隔离开关全部拉开，保证故障区段处于隔离状态，如图 5-15 所示。

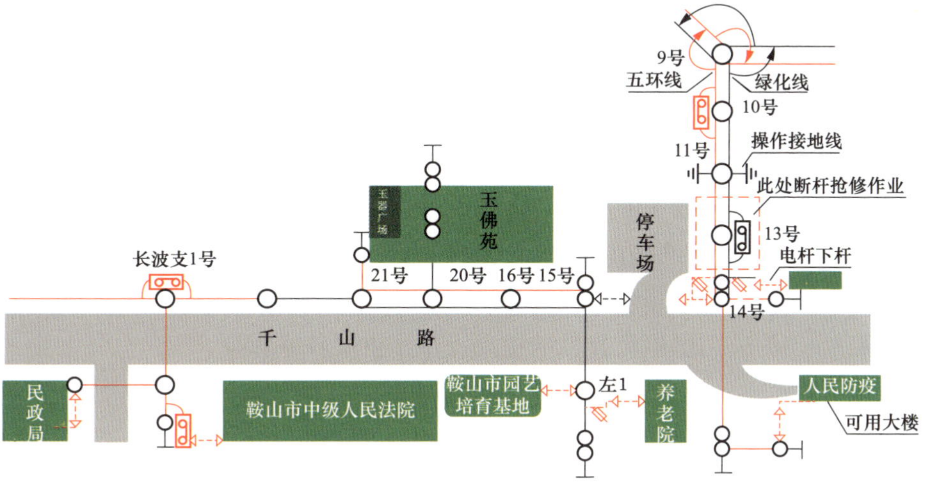

图 5-15　抢修现场示意图

当值运行人员执行倒闸操作，通过合上规划支 22 号断路器（与路东线互带）、合上新华支 15 号断路器（与路公线互带），恢复了 21 个高压用户供电。

2. 通过带电作业进一步恢复部分用户供电

带电作业班组在国际分 15 号将上线与下线联通，并合上国际分 25 号断路器，将长波支所带全部负荷转由路东线代送，又恢复 17 个高压用户供电。

3. 接入移动电源恢复全部用户供电

针对三个无法恢复用电的用户，运行单位紧急调派三辆移动电源车进行供电，实现所有用户恢复供电。

4. 检修人员紧急抢修

检修作业人员在国际分 13 号断杆处进行抢修作业，并更换柱上断路器和隔离开关，历时 8h 完成抢修任务，如图 5-16、图 5-17 所示。

图 5-16　现场抢修照片

图 5-17　夜晚带电作业切改负荷照片

5. 恢复线路正常运行方式

3 月 18 日晚 10 时，带电作业班组在国际分 15 号进行上、下线负荷转带，运行人员在各线路联络开关处进行倒闸操作，将线路调整回正常运行方式，随着带电作业班组在国际分 9 号杆处完成带电接引作业，整个抢修工作圆满结束。

（三）成效分析

本次抢修从事故发生至所有用户恢复供电，共历时 2h，复电时间远小于预期，通过本次作业共减少停电时户数 486 时户，多供电量达到 11451kW·h。

截至 2020 年 7 月，国网鞍山供电公司累计完成带电抢修作业 134 次，其中大型故障（断杆断线、柱上开关烧损等）抢修 6 次，累计减少停电时户数 4202 时户，多供电量 55.98 万 kW·h，为公司供电可靠性的提高提供了重要技术保证。

5.5 双电源带电作业提高供电可靠性

单位:国网盘锦供电公司

导读 国网盘锦供电公司深入落实优化营商环境工作部署，坚持以客户为中心、以提升供电可靠性为主线，大力开展配电网不停电作业，通过采用负荷转移、发电车、旁路作业、带电立杆等不停电作业手段，确保用户在停电施工期间“少受影响”“不受影响”。

一、基本情况

盘锦市双台子区配电网建设时间早，中心区配电网架较完善，目前满足N-110kV配电线路达到80%。通过灵活调整电网运行方式，实现用电负荷转移或部分转移，缩短计划检修停电范围，降低停电时户数，是提升供电可靠性的重要手段。

2020年2月，新春伊始，新冠肺炎疫情牵动着千万人的心。盘锦市传染病医院作为盘锦市收治新冠肺炎患者唯一指定医院，按市委政府工作指示，28h内全力实施该医院的备用电源建设——国网盘锦市传染病医院双电源建设用户工程。

盘锦市传染病医院单一电源由66kV红旗变电站10kV红镇二线6号杆T接供电，10kV红镇二线及同杆并架3条线路（10kV红渤一线、10kV红渤二线、10kV红镇一线）由66kV红旗变电站配出（见图5-18）。该线路总长12.558km，架空线路长8.95km，电缆线路长3.608km，装接容量为16360kVA，承载着双台子区顺地城商城、辽河商业城、盘锦商贸城等大型商业圈负荷，一旦遇有恶劣天气或过负荷现象随时可能停电，将对医院救治工作乃至盘锦市疫情防控工作产生严重后果。

二、实施方案

（一）现场勘查

根据现场勘察结果，盘锦市传染病医院备用电源选择从多方面考虑，选取10kV红渤二线作为备用电源的供电线路（见图5-19）。10kV红渤二线该线路总长9.387km，架空线路长8.7km，电缆线路长0.687km，装接容量为3250kVA，该线路在2019年未发生故障，运行状况良好，可由10kV红渤二线7号杆T接新立200kVA箱式变电站提供电源，如图5-19所示。为缩小停电范围，国网盘锦供电公司将10kV红渤二线调整运行方式，同时采用带电作业立杆及接引进行实施。通过带电立杆，可在线路运行同时，完成线路改造、搬迁工程前期准备工作，从而大大减少实际停电时间。

（二）作业施工

1. 到岗到位，确保安全责任

为进一步加强生产现场安全管理，切实把安全生产责任制落实处，公司领导到10kV红渤二线7号杆作业现场，履行到岗到位职责，对作业现场进行安全督查，督导生产一线安全工作，做到了安全管理的全覆盖，真正把到岗到位制度落到实处，如图 5-20、图 5-21 所示。

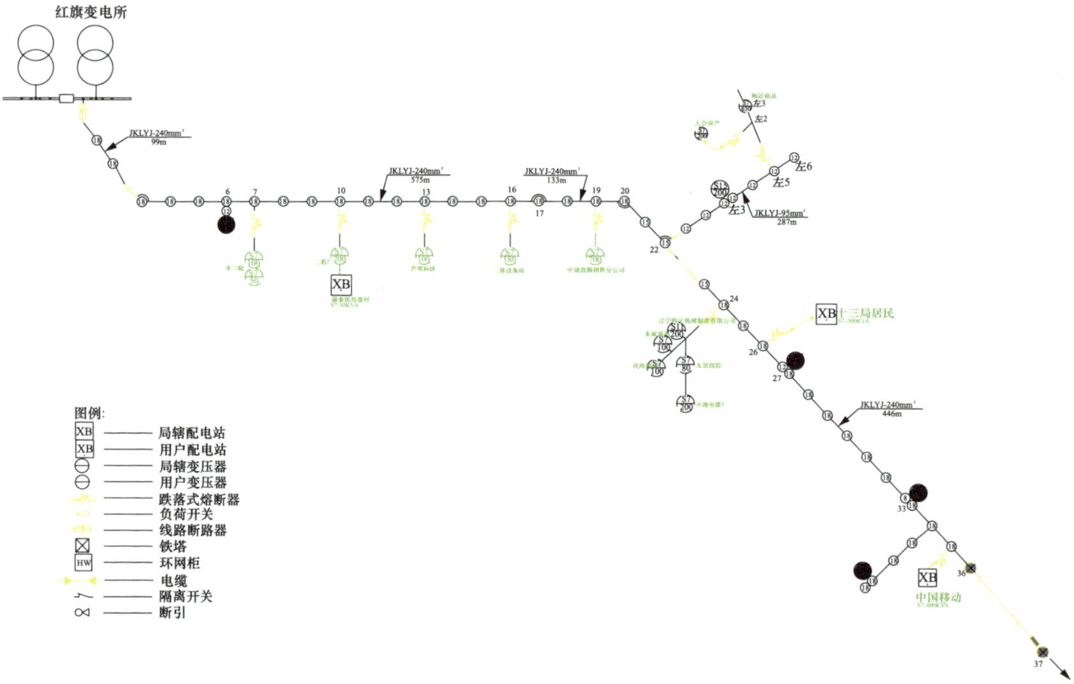

图 5-18 红镇二线单线图

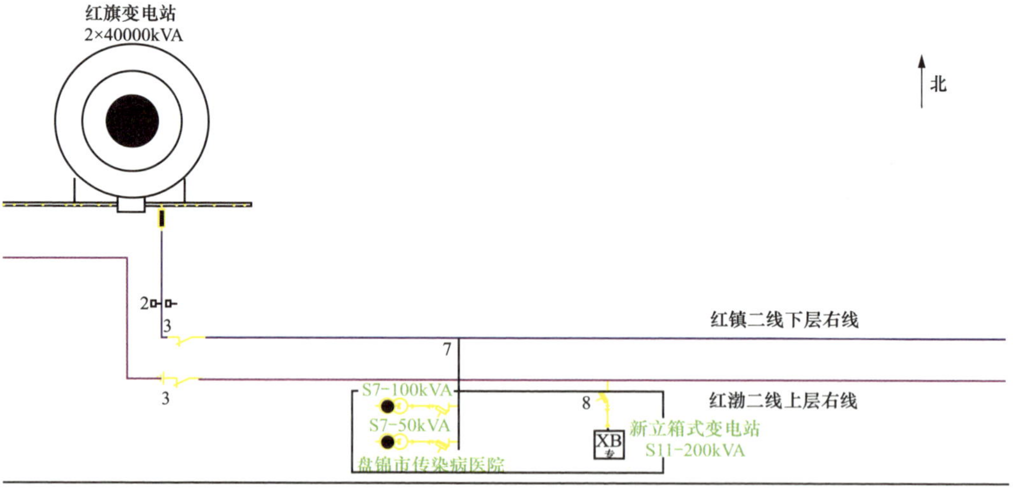

图 5-19 备电作业方案图

2. 负荷转移，缩小停电范围

将 10kV 红渤二线 36 号以下负荷由 10kV 铁西线带出，10kV 红渤二线出口至 36 号线路段无负荷，操作方式为合上 10kV 铁西线 14 号柱上真空断路器，拉开 10kV 红渤二线 36 号柱上真空断路器，停用 10kV 红渤二线、10kV 红镇一线、10kV 红镇二线、10kV 红渤一线、10kV 铁西线重合闸装置，如图 5-22 所示。

图 5-20 现场勘查图

图 5-21 10kV 红渤二线 7 号杆作业现场到岗到位

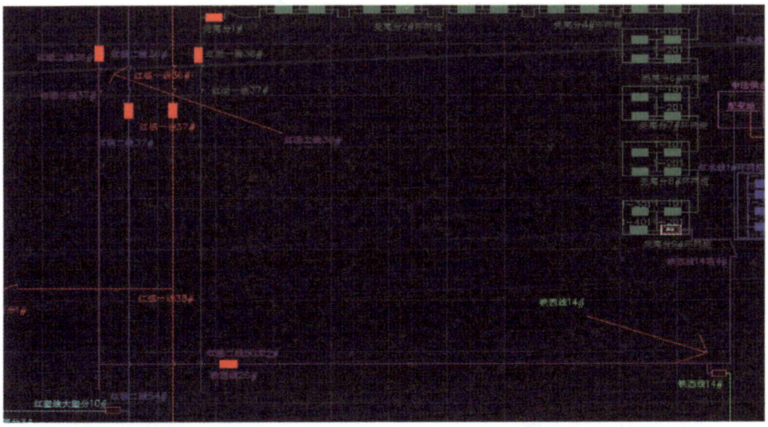

图 5-22 10kV 红渤二线与 10kV 铁西线运行方式图

3. 安全措施，保障人身安全

将临近线路 10kV 红镇一线、10kV 红镇二线、10kV 红渤一线、10kV 红渤二线高压绝缘导线进行绝缘包裹，做完安全措施后，在线路中插入新立电杆，采取带电立电杆方式。电杆组立后，带电绝缘毯拆除后，施工队伍进行变台组装，如图 5-23 所示。

图 5-23　10kV 红渤二线 7 号杆作业现场立杆及变台组装

4. 带电接引，加强供电可靠

（1）首先采取绝缘隔离措施，斗内电工穿戴绝缘防护用具，当斗内电工携带工具和遮蔽用具进入工作斗，工具和遮蔽用具应分类放置在斗中和工具袋中，并系好安全带；对在工作斗升降中可能触及范围内的低压带电部件进行遮蔽；导线遮蔽罩开口向下，拉到耐张绝缘子处，用毯夹夹紧；按从近到远，从大到小，从低到高，先带电部件后接地部件的原则对主线路导线、横担、立瓶等有可能碰触的带电部件及接地部件进行绝缘遮蔽。

（2）其次接引流线，接引前，先核对相位，按照先远后近、先难后易的原则接引，将最长相线引打开，并用绝缘毯进行缠绕遮蔽，如线引过长，要用立瓶固定、过渡。引线固定好后，若是绝缘线应先剥除绝缘皮，准备工作做好后，斗内电工互相配合，将引线接到主线路上，并迅速恢复遮蔽。采用以上方法，将另两相引线也接到主线路上。导线、线夹接触面的氧化膜除净，拧紧线夹，敲打几遍再紧，再涂凡士林油，使其封闭。线夹内导线不得有破股、迭股现象，线夹两侧留出 30mm 左右的线头。线夹不应受力，在线夹 200mm 左右应有绑线扎节。每相接引完毕都要重新进行遮蔽。斗内电工按照从远到近、从小到大、从高到低、先接地部件后带电部件的原则依次拆除主线路横担、立瓶、绝缘子遮蔽，如图 5-24 所示。

图 5-24　10kV 红渤二线 7 号杆带电接引及新立变台

三、实施成效

通过以上优化方案的实施，充分利用带电作业、带电立杆等手段，将一次复杂的多条配网线路停电施工，合理拆分为一次简单作业，成功将盘锦市传染病医院备用电源顺利投运，此次工程不仅有利于减少停电时户数，提高供电可靠性，更能减少复杂施工导致的安全隐患。通过采取传染病医院双电源建设带电立杆措施，最终将原方案4条配网线路停电涉及758.34时户数，成功缩减至零停电、零时户数，确保新冠肺炎传染病定点医院不间断供电，为助力地区经济社会发展、减少停电时间、提高供电可靠性提供了坚实保障。

6 典型案例

6.1 优化作业方式，压降停电时户数

单位:国网阜新供电公司

导读 阜新农网线路因受地域因素限制，无法开展不停电作业，而农网升级工程中大范围停电作业又较为普遍，故为减少大范围停电的影响，针对单日大范围停电作业，国网阜新供电公司采用集中施工力量，分时段施工的作业方式，“完成一部分，送电一部分”的管理模式，有效压缩了单次停电作业的停电时户数。

一、总体思路

对于农网线路，不停电作业方式无法开展、线路未装设分歧开关导致无法通过停用分歧开关减小作业范围，是目前对供电可靠性指标影响最大的问题。为压降单日大范围停电作业的停电时户数，国网彰武县供电公司采用分时段作业、施工完成部分有序恢复送电的施工方式，先集中力量优先完成线路主干前段工作量小、停电时长短的作业点位，同时给存在工作任务的分歧线路加装隔离开关，随后先给前段开关送电，再拉开分歧新装分歧开关，完成分歧线路停电范围小、停电时间较长的作业，从而达到缩小停电范围，压降当日停电时户数影响的目的。

二、主要做法

（一）统筹工作任务及指标总体情况

1. 作业内容及实施必要性

本次作业所涉及的改造台区为2019年农网工程验收检查台区，由于耕种时间即将到来，工期紧张且本次施工后哈东线农网工程变台将全部完成改造，不再发生计划停电，所以国网彰武县供电公司计划于4月30日完成10kV哈东线3241线路施工，安装高压隔离开关一组、高压接引1处，改造原变台6座，如图6-1所示。

2. 施工作业供电可靠性指标影响

按照常规作业方式，停电设备为线路主干5号柱上断路器（影响295个台区），完成全部作业消耗的停电时户数为3245时户，通过加装分歧隔离开关、优化停送电顺序等方式，成功将停电时户数压缩至753.5时户，压降率达77%。

（二）科学优化工程实施方案

为减少停电范围，压缩停电时间及时户数，国网阜新供电公司运检、安监、调度等多个部门联合统一部署、统筹规划，在不停电作业受实地条件限制无法开展的情况下，

说明：
一、工作任务及停电顺序：
1、07时30分：
停电开关：10kV哈东线3241线路5#(双联杆)柱上开关
作业任务：1、10kV哈东线3241线路87#杆向小号侧位移5m，87#杆至新建10kV康家二台支线1#杆放紧线一档并接引；
2、10kV哈东线3241线路91#杆安装高压隔离刀闸一组。
2、07时30分：
停电开关：10kV哈东线3241线路113#（双联杆）柱上开关
作业任务：10kV哈东线3241线路142#杆小号侧组立12m电杆1基、安装H台一座、安装计量装置一套、吊装200kVA变压器一台。
3、07时30分：
停电开关：10kV哈东线3241线路一棵树分歧4#(双联杆)柱上开关
作业任务：1、10kV哈东线3241线路一棵树分歧许一支线2#杆拆除原变台一座、组立12m电杆2基、安装H台一座、安装计量装置一套、吊装200kVA变压器一台；

2、10kV哈东线3241线路一棵树分歧125加1#杆拆除原变台一座、组立12m电杆2基、安装H台一座、安装计量装置一套、吊装200kVA变压器一台；
3、10kV哈东线3241线路一棵树分歧许四暖棚支线10#杆至11#之杆间、组立12m电杆2基、安装H台一座、安装计量装置一套、吊装200kVA变压器一台；
4、10kV哈东线3241线路一棵树分歧黑龙支14#杆拆除原变台一座、组立12m电杆2基、安装H台一座、安装计量装置一套、吊装200kVA变压器一台；
5、10kV哈东线3241线路一棵树分歧黑龙支50#杆拆除原变台一座、组立12m电杆2基、安装H台一座、安装计量装置一套、吊装200kVA变压器一台。
4、10时30分：
停电开关：10kV哈东线3241线路91#隔离开头
作业任务：10kV哈东线3241线路康家分歧3#杆拆除原变台一座、组立12m电杆2基、安装H台一座、安装计量装置一套、吊装200kVA变压器一台。
二、送电时间
1、10时00分
关电开关：10kV哈东线3241线路5#(双联杆)柱上开关
2、15时00分
送电开头：10kV东线3241线路一杆树分歧4#(双联杆）柱上开关
3、17时30分
送电开关：10kV哈东线3241线路113#(双联杆)柱上开关
4、10时30分
送电开关：10kV哈东线3241线路91#隔离开关
三、影响户时数
1、10kV哈东线3241线路5#(双联杆)柱上开关：295
2、10kV哈东线3241线路一棵树分歧4#(双联杆)柱上开关285
3、10kV哈东线3241线路113#(双联杆)柱上开关：170
4、10kV哈东线3241线路113#(双联杆)柱上开关：16
四、总结
1、如采用以上方法进行施工总户时为766：
2、如只停10kV哈东线3241线路5#(双联杆)柱上开关进行作业总户时为1062
3、如采用以上方法进行施工户时数减少286

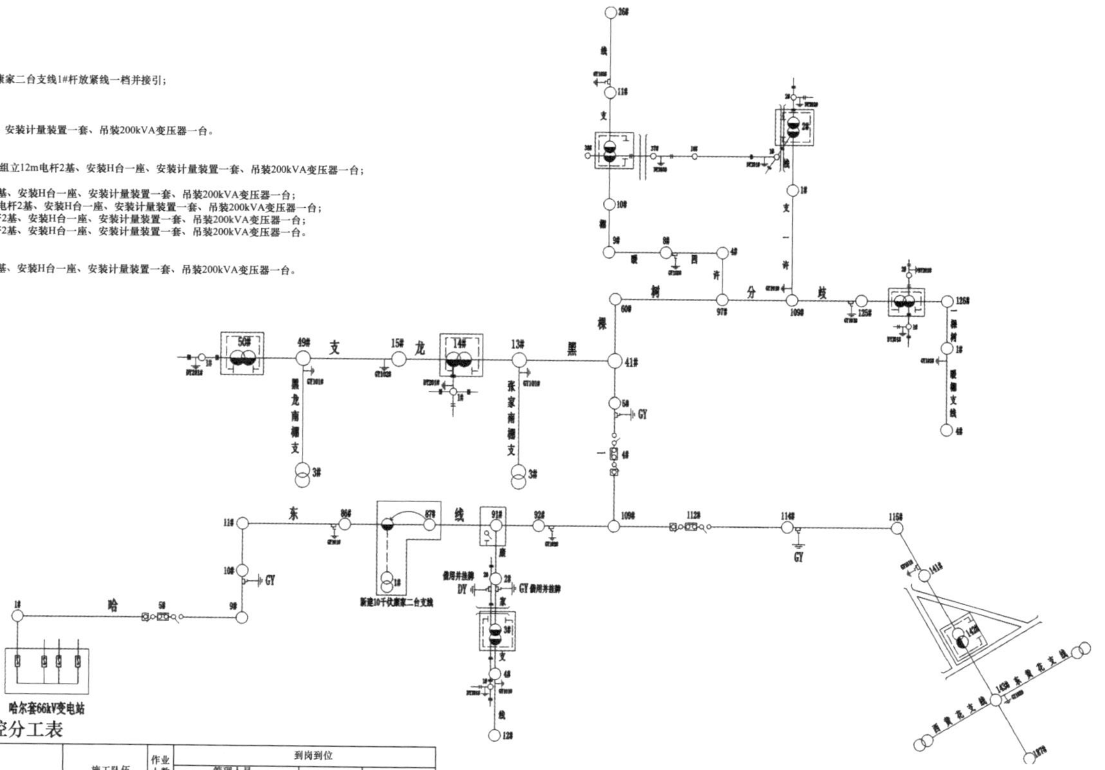

施工分有及管控分工表

作业区域编号	工作负责人	工作任务	施工队伍	作业人数	到岗到位			
					管理人员		甲代员	监理人员
					运维单位	施工单位		
A	汤洪涛 13795099744	1、10kV哈东线3241线路87#杆向小号侧位移5m，87#杆至新建10kV康家二台支线1#杆放紧线一档并接引； 2、10kV哈东线3241线路91#杆安装高压隔离刀闸一组。 3、10kV哈东线3241线路康家分歧3#杆拆除原变台一座、组立12m电杆2基、安装H台一座套、安装计量装置一套、吊装200kVA变压器一台。	阜能彰武分公司施工一班(1组)	13	马世全 625783	张生 619239	焦爱军 13795015761	周志辉 18341826938
B	包晓光 13464866562	10kVk哈东线3241线142#植小号侧组立12m电杆1基、安装H台一座、安装计量装置一套、吊装200kVA变压器一台。	阜能彰武分公司施工二班(2组)	9	赵吉 653579	王国美 653419	马明远 13841808288	周志辉 18341826938
C	周恩党 13322323293	1、10kV哈东线3241线路一棵树分歧许一支线2#杆拆除原变台一座、组立12m电杆2基、安装H台一座、安装计量装置一套、吊装2000kVA变压器一台。 2、10kV哈东线3241线路一棵树分歧许四暖棚支线10#杆至11#杆这间、组立12m电杆2基、安装H台一座、安装计量装置一套、吊装2000kVA变压器一台。	阜能彰武分公司施工三班(3组)	10	冯杜行 653579	吴显文 653458	郭占刚 15941879950	刘景玉 13841897859
D	程亮 13795022646	10kVk哈东线3241线路一棵树分歧黑龙支50#杆拆除原变台1座、组立12m电杆2基、安装H台一座、安装计量装置一套、吊装2000kVA变压器一台。	阜能彰武分公司施工五班(4组)	11	聂怀志 625769	蔡广学 653505	王铁 15941821499	刘景玉 13841897859
E	徐成 13470349131	10kVk哈东线3241线路一棵树分歧黑龙支14#杆拆除原变台1座、组立12m电杆2基、安装H台一座、安装计量装置一套、吊装2000kVA变压器一台。	阜能彰武分公司施工六班(5组)	10	田尧民 625782	马达 619243	杨青武 17341188899	洪国文 13470311598
F	彭少强 15141805897	10kVk哈东线3241线路一棵树分歧125和1#杆拆除原变台1座、组立12m电杆2基、安装H台一座、安装计量装置一套、吊装2000kVA变压器一台。	阜能彰武分公司施工七班(6组)	14	陈宗伟 693956	马达 619243	李文哲 13130687815	洪国文 13470311598

图6-1　10kV哈东线柱上开关停电作业示意图

对4月30日施工作业做出如下优化安排（见图6-2）：

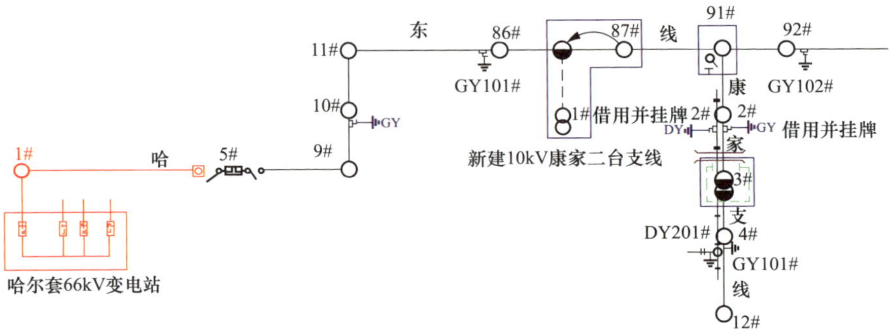

图6-2 停电范围：10kV哈东线5号断路器以下

1. 4月30日07时30分

停电设备：10kV哈东线3241线路5号（双联杆）柱上开关。

作业任务：

（1）10kV哈东线3241线路87号杆向小号侧位移5m，87号杆至新建10kV康家二台支线1号杆放紧线一档并接引。

（2）10kV哈东线3241线路91号杆安装高压隔离开关一组。

（3）10kV哈东线3241线路142号杆小号侧组立12m电杆1基、安装H台一座、安装计量装置一套、吊装200kVA变压器一台。

2. 4月30日10时00分

恢复10kV哈东线3241线路5号（双联杆）柱上断路器送电。停电时户影响：7时30分～10时00分，10kV哈东线停电时户数＝295×2.5＝737.5时户。

3. 4月30日10时30分

停电设备：10kV哈东线91号（分歧新增）隔离开关（5号断路器送电后），如图6-3所示。

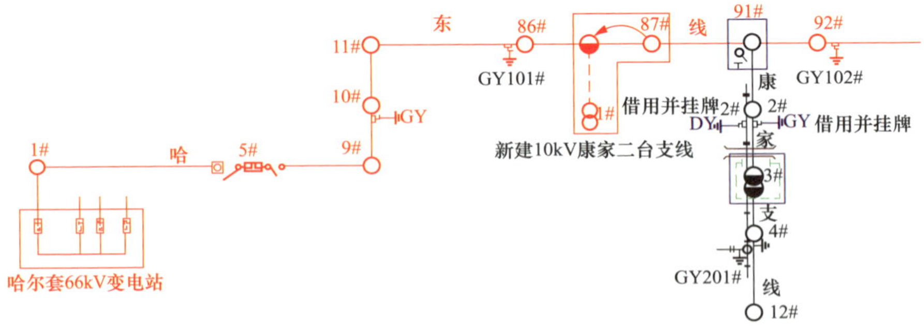

图6-3 停电范围：10kV哈东线91号隔离开关开关后

作业任务：10kV哈东线3241线路康家分歧3号杆拆除原变台一座、组立12m电杆2基、安装H台一座、安装计量装置一套、吊装200kV安变压器一台。

4. 4月30日18时30分

恢复10kV哈东线91号（分歧）隔离开关送电。

停电时户影响：10时30分～18时30分，10kV哈东线停电时户数=2×8=16时户。

三、实施成效

若按照传统作业方式，按工程量估算，计划作业时间为早7时30分～18时30分，停电设备为10kV哈东线主干5号断路器，在91号分歧变台改造作业完成后，恢复送电，共需停电11h，停电时户数=295×11=3245时户。

通过科学部署对分歧线路加装隔离开关的方式，合理布置安全措施，强化现场到岗到位安全管控，科学安排送电顺序，实现分时段作业，作业完成部分有序恢复送电，从而缩短大范围区域停电时长，压降单日施工作业停电时户数影响。通过采取该作业方式，本次作业停电时户数737.5+16=753.5时户，单日压降停电时户数达到2491.5时户。

四、经验积累

通过对分歧线路加装隔离开关，分时段施工后有序恢复送电的作业方式可有效减少当次停电施工的时户数影响。对分歧线路装设隔离开关的做法，也为今后该线路其他作业缩小停电范围提供了可能，为线路发生故障后的故障隔离打下基础。

通过本次作业的合理安排，从运检部对施工方案的优化，到安监部对分票施工的安全监督，再到调度对同一日期不同时段工作任务的许可，逐渐形成了一条完整管理流程，为之后发生的此类大范围停电提供经验支持和管理支撑。

6.2　多措并举，全面压降大范围停电影响

单位:国网阜新供电公司

导 读　阜新农网线路存在电源单一、路径长、分支线多、联络点少等问题，故在农网改造的施工过程中，大范围停电作业不可避免。为有效减轻大范围停电的负面影响，国网阜新供电公司通过新建联络点、集中分段作业等方式科学合理调整施工方案，将停电范围、停电时间等要素压缩精简至最优。现对阜蒙县10kV他西线农网改造施工过程中产生的大范围停电管理经验做出分享。

一、总体思路

国网阜新供电公司创新开展“集中分段作业”模式，集中施工力量，分区段设置作业班组，各班组互补交叉，每组独立工作票和安全措施，提高施工作业量及施工效率；同时合理增设联络点，进行负荷转带，避免线路全线停电，以此减少停电时户数及重复停电次数。

二、主要做法

（一）施工工作任务

国网阜蒙县供电公司计划3月30日～4月2日，对10kV他西线开展农网升级作业，工程涉及新建及改造10kV线路13.512km，新建及改造10kV电缆线路0.081km，安装柱上开关3台。按原计划方案，将影响停电台区240个，消耗时户数2400时户，同时造成23个台区产生累计3次及以上的重复停电。

（二）科学规划施工方案

在施工方案初稿形成后，充分考虑作业施工对供电可靠性指标的影响，将带电作业可行性分析与提高供电可靠性列在考虑范围内，经过多个部门对施工方案的共同制订，联合审核、统一部署，通过现场反复勘查，最终选定将巴斯分歧83号与10kV工农线除灰北支线新建联络点一处，可将10kV他西线巴斯分歧负荷由10kV工农线除灰北支线带出，减少46个变台停电，同时避免23个台区产生3次及以上的重复停电，如图6-4所示。

如按照传统施工方式，采取分区集中模式作业，原计划施工方案将消耗停电时户数2400时户且未增设联络点，见表6-1。通过优化施工方案最终压缩至1940时户，节省460时户，并新增加线路联络点一处，避免了两次分支线路中23个台区、46台次的重复停电，同时避免了23个台区累计3次及以上的重复停电，见表6-2。

（三）现场实施安排

1. 施工第一天

原计划停电设备为10kV他西线出口开关，涉及停电台区97个，970时户。调整施工方案后，将停电设备调整为他西线移动分4号开关，并新建巴斯分歧2号真空开关一台，调整后涉及停电台区23个，230时户，如图6-4、图6-5所示。

(a)改前施工计划(第一天)

(b)改前施工计划(第二天)

图 6-4　10kV 他西线原施工计划（一）

(c)改前施工计划(第三天)

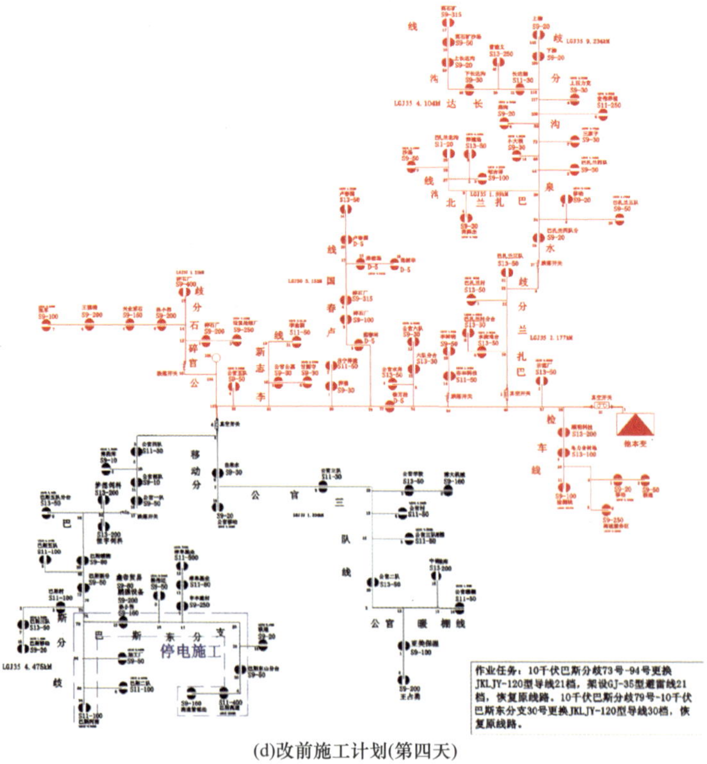

(d)改前施工计划(第四天)

图 6-4　10kV 他西线原施工计划（二）

表 6-1　　原计划施工停电方案预测明细

	停电日期	停电时长	停电开关	停电台区数	停电时户数
1	2020 年 3 月 30 日 7：00～17：00	10	10kV 他西线 6443 线路出口开关	97	970
2	2020 年 3 月 31 日 7：00～17：00	10	10kV 他西线 6443 线路 11 号真空开关	97	970
3	2020 年 4 月 1 日 7：00～17：00	10	10kV 他西线 6443 线路移动分 4 号真空开关	23	230
4	2020 年 4 月 2 日 7：00～17：00	10	10kV 他西线 6443 线路移动分 4 号真空开关	23	230

表 6-2　　调整后的施工停电方案预测明细

序号	停电日期	停电时长	停电开关	停电台区数	停电时户数
1	2020 年 3 月 30 日 7：00～17：00	10	10kV 他西线 6443 线路移动分 4 号真空开关	23	230
2	2020 年 3 月 31 日 7：00～17：00	10	10kV 他西线 6443 线路巴斯分歧 2 号真空开关	19	190
3	2020 年 4 月 1 日 7：00～17：00	10	10kV 他西线 6443 线路 11 号真空开关	78	780
4	2020 年 4 月 2 日 7：00～17：00	10	10kV 他西线 6443 线路	74	740

2. 施工第二天

原计划停电设备为他西线 11 号开关，涉及停电台区 97 个，970 时户。调整施工方案后，将停电设备调整为他西线巴斯分歧 2 号真空开关，并新建 10kV 工农线除灰北 1 号安装联络开关 1 台，调整后涉及停电台区 19 个，190 时户，并减少移动分歧停电 1 次，如图 6-4、图 6-6 所示。

3. 施工第三天

原计划停电设备为他西线移动分 4 号开关，调整施工方案后，将停电设备调整为他西线 11 号真空开关，通过工农线将负荷环倒至巴斯分歧 2 号大号侧，减少巴斯分歧全部负荷共 19 个台区，减少停电时户数 190，如图 6-4、图 6-7 所示。

4. 施工第四天

原计划停电设备为他西线移动分 4 号开关，调整施工方案后，将停电设备调整至他西线出口开关，通过 10kV 工农线将负荷环倒至移动分 4 号大号侧，减少巴斯分歧、移动分全部负荷共 23 个台区，减少停电时户数 230，如图 6-4、图 6-8 所示。

三、实施成效

针对此次停电作业，国网阜新供电公司通过增设联络点，合理调整施工方案，将此次施工停电台区从 240 个减少到 194 个，停电时户数从 2400 时户压降到 1940 时户，减少 19%；同时由于新建联络点的投入使用，减少了分歧线路停电 2 条次，同时避免了 23 个台区累计 3 次及以上的重复停电，保障供电可靠性指标，有效压降因重复停电导致的投诉风险。

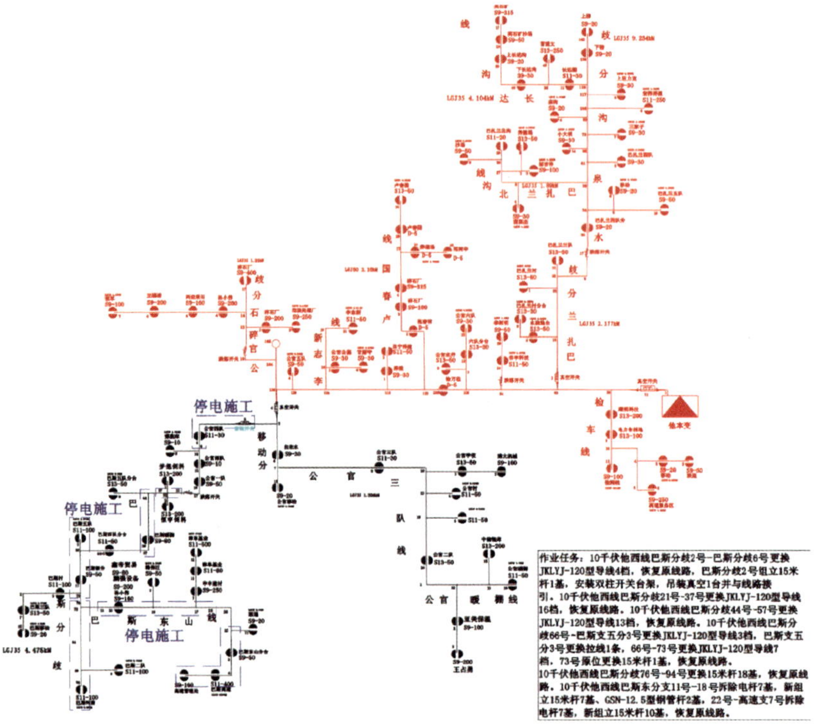

图 6-5　改后施工计划（第一天）

图 6-6　改后施工计划（第二天）

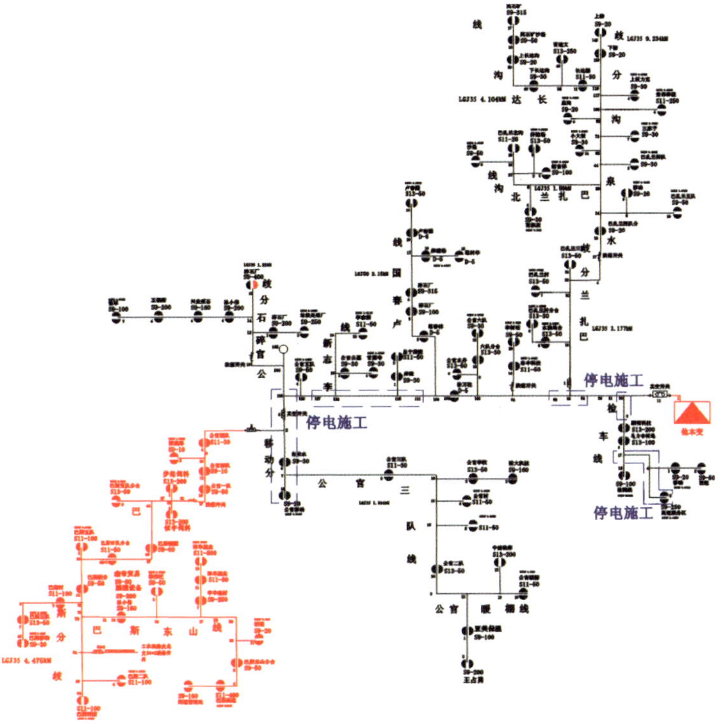

图 6-7 改后施工计划（第三天）

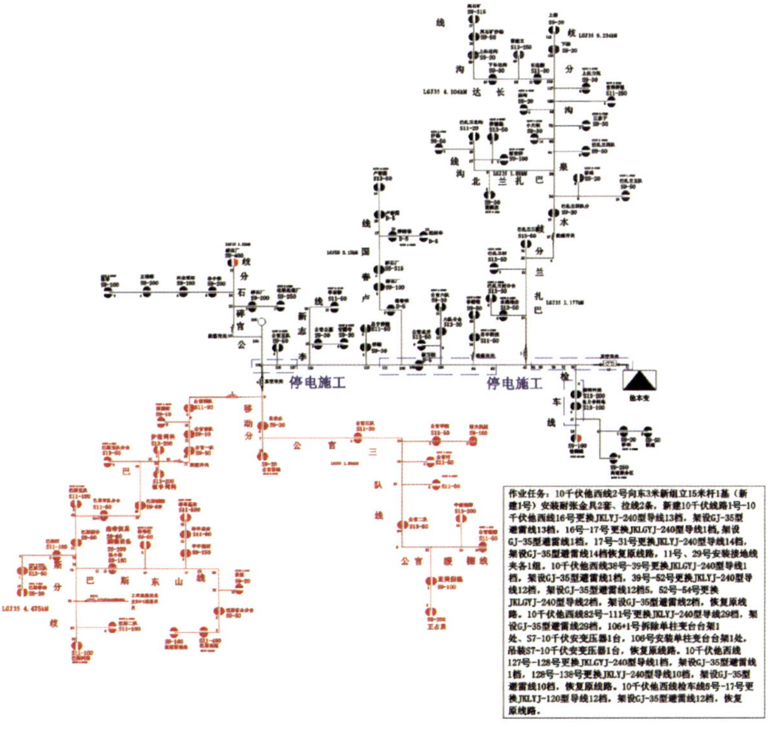

图 6-8 改后施工计划（第四天）

四、经验反馈

国网阜蒙县供电公司在本次作业中通过增设联络开关的方式成功压降了停电时户数，减少了重复停电台区数量，同时增设的环网联络点可让两条线路的负荷进行互相转带，为今后线路施工中的可靠性指标管控打下基础，更为阜新公司对今后的大范围停电作业增加了一种新的管理方式和问题解决思路。

6.3 “全地形、全业务、全类型”不停电作业集团会战

单位:国网营口供电公司

导 读 红海66kV变电站10kV红双甲线，主要为鲅鱼圈区芦屯镇9个村供电，始建于2012年，2019年最大负荷414A，最大负载率85%，年平均负载率80%、分线线损率90.5%，供电半径17.6km，负荷多集中在线路末端导致34个低压台区长期处于低电压状态。

国网营口供电公司（以下简称“营口公司”）通过新建安平66kV变电站10kV安杨甲线、安杨乙线与红双甲线、红双乙线联络，解决红双甲线负载率高、末端电压低的问题。原计划通过3次停电共消耗3180时户数完成，为了提高供电可靠率，让用户“少停电”，针对作业现场多山区、多田地的复杂情况，营口公司先后开展6次现场勘查、4次现场会议，多次与省电力公司设备部、电科院研讨，优化施工方案，全部采用不停电作业方式进行施工。

一、基本情况

营口市66kV安平变电站10kV联网工程是原营口电力建设有限公司遗留工程之一。营口公司领导班子以减负前行的高度责任心和自觉，坚决有序地推进着历史遗留问题化解。本次工程施工原计划通过三次停电施工完成工程改造，共计停电时长30h，涉及停电户数106户，如图6-9所示。

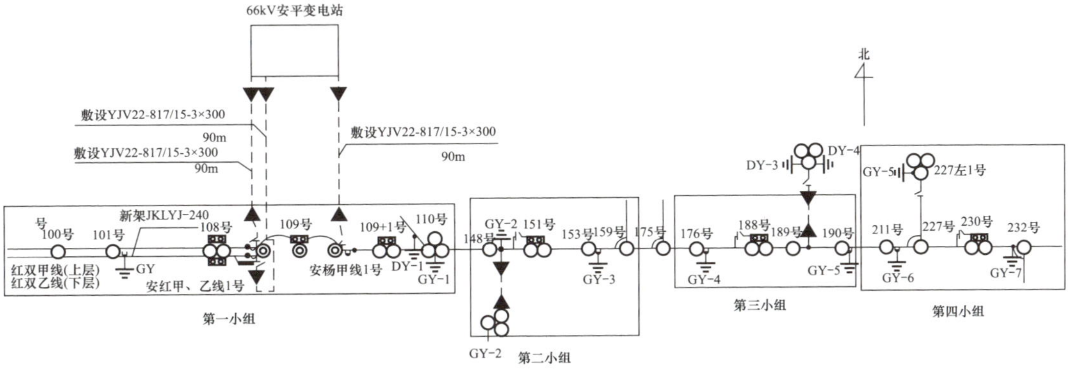

图6-9 原第一阶段停电作业示意图

为减少停电影响，保障百姓用电，所有作业项目均采用不停电作业方式进行，共涉及3个专业、6个部门、7家分公司的众多协调问题，以及原变电站及新投运变电站在主变压器容量相差大的情况下，如何不停电并倒负荷等多个技术问题。国网营口供电公司组织人员主动多次走访当地石材企业和农业生产客户，掌握客户真实用电数据，

实地测量现场数据，多次召开前期筹备及协调会议，滚动调整施工方案，分阶段有重点地做好准备工作；同时通过整合营口地区所有带电作业资源，采用多点位、多任务、多队伍的大规模会战思路进行此次不停电作业，并将此工程分为三个阶段不停电施工，彻底消除线路存在的缺陷隐患，解决该线路单辐射负荷无法倒出，提高线路联网率，见表 6-3。

表 6-3　　　　优化后工作内容

阶段	作业性质	作业任务	停电时长（时）	户数（户）	时户数（时·户）	多供电量（kWh）	作业单位
第一阶段	不停电作业	（1）红双甲线 109～110 号线之间带电阻立钢管杆 1 基（杆号为安杨甲线 1 号）（三类）。 （2）安杨甲线 1 号安装隔离开关 1 组（三类）。 （3）安杨甲线 1 号带负荷直线杆改耐张杆（原导线核对相位后打断）（三类）。 （4）10kV 安杨甲线 1 号新立钢管杆与 66kV 安平变电站配出 YJV22-8.7/15　3＊300 电缆 90 米接引（三类）。 （5）安杨甲线 1 号～红双甲线 110 号线路之间新组立 15m 水泥杆 2 基，带负荷直线杆改耐张并加装柱上开关 1 台（四类）。 （6）10kV 红双甲线 250 号、10kV 红双甲线贺店分 22 右 9 号、10kV 红双甲线贺店分 11 号、10kV 红双甲线周屯分 6 号紧固立瓶螺栓（二类）。 （7）10kV 红双甲线 152 号安装支板螺栓（二类）。 （8）10kV 红双甲线 195 号拆除断路器 1 台（三类）。 （9）10kV 红双甲线 333 号更换立瓶（二类）。 （10）10kV 红双甲线 335 号拆除引线一件三相（三类）	0	0	0	50644	带电作业一班 带电作业二班 带电作业三班 大石桥带电班 盖州带电班 鲅鱼圈带电班
第二阶段	不停电作业	（1）10kV 红双甲线 76～100 号安装下层金具 25 套，10kV 红双甲线 75～108 号新架设下层 JKLYJ-240 绝缘导线 3 条 32 档共 1.439km 并线路接引（三类）。 （2）10kV 红双甲线 57～75 号新架设下层 JKLYJ-240 绝缘子导线 3 条 18 档共 0.832km 并线路接引（三类）	0	0	0	50644	带电作业一班 带电作业二班 带电作业三班 大石桥带电班 盖州带电班 鲅鱼圈带电班
第三阶段	不停电作业	（1）10kV 红双甲线 151 号新组立 B-230-15m 水泥杆 1 基，安装门形横担金具 1 套，安装真空开关 1 台，安装隔离开关、避雷器、接地挂环、故障指示器各 1 组（四类）。 （2）10kV 红双甲线 188 号新组立 B-230-15m 水泥杆 1 基，安装门形横担金具 1 套，安装真空开关 1 台，安装隔离开关、避雷器、接地挂环、故障指示器各 1 组（四类）。	0	0	0	50644	带电作业一班 带电作业二班 带电作业三班 大石桥带电班 盖州带电班 鲅鱼圈带电班

续表

阶段	作业性质	作业任务	停电时长（时）	户数（户）	时户数（时·户）	多供电量（kWh）	作业单位
第三阶段	不停电作业	（3）10kV红双甲线230号新组立B-230-15m水泥杆1基，安装门形横担金具1套，安装真空开关1台，安装隔离开关、避雷器、接地挂环、故障指示器各1组。1、10kV红双甲线75号新组立15m水泥杆1基安装门型柱上真空开关2台、避雷器2台（四类）。 （4）10kV红双甲线44号新组立15m水泥杆1基安装门形柱上真空开关2台、避雷器2台、隔离开关2组（四类）。 （5）10kV红双甲线75号新组立15m水泥杆1基安装门形柱上真空开关2台、避雷器2台（四类）	0	0	0	50644	带电作业一班 带电作业二班 带电作业三班 大石桥带电班 盖州带电班 鲅鱼圈带电班

二、实施方案

（一）第一阶段不停电作业

10kV红双甲线109号至末端、工程及消缺作业由营口地区带电班组不停电作业共同完成，作业后可实现10kV红双甲线109号后端（10kV安杨甲线）负荷由66kV安平变电站转供带，并与红双甲线失去电气连接，如图6-10所示。

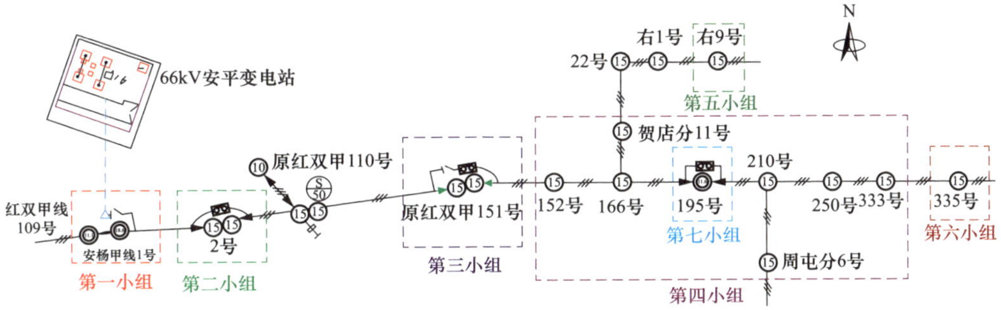

图6-10 第一阶段带电现场示意图

本次作业共涉及施工人员51人（含吊车司机3人），下设7个带电作业小组，绝缘斗臂车7辆、绝缘平台1套；涉及16个作业点，其中二类作业项目6个、三类作业项目7个、四类作业项目3个，施工分组任务明细表见表6-4。

表6-4　　施工分组任务明细表

作业单位	工作内容	具体工程量	作业人数	项目分类
第一小组	10kV红双甲线109号东侧5m处“带负荷组立钢管杆，直线改耐张加装隔离开关”	（1）红双甲线109～110号线路之间带电组立钢管杆1基（杆号为安杨甲线1号）。 （2）安杨甲线1号安装隔离开关1组。 （3）安杨甲线1号带负荷直线杆改耐张杆（原导线核对相位后打断）。 （4）安杨甲线1号新立钢管杆与66kV安平变电站配出YJV22-8.7/15　3*300电缆90m接引	11人	第三类 第四类

续表

作业单位	工作内容	具体工程量	作业人数	项目分类
第二小组	10kV 红双甲线 109 号～110 号之间“带负荷组立电杆，直线改耐张加装柱上开关”	（1）安杨甲线 1 号～红双甲线 10 号线路之间新组立 15m 水泥杆 2 基。 （2）带负荷直线杆改耐张杆并加装柱上开关 1 台	12 人	第三类 第四类
第三小组	10kV 红双甲线 151 号大号侧 2.5m 处“带负荷组立电杆，直线改耐张加装柱上开关”	（1）红双甲线 151 号新组立 B-230-15m 水泥杆 1 基，安装门形横担金具 1 套。 （2）红双甲线 151 号新组立门形杆安装真空开关 1 台，安装隔离开关、避雷器、接地挂环、故障指示器各 1 组	12 人	第三类 第四类
第四小组	10kV 红双甲线 152、250、333 号、周屯分 6 号、贺店分 11 号绝缘斗臂车绝缘手套法消缺作业	（1）红双甲线 250 号、红双甲线周屯分 6 号、红双甲线贺店分 11 号坚固立瓶螺栓。 （2）红双甲线 152 号安装支板螺栓。 （3）红双甲线 333 号更换立瓶	5 人	第二类
第五小组	10kV 红双甲线贺店分 22 右 9 号绝缘平台绝缘手套法消缺作业	红双甲线贺店分 22 右 9 号坚固立瓶螺栓	5 人	第二类
第六小组	10kV 红双甲线 335 号绝缘杆法消缺作业	红双甲线 335 号地电位绝缘杆作业法拆除引线一件三相	6 人	第二类
第七小组	10kV 红双甲线 195 号绝缘手套法拆除开关消缺作业	红双甲线 195 号绝缘手套法带负荷拆除柱上开关 1 台	11 人（第 5、6 小组编入）	第三类

现场第一～六小组同时许可开工施工作业，第七小组人员为第五、六小组施工作业完毕后编入，并开始作业。现场使用安监“布控球”系统全程实时对各施工作业点进行安全管控，并利用云直播平台，共享施工影像，使可总体掌握施工进度，合理协调调度。

（二）第二阶段不停电作业

第一部分，10kV 红双甲线 76～100 号安装下层金具 24 套，10kV 红双甲线 76～100 号新架设下层 JKLYJ-240 绝缘导线 3 条 32 档共 1.439km 并线路接引。

第二部分，10kV 红双甲线 57～75 号安装下层金具 18 套，新架设下层 JKLYJ-240 绝缘导线 3 条 18 档共 0.832km 并线路接引，如图 6-11 所示。

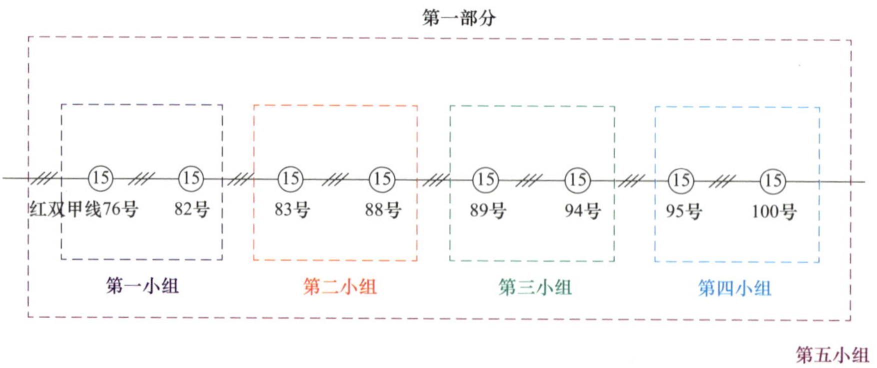

图 6-11　第二阶段作业示意图（一）

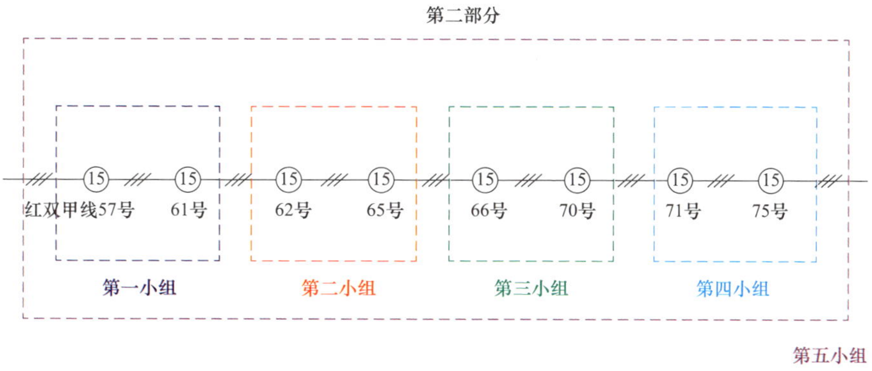

图 6-11　第二阶段作业示意图（二）

本次作业共涉及施工人员 30 人，下设 5 个带电作业小组，绝缘斗臂车 5 辆，主要作业内容见表 6-5。

表 6-5　　施工分组任务明细表

施工任务	作业单位	作业任务	作业人数	作业性质
第一部分	第一小组	10kV 红双甲线 76～82 号安装下层金具 6 套，安装立瓶，绑扎导线	6 人	第二类
	第二小组	10kV 红双甲线 82～88 号安装下层金具 6 套，安装立瓶，绑扎导线	6 人	
	第三小组	10kV 红双甲线 88～94 号安装下层金具 6 套，安装立瓶，绑扎导线	6 人	
	第四小组	10kV 红双甲线 94～100 号安装下层金具 6 套，安装立瓶，绑扎导线	6 人	
	第五小组	10kV 红双甲线 76～100 号新架设下层 JKLYJ-240 绝缘导线 3 条 24 档共 1.239km 并线路接引	6 人	
第二部分	第一小组	10kV 红双甲线 57～61 号安装下层金具 4 套，安装立瓶，绑扎导线	6 人	
	第二小组	10kV 红双甲线 61～65 号安装下层金具 4 套，安装立瓶，绑扎导线	6 人	
	第三小组	10kV 红双甲线 65～70 号安装下层金具 4 套，安装立瓶，绑扎导线	6 人	
	第四小组	10kV 红双甲线 70～75 号安装下层金具 5 套，安装立瓶，绑扎导线	6 人	
	第五小组	10kV 红双甲线 57～75 号新架设下层 JKLYJ-240 绝缘导线 3 条 24 档共 0. km 并线路接引	6 人	

（三）第三阶段不停电作业

第一部分：10kV 红双甲线 44 号新组立 15m 水泥杆 1 基，带负荷直线杆改耐张杆并加装柱上开关 2 台、隔离开关 2 组；10kV 红双甲线 75 号新组立 15m 水泥杆 1 基，带负荷直线杆改耐张杆并加装柱上开关 2 台、隔离开关 2 组。

第二部分：10kV 红双甲线 188 号新组立 B-230-15m 水泥杆 1 基，带负荷直线杆改耐张杆并加装柱上开关 1 台、隔离开关 1 组；10kV 红双甲线 230 号新组立 B-230-15m 水泥杆 1 基，带负荷直线杆改耐张杆并加装柱上开关 1 台、隔离开关 1 组，如图 6-12 所示。

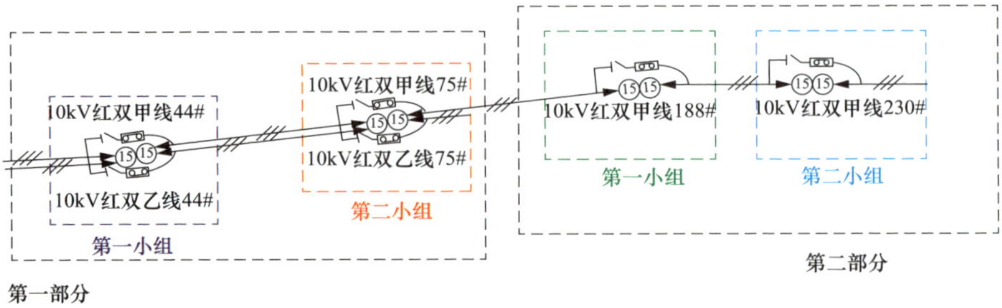

图 6-12　施工分组任务示意图

本次作业共涉及施工人员 25 人，下设 2 个带电作业小组，绝缘斗臂车 4 辆，吊车 4 台，主要作业内容见表 6-6。

表 6-6　　施工分组任务明细表

施工任务	作业单位	作业任务	作业人数	作业性质
第一部分	第一小组	（1）10kV 红双甲线 44 号新组立 B-230-15m 水泥杆 1 基，安装门形横担金具 1 套。 （2）10kV 红双甲线 44 号带负荷直线杆改耐张杆并加装柱上开关 2 台、隔离开关 2 组	13 人	第三类 第四类
	第二小组	（1）10kV 红双甲线 75 号新组立 B-230-15m 水泥杆 1 基，安装门形横担金具 1 套。 （2）10kV 红双甲线 75 号带负荷直线杆改耐张杆并加装柱上开关 2 台、隔离开关 2 组	12 人	第三类 第四类
第二部分	第一小组	（1）10kV 红双甲线 188 号新组立 B-230-15m 水泥杆 1 基，安装门形横担金具 1 套。 （2）10kV 红双甲线 188 号带负荷直线杆改耐张杆并加装柱上开关 1 台、隔离开关 1 组	13 人	第三类 第四类
	第二小组	（1）10kV 红双甲线 230 号新组立 B-230-15m 水泥杆 1 基，安装门形横担金具 1 套。 （2）10kV 红双甲线 230 号带负荷直线杆改耐张杆并加装柱上开关 1 台、隔离开关 1 组	12 人	第三类 第四类

三、现场危险点分析

多点位、多任务、多队伍同时施工作业，现场安全管控难度大，作业中涉及导线承力转移、负荷转移、导线做断、现场设备密集等，作业程序复杂、劳动强度大。天气温度较高，应注意做好防暑措施，作业现场环境较复杂，车辆密集，应布置安全围栏及警示标志。施工人员聚集，现场应做好疫情防控工作。

四、实施成效

营口地区率先实施了带电作业“全地形、全业务、全类型”覆盖。横跨 12km、作业人员众多、工作任务繁重、工作任务复杂、筹备时间紧、涉及多专业同时作业、原变电站及新投运变电站在主变容量相差大的情况下如何不停电环并倒负荷等众多难题，其多点位、多任务、多队伍的大规模不停电作业，在全国尚属首次，如图 6-13、图 6-14 所示。

图 6-13 安杨甲线 1 号不停电更换柱上开关

图 6-14 红双甲线 151 号不停电组立钢管杆

本次作业减少停电时长 30h，减少停电中压用户 106 户、居民用户 3845 户，减少停电时户数 3180 户时，多供电量 16.8 万 kW·h，增收经济效益 12.49 万元。

66kV 安平变电站投运后，将有效缓解鲅鱼圈芦屯镇安平地区用电压力，助力当地石材加工企业和果农的复工复产，为营口市经济社会高质量发展提供更可靠的能源“动力”保障。

6.4　10kV 前厂线“配网综合大检修”可靠性管控案例

单位:国网本溪供电公司

导 读　10kV 前厂线线路长度 7.598km，线路所供高压用户 46 户，公用变压器台区 7 个，总容量 7.81MVA，日输入电量约为 1.05 万 kW·h。2019 年前厂线故障 6 次，2020 年国网本溪供电公司结合业扩工程，对前厂线进行全线改造，由于前厂线所带用户多、线路分段开关少、改造任务重，导致春秋检计划停电时停电范围大，影响用户多。为了不发生大范围及重复停电，国网本溪供电公司依据“能转必转、能带不停、先算后停、一停多用”原则，实施“配电网综合大检修”，最大限度减少停电用户和停电时间。

一、总体思路

国网本溪供电公司在此次 10kV 前厂线停电作业中，采取了“配电网综合大检修”方式进行作业。通过精准计算时户数、合理布置方案、结合配电网不停电作业和负荷转带等方式，提前做好停电准备工作，合理增加线路分段，增加作业小组，实现了整条线路上各项工作的整合与无缝衔接，切实提高了配电网供电可靠性。

二、主要做法

（一）精准计算，合理分配，实现极致化“一停多用”

在春检计划编制过程中，共有两家施工单位对 10kV 前厂线申请 4 次停电检修作业，停电影响时户数达到 1176 时户。按照“先算后停、一停多用”原则，停电计划经多次精准测算最终被核定在 5h，将龙源公司申请的业扩改造工程作为主体，同时整合农网升级改造工程、配电网自动化工程和国网溪湖供电公司检修消缺三项作业任务，以“配电网综合大检修”方式，将 4 次停电作业合并为 1 次，大大提升供电可靠性，如图 6-15 所示。

（二）结合配电网不停电作业，完成春检作业前期工作

10kV 前厂线业扩改造工程需要改造 10kV 前厂线 1—25—窑口分 18 号线路，按照每次 5h 的停电时间计算，计划需要通过 3 次停电作业完成。为减少停电次数，提高作业效率，国网本溪供电公司要求在停电作业前提前建成新线路，提前完成组立电杆、放紧导线、组装金具等工作，在春检停电作业当天仅进行接引工作。对于部分电杆组立、导线架设过程中无法与原带电线路保证安全距离的情况，国网本溪供电公司经过多次现场勘察，决定采取配电网不停电作业方式辅助施工作业顺利进行。3 月 25、26 日，国网本溪供电公司通过 3 次配电网不停电作业将放线需跨越的带电分支线断引，并使用绝缘遮蔽罩将与带电体无法保证安全距离的高压导线、设备进行绝缘遮蔽，确保施工作业的顺利进行，如图 6-16 所示。

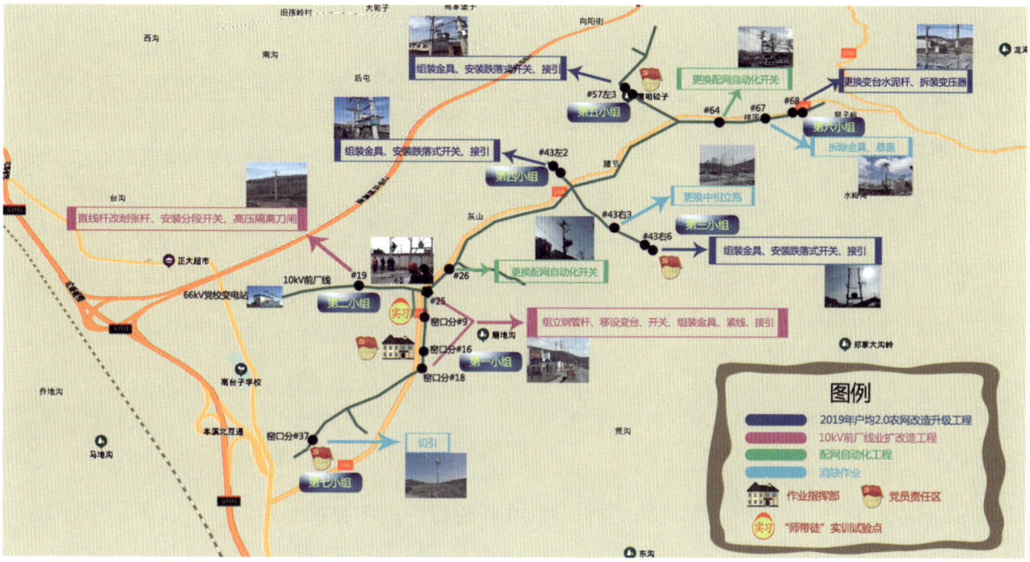

图 6-15　10kV 前厂线“配电网综合大检修”作业图

图 6-16　“配电网综合大检修”作业现场

（三）合理加装分段开关，提前“谋划”春检

10kV 前厂线，线路长度 7.598km，线路所供高压用户 46 户，公用变压器台区 7 个，总容量 7.81MVA，日输入电量约为 1.05 万 kW・h。由于前厂线线路较长，改造工程量较大，为缩小停电范围，减少停电时户数，国网本溪供电公司按照合理的负荷分段计算，借春检停电机会加装两处分段开关，通过线路上更多合理分段实现停电“精准可控”。10kV 前厂线 19 号部分旧线路途经山林地区，施工难度较大，但无任何负荷，为了后期可在不影响用户的情况下完成山上的施工作业，停电作业期间在 10kV 前厂线 19 号安装一台临时分段开关，可以将 19 号以后负荷转带，从而提前完成前段线路架设作业，如图 6-17 所示。

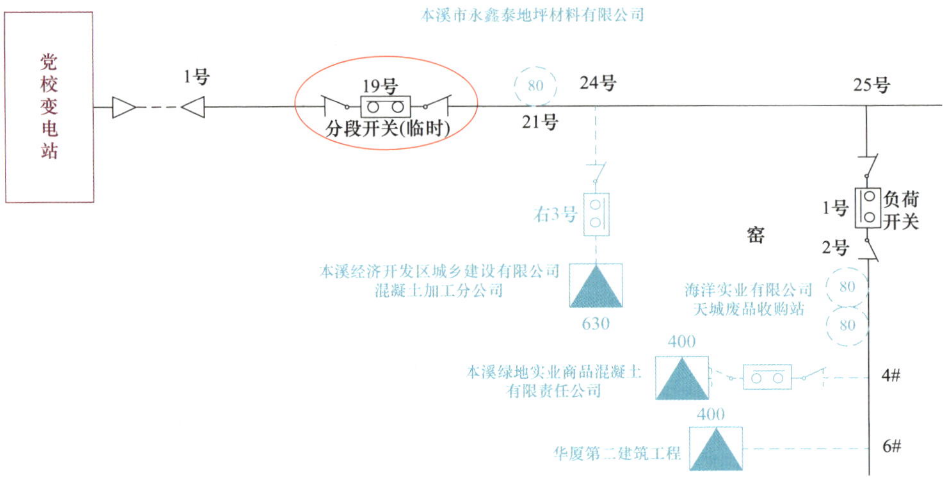

图 6-17　10kV 前厂线 19 号临时分段开关单线图

由于 10kV 前厂线窑口分分支线路较长，为便于后期线路改造，缩小停电范围，停电作业期间在 10kV 前厂线窑口分 16 号加装分段开关，如图 6-18 所示（书末插页）。

（四）多小组“点作业”，提效率、缩时间

本次停电作业涉及多项工程任务和多点检修消缺作业，作业地点较多且分散，为按时完成全部任务，国网本溪供电公司将本次作业分为 7 个工作小组，作业人数共计 97 人（作业内容见表 6-7）。9 个工作地点同时开始作业，提高作业效率，确保按时恢复送电，如图 6-19 所示。

（五）党建＋工程管理，助力春检顺利实施

在“工程全过程管控”中融入“党建＋”管理元素，注入红色基因，促进工程管理人员、实施人员中的党员自觉履责，发挥党员先锋作用，推动工程高质量建设。本次春检作业共设党员责任区 4 个（见图 6-20），“师带徒”实训示范点 1 个。在完成春检作业的同时，坚决执行“党员身边无违章”活动，并选取一个工作地点作为青年员工实训示范点，实战练兵，党政齐抓共管，共同助力可靠性提升。

三、主要成效

若按照传统作业方式，按工程量估算，10kV 前厂线 2020 年需计划停电 4 次且单次停电时间超 8h，停电影响时户数至少达到 1176 时户。通过实施“配电网综合大检修”，本次停电由 4 次合并为 1 次，合计减少停电时户数 882 时户，多供电量 3.768 万 kW·h，提高供电可靠率 0.015 个百分点，有效提升配电网可靠性。

国网本溪供电公司大力推行“配电网综合作业”方式，截至 2020 年 8 月份，计划停电次数 370 次，同比降低 12.7%，计划停电时户数 27132.4 时户，同比降低 11.63%，多供电量 197 万 kW·h。随着停电时间的减少，客户满意度不断提高，2020 年 2 月 27 日，公司收到本溪市营商环境建设工作领导小组办公室贺电，以 88.6%满意率在本溪市 58 个参评部门、单位中脱颖而出，用户满意度蝉联第一名。

表 6-7　　7 个工作组分组作业内容

工作小组名称	工作任务	小组负责人
第一小组	（1）10kV 前厂线 25 号组立钢管杆、紧线、接引。 （2）10kV 前厂线窑口分 1 号移设开关。 （3）10kV 前厂线窑口分 2 号移设变台、组装金具、接引。 （4）10kV 前厂线窑口分 9～11 号放、紧低压导线、接引。 （5）10kV 前厂线窑口分 10～1、11、17 号紧线、接引。 （6）10kV 前厂线窑口分 12 号紧线、接引、绑扎立瓶、安装拉线。 （7）10kV 前厂线窑口分 13 号绑扎立瓶、安装拉线。 （8）10kV 前厂线窑口分 14 号拆装分段开关、高压隔离开关、紧线、接引。 （9）10kV 前厂线窑口分 11～17 号安装架空避雷线。 （10）10kV 前厂线窑口分 18 号移设高压电缆、接引	
第二小组	10kV 前厂线 19 号直线杆改耐张杆、安装分段开关、高压隔离开关	
第三小组	（1）10kV 前厂线 43 号右 6 变台组装金具，安装跌落式开关、接引。 （2）10kV 前厂线 43 号右 3 更换中相立瓶	
第四小组	10kV 前厂线 43 号左 2 变台组装金具，安装跌落式开关、接引	
第五小组	10kV 前厂线 57 号左 3 变台组装金具，安装跌落式开关、接引	
第六小组	（1）10kV 前厂线 68 号变台更换变台水泥杆、拆装变压器。 （2）10kV 前厂线 67 号拆除金具、悬垂	
第七小组	10kV 前厂线窑口分 37 号切引	

图 6-19　7 个工作小组分组作业现场

图 6-20　10kV 前厂线综合作业党员责任区

6.5　八家线低电压治理典型案例

单位：国网朝阳供电公司

导　读　建平供电局隶属于辽宁省朝阳市，作为县级供电单位，工作的主要目标是力求停电次数最少、供电可靠性最高、用户满意度最优。建平县属于山地丘陵区，半干旱农业气候，独特的地理位置与气候条件，导致季节与气候变化会引起负荷波动。2020年建平地区气候干旱，灌溉负荷突增，10kV八家线负荷明显增长，相应地区出现大范围配电变压器低电压情况。仅2020年7月，10kV八家线就出现64台低电压配电变压器。针对此类事故建平供电分公司从根源采取多方面措施进行治理。这一案例的分析也为今后类似事故的解决提供了良好的借鉴。

一、10kV八家线基本情况

10kV八家线由太平庄66kV变电站配出，太平庄66kV变电站建于1976年，主变压器2台，容量32000kVA，未安装无功补偿装置，该座变电站给八家、太平庄、白山、奎德素共4个乡镇供电。

从八家线出口电压曲线（见图6-21）可看出，出口最高运行电压已经达到了10.9kV以上，属于越上限运行，最高越上限率达到2.9%。但是在每天10时左右负荷最高时，出口电压将下降到10.4kV左右。每天的出口电压波动达到0.5kV。

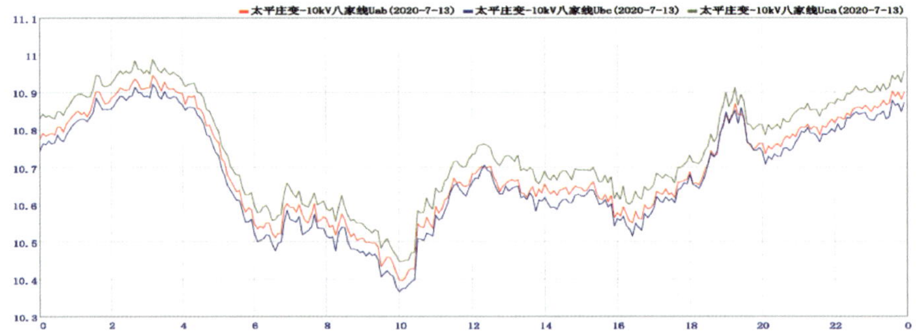

	曲线名称	最大值	发生时间	最小值	发生时间	平均值
删除	太平庄变-10kV八家线Uab(2020-7-13)	10.95	2020-07-13 03:10:00	10.4	2020-07-13 10:05:00	10.7
删除	太平庄变-10kV八家线Ubc(2020-7-13)	10.92	2020-07-13 03:10:00	10.37	2020-07-13 10:00:00	10.68
删除	太平庄变-10kV八家线Uca(2020-7-13)	10.99	2020-07-13 03:10:00	10.45	2020-07-13 10:05:00	10.75

图6-21　太平庄66kV变电站10kV八家线出口电压曲线图

10kV八家线长91.53km，主干LGJ-120型，分歧多为LGJ-35型，供电半径22.86km，该条线路负荷全部集中在线路后1/2处，如图6-22所示（书末插页）。

建平县八家乡位于辽宁西部，老哈河流域，是烤烟、蔬菜种植基地，全部采用机井灌溉。10kV八家线在装配电变压器303台，容量22.728MVA，其中机井灌溉台区182台，占60.07%。

二、当前存在问题

该条线路正常电流155A，负荷2500kW左右，每年6～9月灌溉期间季节性负荷较重，电流达到350A，负荷5500kW左右。这期间，会造成10kV八家线低电压台区64个，集中在平房分歧1～85号杆处，如图6-23所示。

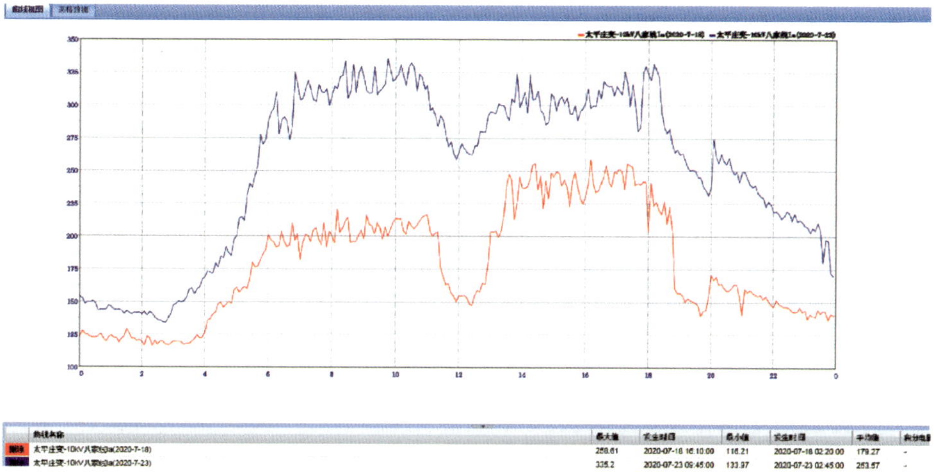

图6-23　10kV八家线电流曲线截图

受疫情影响，昌隆变电站未按期投运，昌隆变电站建设原计划2020年5月投运，现该变电站10kV联网部分15.4km线路全部完成如图6-24所示，已具备投运条件。

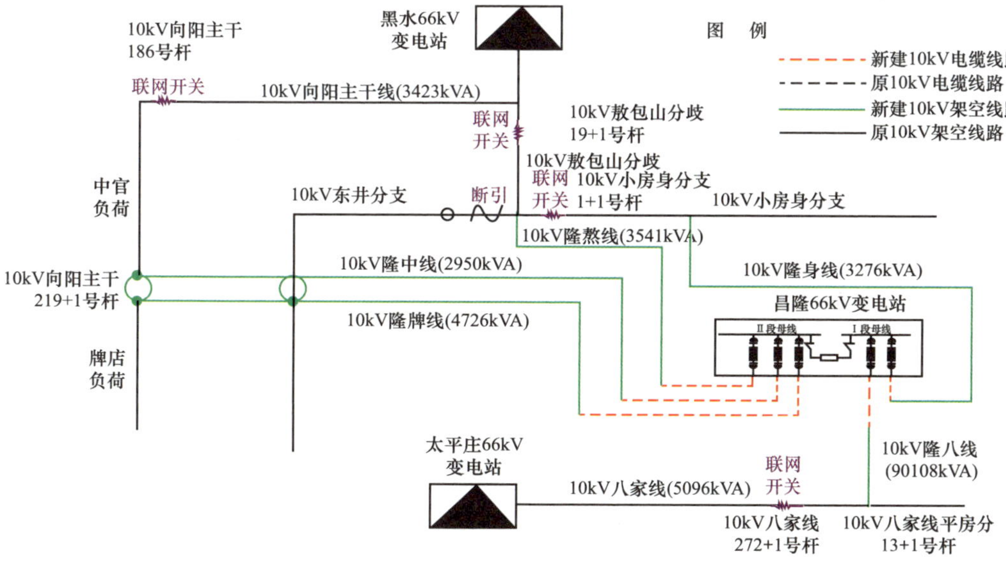

图6-24　昌隆变电站配套送出工程方案简图

根据线路功率损耗计算公式及线路压降公式

$$S=\frac{P^2+Q^2}{U^2}(R+jX)\quad \Delta U=\frac{P_1R+Q_1X}{U_1}$$

可看出线路上的功率损耗及压降与线路有功功率、无功功率、电阻、电抗及首端电压有关。而线路电阻、电抗计算公式为

$$R=\frac{\rho}{S}L\quad X=X_0L$$

由上可知线路电阻、电抗与线路导线截面积及线路长度有关。

根据10kV八家线主干线路为LGJ-120，长度22.86km，可知：

10kV八家线电阻为

$$R=\frac{\rho}{S}L=\frac{31.5}{120}\times 22.86=6(\Omega)$$

10kV八家线电电抗为

$$X=X_0L=0.35\times 22.86=8(\Omega)$$

截取八家线电流峰值时有功功率5131.9kW，无功功率3180.6kvar，线路电压降为

$$\Delta U=\frac{P_1R+Q_1X}{U_1}=\frac{5131.9\times 6+3180.6\times 8}{10.4}\times 10^{-3}=2.7(\text{kV})$$

由负荷峰值时出口电压为10.4kV可得出线路最末端电压为7.7kV，即使将变压器挡位调整至最高挡位运行，配电变压器二次侧电压也仅能维持在190V左右，已经远远无法满足线路供电质量需求。

从上述计算可看出，要解决八家线低电压问题就要从影响线路压降的参数入手，即：

1）提升线路出口电压。

2）降低线路所带负荷，减少有功功率。

3）提升线路功率因数，减少无功功率影响。

4）缩短线路供电半径。

5）增加线路导线线径。

6）通过调压器等设备调节，在线路中后段进行升压调整。

由此可提出八家线低电压治理方案为：

1）提升10kV八家线出口电压。

2）增加线路无功补偿装置，提升线路功率因数，降低无功功率。

3）建立线路联络，降低线路供电半径及负荷。

4）通过增大线径，减少供电半径方式，降低线路电阻、电抗进而减少线路损失。

5）线路增加升压调压器，改善线路电压分布。

三、主要做法

（一）管理措施

1）10kV八家线路平房分歧所带126台变压器分接开关调至高挡运行。

2）10kV 八家线路所带公用变压器台区综合控制箱（无功装置）43 处全部投运，如图 6-25 所示。

3）要求县调实时监控太平庄 66kV 变电站 10kV 母线电压情况，保证满足 10.6kV 以上。

4）积极与八家政府沟通，取得用户认可，无低电压原因引起的投诉事件，如图 6-26 所示。

图 6-25　综合控制箱运行情况检查

图 6-26　台区灌溉机井负荷检查

（二）技术措施

1）太平庄 66kV 变电站由于未安装无功补偿装置，线路功率因数低。为解决此问题分公司采用自购方式（见图 6-27），在线路合理地点，安装柱上无功补偿装置 3 组 270kvar，现线路功率因数已达到 0.90（见图 6-28）。

图 6-27　自购安装无功补偿装置

2）在八家线新房身分歧线路安装调压器 1 台，容量 2000kVA，投运后成功解决新房身村总计 39 个台区（公用变压器＋专用变压器）低电压问题，如图 6-29 所示。

3）依托昌隆 66kV 变电站配套送出工程，对 10kV 八家线平房分进行线路改造、依托自有资金线路主干降跳综合改造工程对 10kV 八家线主干部分线路进行改造，新建 10kV 线路均为 JKLYJ-240 型导线，将有效提升线路线径及通流能力。

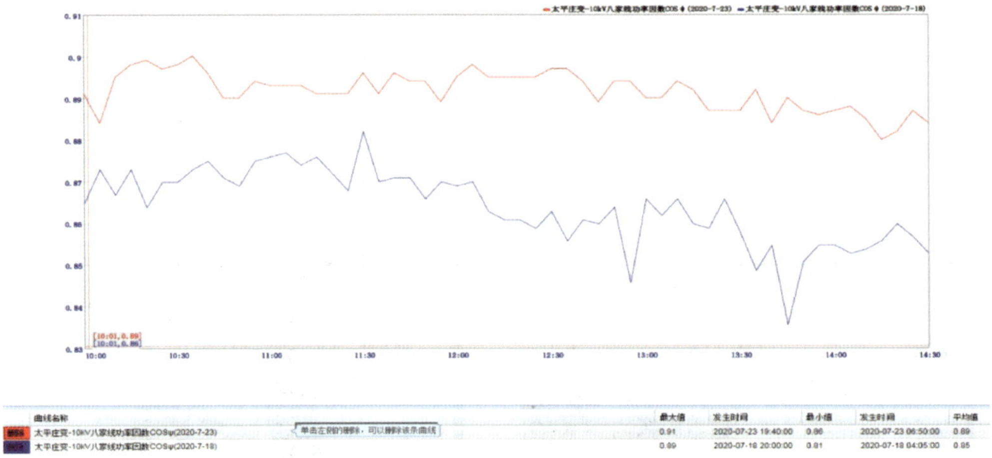

图 6-28　10kV 八家线无功补偿安装前后功率因数对比图

图 6-29　现场安装线路调压器

4）督办昌隆 66kV 变电站建设，计划 2020 年 10 月末投运，通过与隆八线联网进行负荷转带，在缩短供电半径的同时降低线路负荷，彻底解决八家线低电压问题，如图 6-30（书末插页）所示。

四、工作成效

1）建平分公司为保障全线用户供电电压水平，已将线路出口电压调至线路所能够承受的最高水平。

2）建平分公司在 2020 年 7 月 21 日完成线路无功补偿及调压器安装工作，配电变压器低电压情况已经得到缓解，线路功率因数在负载增加的情况下仍得到了有效提升。

3）经过建平分公司与当地政府的共同宣传，此项工作得到了当地用户的理解。截至目前，10kV 八家线未发生低电压问题投诉，并且相关工程征占地等工作进展顺利，所有工程都将按计划完成施工。

目前该线路改造工程尚未完工，待昌隆变电站投运，10kV 隆八线与 10kV 八家线形成联网后，将会彻底解决 10kV 八家线低电压问题。

6.6 本溪水洞国家 5A 级景区用户供电可靠性管理

单位:国网本溪供电公司

导读 本溪水洞座落于辽宁省本溪市境内，属国家 5A 级重点风景名胜区，被世界组织认证为“世界最长可供连续乘船游览的地下暗河景区”（见图 6-31）。本溪水洞自正式对外开放以来，已接待了 120 个国家和地区的中、外游客 800 余万人次，其中包括 40 个国家的元首和政府首脑，是本溪地区当之无愧的旅游景区“火车头”，在推动地方经济发展中占据着举足轻重的地位。保证水洞景区供电可靠性，不仅是为满足用户需要，更是一项重要的政治任务。

图 6-31　辽宁本溪水洞——国家 5A 级景区图

一、总体思路

国网本溪供电公司高度重视重要用户线路的供电可靠性管理，坚持以客户为中心，以“优化营商环境、提升供电可靠性”为重心，通过强化网架结构、专项治理缺陷、严控入网设备质量等管理手段，切实保障了国家 5A 级景区用户的可靠供电。多年以来，本溪水洞景区未发生一起故障停电事故，供电可靠率达到 100%，为景区安全稳定运营奠定了坚实基础。

二、主要做法

（一）以网架结构为基础，保证景区连续供电

本溪水洞景区采用双电源点双线路供电的方式运行，即从两个电源点输出两条线路（10kV 宾馆线、10kV 温泉线）共同给景区供电，如图 6-32 所示。当其中一回线路因计划或故障停电时，另一回线路即刻作为备用供电线路接入，保证景区正常用电。景区主要供电线路 10kV 温泉线和 10kV 法松线、10kV 温松线联网，最大限度地保证了景区和周边民俗区可靠供电。

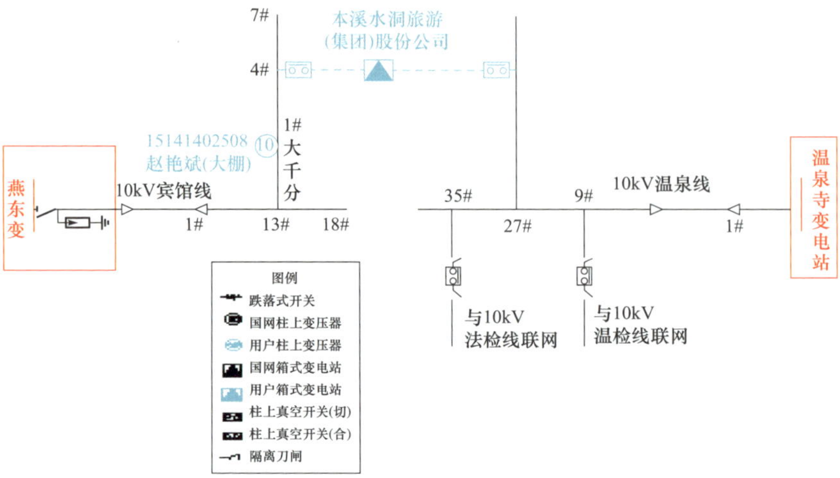

图 6-32　10kV 宾馆线、10kV 温泉线联网图

10kV 宾馆线和 10kV 温泉线均采用 JKLYJ-240 绝缘架空铝导线，全线加装避雷线，避免雷雨天气和树障对配电线路的影响，变压器采用 S15 非晶合金变压器，节能降耗，容量达到 2415kVA，满足景区不断增长的负荷需求。考虑到线路途经部分土质松软、易发生积水的特殊地质区域，10kV 温泉线水泥杆塔预先加装水泥卡盘、水泥底盘、水泥挡墙等配合固定装置，坚实杆基，预防倒杆，为保证景区连续供电提供坚实基础，如图 6-33 所示。

图 6-33　水泥挡墙和避雷器

（二）以问题为导向，控制故障跳闸次数

本溪地处辽宁东部山区，用户影响和外力破坏原因造成线路故障占比较高，国网本溪供电公司以问题为导向，开展专项治理，故障频次逐年递减。

1. 加强用户设备监管，杜绝用户影响故障

为防止用户产权设备故障和计量装置故障对景区供电可靠性的产生影响，国网本溪供电公司严格按照国家、行业标准开展新装客户竣工验收，开展高低压供用电合同清理

排查，明确供用电双方的产权分界点，准确划分双方安全责任。定期开展用户设施专项用电检查，排查用户设备安全隐患，及时向用户发放隐患告知书，采取“巡察—督办—限期整改—销号”制度，坚决杜绝设备带病运行；同时利用专项工程契机在企业与频繁故障用户产权分界处装设断路器，按规范要求进行定值整定，从源头上控制用户设备原因引起配电网线路跳闸。

2. 加强电力设施保护，杜绝外力破坏故障

国网本溪供电公司建立线路联防员机制，与公安部门和群众合力，严厉打击破坏电力设施的行为。大力开展户外“电力设施保护”宣传专项活动，发放宣传册，现场向群众讲解《中华人民共和国电力法》《电力设施保护条例》等内容（见图 6-34），同时在路边、道口等易发生大型车辆剐碰事件的电力杆塔处加装防撞条、拉线护套和护墩等，坚决杜绝外力破坏。

图 6-34　电力设施保护宣传

3. 加强线路运维管理，消除隐患缺陷

国网本溪供电公司重点加强景区线路运维管理，针对景区节假日供电量激增的情况，编制节假日景区保供电方案（见表 6-8），成立节假日保供电小组，明确职责划分、技术措施、应急指挥流程及保供电要求。在景区客流高峰期前，及时清除重点线路段树障、鸟害，在每年景区客流高峰期，提高巡视频次，加大排查治理缺陷隐患力度，采取提高绝缘子监测频次，降低杆塔接地电阻、在雷击易发区加装避雷器等方式，提高线路耐雷水平，保障景区可靠供电。

表 6-8　　景区线路巡视安排

景区线路巡视安排	淡旺季	时间频次	温松线	法松线	温泉线
	旅游淡季	1～4 月	每月 2 次，10 日和 25 日	每月 2 次，时间 1 月 10 日和 25 日	每月 2 次，时间 1 月 10 日和 25 日
		5～9 月	每周 1 次，节假日前 1 天特巡	每周 1 次，节假日前 1 天特巡	每周 1 次，节假日前 1 天特巡

续表

	淡旺季	时间频次	温松线	法松线	温泉线
景区线路巡视安排	旅游淡季	10月	每周1次，节假日前1天特巡	每周1次，节假日前1天特巡	每周1次，节假日前1天特巡
		11月	每月2次，时间11月10日和25日	每月2次，时间11月10日和25日	每月2次，时间11月10日和25日
		12月	每月2次，时间12月10日和25日	每月2次，时间12月10日和25日	每月2次，时间12月10日和25日

（三）以带电作业为手段，开展日常检修消缺

面对“电改新形式、服务新要求、配网新模式、技术新发展”的新格局，国网本溪供电公司不断完善带电作业工作制度，加大带电作业工作奖励，建设全业务不停电作业示范区，加强培训，提升不停电作业能力，将绝缘手套法和绝缘杆法有机结合，探索并实施带电更换耐张绝缘子、带电立（撤）直线杆、带电更换旁路开关等5项作业，不断拓宽作业领域，逐步取代传统检修及处理缺陷的停电工作模式，如图6-35所示。景区线路10kV温泉线6月23日16点27分118号B相绝缘子裂纹，国网本溪供电公司利用带电作业方式，在温泉线112号带电断引，更换绝缘子后于6月23日18点30分送出，2019～2020年共开展缺陷处理，砍伐树木，更换绝缘子等不停电电作业6次，多供电量12.56万kW·h，减少停电310时户，有效保证了景区连续供电。

图6-35　带电作业现场

（四）以供应商评价为抓手，选择优质设备入网

国网本溪供电公司秉承“生产上适用、技术上先进、经济上合理”的原则，在设备选型过程中，首先对投标单位进行资质审察，确保投标单位具备电力设备生产制造资格，具有良好的设备生产条件能力且近年无负面投诉或违规违法事件发生；其次向设备的使用者进行咨询、调研，获得用户真实的使用反馈，依靠系统真实有效评价供应商进而对

投标单位进行进一步打分评价；最后，对准备购进的设备进行实地考察，与厂家面对面确认设备各项技术、参数符合我公司选用标准要求，确保购进设备高效节能、稳定可靠，杜绝后期因设备本体原因造成线路故障跳闸。

三、主要成效

（一）高质量供电，保持供电可靠率 100%

国网本溪供电公司对本溪水洞国家 5A 级景区用户的专项供电可靠性管理成效显著，截止 2020 年 8 月，景区已经连续不间断供电 10 年 8 个月，供电可靠率达到 100%；同时，景区供电线路同期线损合格率、线路电压合格率均为 100%，从未发生配电台区异常事件，切实做到了高质量供电。

（二）用心服务客户，持续优化营商环境

每年节假日来临之前公司都会组织安全用电巡视小组，深入景点及周边宾馆酒店等场所，对供电线路和设备进行巡查，对存在的安全隐患及时进行消缺整改，对景区及周边居民群众、餐饮酒店进行安全用电宣传教育。2020 年以来，国网本溪供电公司共组织开展安全用电巡视宣传活动 4 次，通过带电作业消除安全隐患 6 次，为景区酒店等场所解决用电难题 7 次，景区从未发生由于供电原因造成的安全事故，本溪水洞及周边地区的旅游业蓬勃发展；同时随着煤改电、电缆入地等工程的陆续实施，景区及周边地区环境不断改善，景区旅游业服务质量有了质的飞跃。

6.7 精准施策，提升配电网运维管理水平

单位：国网铁岭供电公司

导读 随着人民生产生活水平不断提高，供电企业已经成为地区经济发展及人民美好生活的有力助手。配电网经济、可靠运行涉及供电企业优质服务和效益提升。国网铁岭市供电公司以“10kV 顽疾线路——凡河线”为切入点，深入分析总结，精准编制“一线一案”，全面落实改造方案，实现供电可靠性“三压降一提升”、配电变压器低电压、同期线损指标综合治理，提升配电网运维管理水平。

一、基本情况

（一）凡河线线路情况简介

凡河线位于铁岭县凡河镇，属 D 类供电区域。线路回长 70.85km。凡河线黄河分为最长分支线，分线长 10.79km，包括 13 条支线，回长 33.53km，主导线型号为 LGJ-70。最大供电半径 19.55km，末端无环网线路。共有公用变压器 123 台，报装容量 13140kVA；用户自维变压器 219 台，报装容量 12440kVA。投运于 1993 年 12 月 01 日，分别为凡河镇下辖 10 余个自然村供电，用电负荷以居民生活照明用电和农业生产灌溉用电为主。

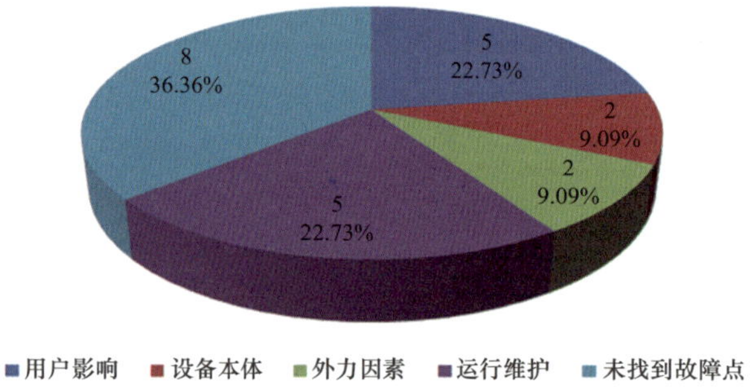

图 6-36　2019 年 10kV 凡河线故障原因分类

（二）凡河线各项运行指标统计

2019 年度国网铁岭供电公司乱石山 66kV 变电站 10kV 凡河线供电可靠率 99.83%，5 次及以上重复停电用户 95 户，发生故障 22 次，如图 6-36 所示，配电变压器低电压 96 台，6193 次，如图 6-37 所示，全年线损率 11.96%（见表 6-9），平均月损失电量 11.82 万 kW·h，日损失电量 0.39 万 kW·h。

二、症结分析

（一）线路、设备老旧、通道不畅通

凡河线投运 27 年，分支线绝缘化率低、设备老旧、线路通道障碍物多、故障率高。

（二）开关保护失灵

凡河线分支线开关大部分保护不动作，主干线 19、35 号开关保护过于灵敏，故障造成越级跳闸，扩大停电范围，不利于研判故障点，增大巡视难度，延误抢修时间。

系统导航 ▼ 运维检修中心 > 配网运维管控 > 公变分析 > 公变低（高）电压分析

低电压事件列表

开始时间 2019-01-01 结束时间 2019-12-31 公变名称 --请输入--

单位名称	变电站	馈线名称	站房/线路	所属杆塔/所属间隔	公变名称	维护班组	异常次数（次）	发生时长（小时）	最低电压值（伏）	配变容量（千伏安
国网铁岭市开发...				10kV凡河线黄河...	10kV凡河线黄河...	配电运检班	144	1199	198	100
国网铁岭市开发...	如意66kV变电站	水木二线2554	水木二线水木华...	pms_水木二线...	水木二线水木华...	配电运检班	3	11	196	500
国网铁岭市开发...				10kV凡河线黄河...	10kV凡河线黄河...	配电运检班	81	565	196	400
国网铁岭市开发...				凡河线黄河分英...	10kV凡河线黄河...	配电运检班	86	582	196	50
国网铁岭市开发...				凡河线黄河分14...	10kV凡河线黄河...	配电运检班	79	543	197	50
国网铁岭市开发...				凡河线黄河分英...	10kV凡河线黄河...	配电运检班	78	556	197	100
国网铁岭市开发...				凡河线黄河分15...	10kV凡河线黄河...	配电运检班	81	656	197	50
国网铁岭市开发...				凡河线黄河分英...	10kV凡河线黄河...	配电运检班	80	548	196	50
国网铁岭市开发...				10kV凡河线黄河...	10kV凡河线黄河...	配电运检班	103	1092	197	100
国网铁岭市开发...				凡河线黄河分居...	凡河线黄河分居...	配电运检班	72	408	197	100
国网铁岭市开发...				10kV凡河线黄河...	10kV凡河线黄河...	配电运检班	72	492	196	200
国网铁岭市开发...				凡河线黄河分11...	10kV凡河线黄河...	配电运检班	78	481	197	50
国网铁岭市开发...	新兴66kV变电站	新海线2749	新海线2749	10kV新海线柴河...	10kV新海线(左)...	配电运检班	127	565	198	315

20 ▾ 1/6

单位	变电站	馈线名称	公变名称	低电压开始时间	低电压结束时间	时长（小时）	最低电压值（伏）	最低电压值发生时间	最大负载率（%）	最低功率因

图 6-37　2019 年 10kV 凡河线配变低电压明细图

表 6-9　　2019 年 10kV 凡河线线损指标情况

线损率（月份）	1	2	3	4	5	6	7	8	9	10	11	12
线损率（%）	8.11	6.42	8.54	14.52	21.35	16.71	12.00	7.39	8.83	6.81	6.40	6.85

（三）网架结构不合理，线径不足，末端线路无拉手

凡河线黄河分最大供电半径 19.55km，分支多为 LGJ-70 裸导线，引发线路损耗高，配电变压器低电压。运行方式不合理，单条线路有 332 个中压用户，末端不存在环网点，线路负荷无法转代，易造成大范围停电。

三、治理方案及落实情况

（一）第一阶段——以班组为抓手加强巡视工作

2020 年至今，以开发区配电运检二班、凡河供电所为专项小组，开展定期、雨后、节前、监察性巡视 35 次；查找隐患 20 处；协助用户开展自维设备测温 200 余台/次；开展电力设施保护宣传 6 次，如图 6-38、图 6-39 所示。

图 6-38　修剪树木

图 6-39　处理鸟窝

（二）第二阶段——以配电网自动化工程为契机改造线路开关

以分支线开关不越级跳闸，主干线、长分支线中段加装分段开关的原则，实施配电网自动化开关改造，如图 6-40 所示。主干线安装负荷开关 4 台，分支线安装断路器 9 台，大分支在合适地段安装分支负荷开关/断路器 10 台。

图 6-40　凡河线自动化开关改造现场

（三）第三阶段——配电网工程精准施策，提升线路绝缘化率、优化线路通道水平

落实凡河线黄河分、古城分等网架改造工程，改造老旧的线路，提升绝缘化率，加强防雷能力，增大线径，如图 6-41 所示。

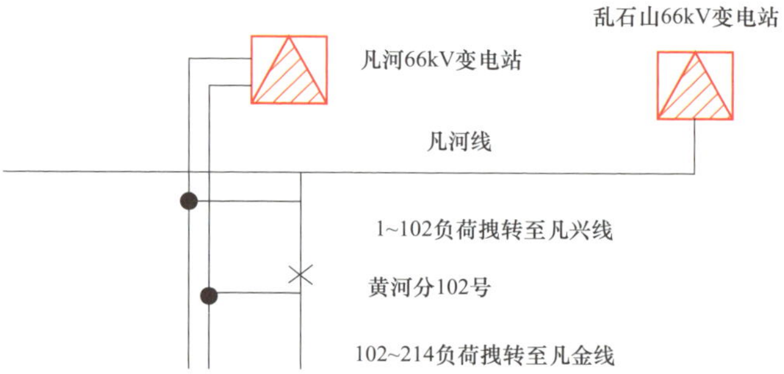

图 6-41　凡河线改造示意图

（1）改造 10kV 凡河线黄河分主干全线为双回线路并加装避雷线；

（2）改造 10kV 凡河线黄河分分支线路四条；

（3）改造 10kV 凡河线古城分、10kV 凡河线城南堡分。

（四）第四阶段——新建双回线路，摘转负荷，优化网架结构

实施凡河线网架改造工程，凡河线拆分为三部分，凡河线 01～124 号主干线路仍由凡河线供电。凡河线黄河分 01～214 号线路拆分为 01～102 号、102—214 号两段，分别由另一个 66kV 凡河变电站配出的 10kV 凡兴线、凡金线供电。66kV 凡河变电站配出的新建双回线路预计 9 月份投运。

四、凡河线治理成效

（一）初步实现“一压降一提升”

2020年6月9日，凡河线黄河分线路完成打断、负荷摘转至新建线路。雷雨季来临至今，凡河线发生重合不良03次、分支线跳闸01次。去年同期08次，改造后同比减少04次，降低故障率50%；停电时户数851.13，去年941.22。2020年7月29日，凡河线13号电杆被车辆撞损，产生了699.1停电时户数，与同期相比仍然减少90.09时户数。提升供电可靠率0.02%。

（二）配电变压器低电压数量降低

改造后配电变压器低电压数量由以前的97台（2019年6～8月）下降至64台（2020年6～8月），次数由以前的4005次下降至465次；时长占比由以前的1.12%下降至0.08%。可见凡河线配电变压器低电压情况得到较大改善，如图6-42、图6-43所示。

单位	公变数（台）	用采覆盖公变数（台）	采集公变数（台）	低电压公变 台数（台）	占比（%）	次数（次）	时长（小时）	时长占比（%）
熊官屯镇供电所	105	105	105	0	0	0	0	0
配电运检班	821	820	817	97	4.44	4005	22642.5	1.26
总计	926	925	922	97	3.94	4005	22642.5	1.12

图6-42　2019年6～8月配电变压器低电压

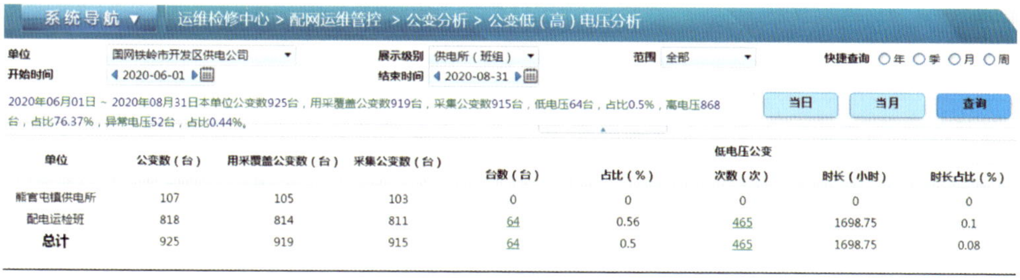

单位	公变数（台）	用采覆盖公变数（台）	采集公变数（台）	低电压公变 台数（台）	占比（%）	次数（次）	时长（小时）	时长占比（%）
熊官屯镇供电所	107	105	103	0	0	0	0	0
配电运检班	818	814	811	64	0.56	465	1698.75	0.1
总计	925	919	915	64	0.5	465	1698.75	0.08

图6-43　2020年6～8月配电变压器低电压

（三）同期线损率提升

改造后线路线损率由以前的16.71%（2019年6月）下降至5.13%（2020年6月），每天可减少3761.65kW·h的电量损失，每年可增加直接经济收入68.65万元，如图6-44、图6-45所示。

（四）改造全部完成后效果

工程竣工后，凡河线将拆分为03条线路运行，即凡河线、凡兴线、凡金线，凡河线分别与凡兴线、凡金线环网，满足*N*-1要求。单条线路回长将低于25km，最大供电半径低于10km，单条10kV线路中压用户数低于130户，年度重复停电用户减少70户，大范围停电发生率 0%，单条线路年度故障次数低于 05 次，供电可靠率达到 99.94%，线路末端配电变压器电压合格率 100%，线损率低于 5%。

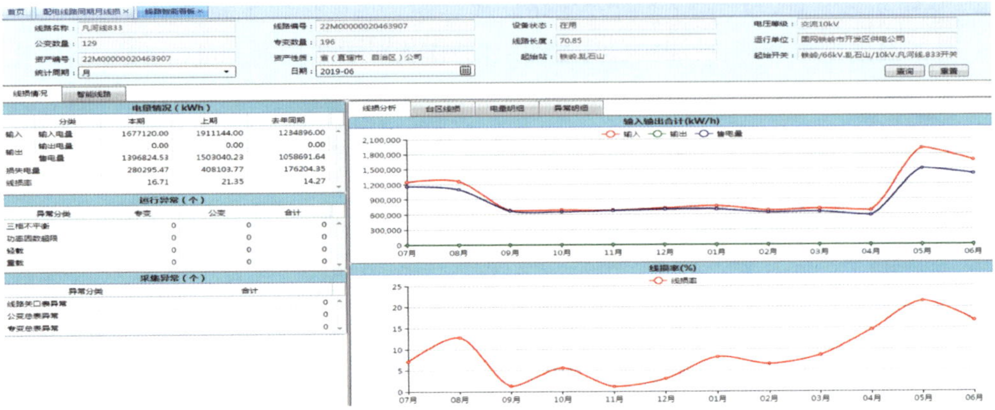

图 6-44　2019 年 6 月同期线损率

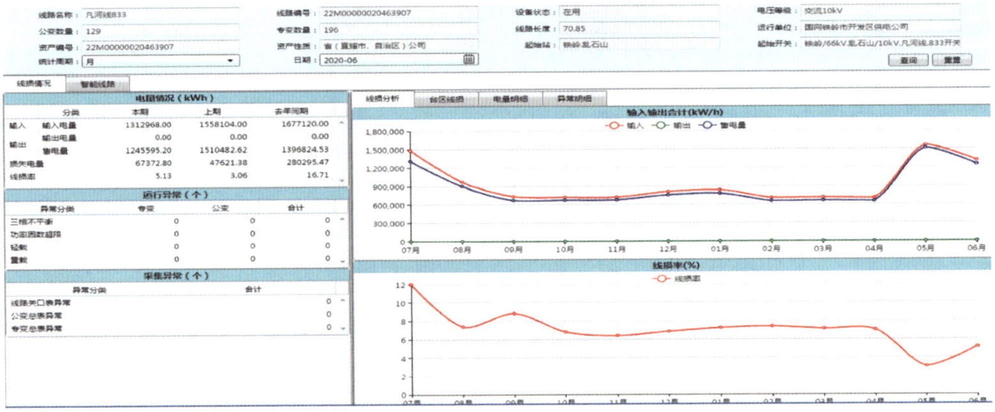

图 6-45　2020 年 6 月同期线损率

五、典型案例推广

（1）针对“顽疾”线路成立攻坚小组，以指标为抓手，总结线路运行缺陷，查找症结。

（2）开展运行管控会，由分管指标的专责分析症结，分别提出治理办法，横向交叉研讨，结合现场勘察，从优化网架结构设计、线路运行方式、线路设备、反事故措施，多角度汇总形成“一线一案”，如图 6-46 所示。

（3）分阶段设定治理目标

1）加强近期巡视，主动消缺。

2）对线径、开关、变台、防雷、防洪、防污闪、防外力破坏等角度制订中期改造方案。

3）优化网架结构，合理规划运行方式。降低供电半径，提升线路转代能力，满足 N-1 要求。

4）按时间节点落实，全程跟踪，及时优化“一线一案”，达到提升供电可靠性的目的。

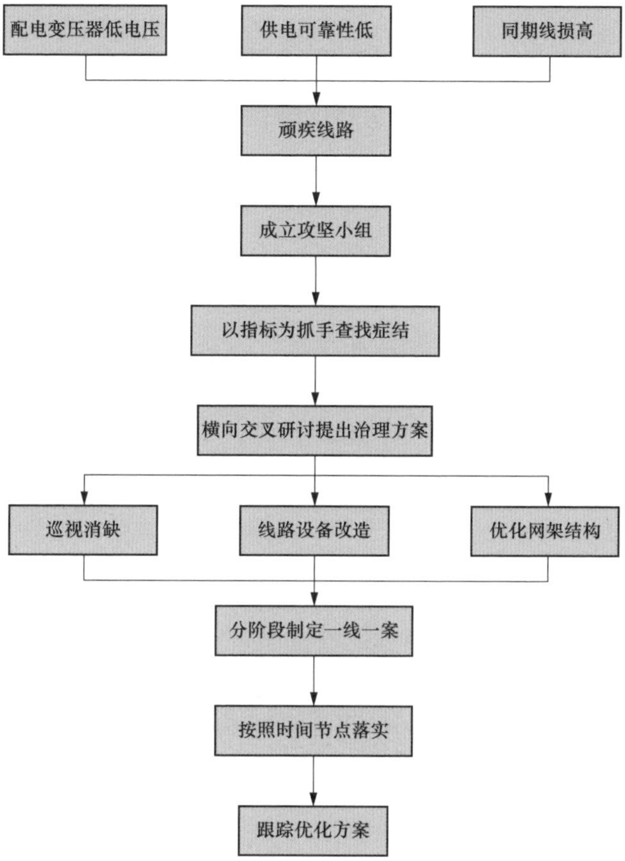

图 6-46 “一线一案”治理流程

6.8　10kV 灯烟线降损成效分析

单位：国网辽阳供电公司

导　读　10kV 灯烟线为典型老旧农网线路，运行年限长、线路长、线径小、分歧多，线路损耗大，月度损失电量约为 24 万 kW·h，线损率高达 13.07%，国网辽阳供电公司结合农网改造工程及时对该线路小截面导线和长期过负荷运行导线进行更换，通过减少导线电阻损耗和绝缘漏电损耗，达到降损节能的目的。本文采用均方根电流法对改造前后 10kV 灯烟线的导线损耗进行理论计算分析，改造后月度损失电量约减少 7.7 万 kW·h，线损率约下降 4.79%。

一、总体思路

配电网是电力系统能量损耗的主要部分，因此配电网的节能降损在电力系统节能降损中起着举足轻重的作用。在输送负荷不变的情况下，更换大截面导线，可减少线路中导线电阻，达到降损目的。

根据均方根电流法，在通过线路电流稳定不变的情况下，在 t 时段内产生的电能损耗为

$$\Delta A = 321R \times 10 - 3t(\text{kW} \cdot \text{h})$$

二、案例分析

目前，灯塔地区 10kV 公用线路 138 条，总长度 2081.83km，10kV 公用配电变压器 1912 台，总容量 426.99MVA，农村地区尚存在一些老旧线路，线径较小、迂回供电，部分线路过载运行，增加了配电线路损耗。本文以 2016 年辽阳市灯塔市 10kV 灯烟线改造工程为例，该项改造工程于 2016 年 12 月竣工。

（一）线路基本情况

10kV 灯烟线于 1973 年建成，1995 年进行过一次改造，全部为架空线路，后来由于修公路、建农业设施，部分地段改为电缆。该线路全长为 55.093km，供电半径长达 13.5km，导线截面过小且全线为裸导线，主干尚存在 YJ 伏 22-8.7/15-3×70 电缆和 LGJ-120 型钢芯铝绞线，见表 6-10。

表 6-10　　改造前线路情况

序号	灯烟线	杆塔号	线路长度（km）	原导线型号
1	主干线	1～2	0.071	JKLYJ-240/30
2	主干线	2～5	0.106	LGJ-120/20
3	主干线	5～22	0.913	JKLYJ-240/30
4	主干线	22～28	0.2	LGJ-120/20
5	主干线	28～29	0.24	YJ 伏 22-8.7/15-3×240 单根电缆
6	主干线	29～30	0.054	LGJ-120/20

续表

序号	灯烟线	杆塔号	线路长度（km）	原导线型号
7	主干线	30～35	0.36	JKLYJ-240/30
8	主干线	35～36	0.053	YJ 伏 22-8.7/15-3×70 单根电缆
9	主干线	36～51	0.249	JKLYJ-240/30
10	主干线	51～188	8.808	LGJ-120/20
11	分歧主干导线		18.682	LGJ-50/8
12	其他分歧线路		23.593	LGJ-25

该线路主干亘长 11.054km，其中 1～51 号与红祥线同杆并架，51～188 号为单回路。该线路分歧共计 89 个，其线路亘长 44.039km，覆盖古城镇七个村，分别是石桥子村、古城子村、腰结子村、尖台子村、东黑山屯村、西黑山屯村、前烟台村。

工程建设规模：利用原路径对 10kV 灯烟线主干及分歧线路进行全部改造，改造线路亘长 51.736km。10kV 灯烟线主线路亘长 11.054km，本次改造线路亘长 9.461km，分歧线路亘长 44.039km，本次改造分歧线路亘长 42.275km，见表 6-11。

表 6-11　　改造后线路情况

序号	灯烟线	杆塔号	线路长度（km）	改造后导线型号
1	主干线	1～188	9.221	JKLGYJ-240/30
2	主干线	28～29	0.24	YJ 伏 22-8.7/15-3×240 双根并列运行
3	分歧主干导线		18.682	JKLGYJ-150/20
4	其他分歧线路		23.593	JKLGYJ-70/10

（二）计算流程

开展相关数据的收集、整理工作（假设线路所带负荷不变），确保计算所需代表日 24h 整点电流、线路长度、导线型号及电阻值完整准确，如图 6-47 所示。

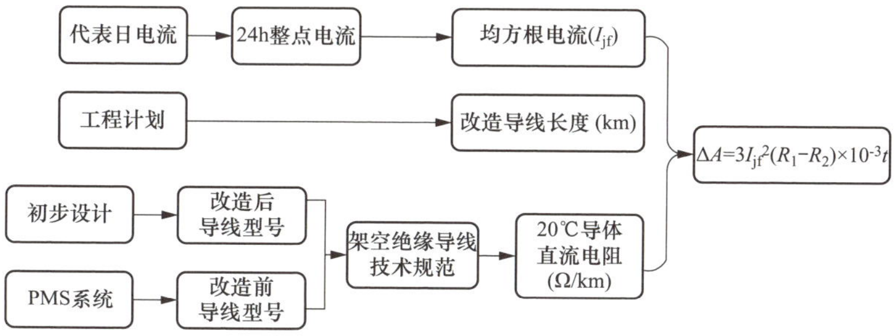

图 6-47　计算流程图

通常电流值是通过代表日 24h 整点实测得到的，设每小时内电流值不变，则全日 24h 元件电阻中的电能损失为

$$\Delta A = 3(I_{12} + I_{22} + \cdots + I_{242})R \times 10 - 3(\mathrm{kW \cdot h})$$

根据均方根公式

$$I_{jf}^2 = (I_{12} + I_{22} + \cdots + I_{242})/24$$

经计算 10kV 灯烟线

$$I_{jf} = 176.65\text{A}$$

由于继灯烟线改造后，2019 年灯二变．进行了整体改造，原灯二变．已退出运行，无法查询 2016 年整点电流情况，故以 2020 年 6 月 18 日数据进行计算，见表 6-12。

表 6-12　　2020.6.18 灯烟线数据

分量	P+	I(A)	分量	P+	I(A)
1h	2520	138.57	13h	3906	214.78
2h	2520	138.57	14h	3906	214.78
3h	2520	138.57	15h	3780	207.85
4h	2268	124.71	16h	3906	214.78
5h	1890	103.93	17h	3906	214.78
6h	2520	138.57	18h	3654	200.92
7h	3150	173.21	19h	3024	166.28
8h	3402	187.07	20h	2772	152.42
9h	3654	200.92	21h	2898	159.35
10h	3654	200.92	22h	3024	166.28
11h	3780	207.85	23h	2772	152.42
12h	3654	200.92	24h	2646	145.50

更换导线后降损节电量为

$$\Delta A = 3I_{jf}^2(R_1 - R_2) \times 10^{-3}t$$

式中：R_1 为更换导线前的电阻；R_2 为更换导线后的电阻。

（三）计算分析

1. 主干线原 LGJ-120/20 更换为 JKLGYJ-240/30 部分（计算参数见表 6-13）

表 6-13　　计算参数

杆塔号	原导线型号	直流电阻值≤(Ω/km)	改造前线路长度（km）	改造后导线型号	直流电阻值≤(Ω/km)	改造后线路长度（km）
2～5	LGJ-120/20	0.2496	0.106	JKLGYJ-240/30	0.125	9.221
22～28			0.2			
29～30			0.054			
51～188			8.808			
合计	LGJ-120/20	0.2496	9.168	JKLGYJ-240/30	0.125	9.221

更换导线后降损节电量为

$$\Delta A = 3I_{jf}^2(R_1 - R_2) \times 10^{-3}t$$

式中：R_1 为更换导线前的电阻；R_2 为更换导线后的电阻。

$\Delta A = 3I_{jf}^2(R_1 + R_2) \times 10^{-3}t$

$= 3 \times 176.652 \times (0.2496 \times 9.168 - 0.125 \times 9.221) \times 10^{-3} \times 24 = 2551.68\text{kW} \cdot \text{h}$

小结：

（1）LGJ-120/20 更换为 JKLGYJ-240/30 后，日节省电量约 2551.68kW·h，月节约电量月 2551.68×30=76550.4kW·h。

（2）电缆线路原 YJ 伏 22-8.7/15-3×240 单根电缆更换为双根并列运行部分（计算参数见表 6-14）。

表 6-14　　计　算　参　数

杆塔号	原导线型号	直流电阻值≤(Ω/km)	改造前线路长度（km）	改造后导线型号	直流电阻值≤(Ω/km)	改造后线路长度（km）
28～29	YJ 伏 22-8.7/15-3×240 单根电缆	0.0745	0.24	YJ 伏 22-8.7/15-3×240 双根	0.03725	0.24

$\Delta A = 3I_{jf}^2(R_1 + R_2) \times 10^{-3}t$

$= 3 \times 176.652 \times (0.0745 \times 0.24 - 0.03725 \times 0.24) \times 10^{-3} \times 24 = 20.09\text{kW} \cdot \text{h}$

$\Delta A = 3I_{jf}$

小结：

（1）YJ 伏 22-8.7/15-3×240 单根电缆更换为双根并列运行后，日节省电量约 20.09kW·h，月节约电量月 602.7kW·h。

（2）分歧主干线原 LGJ-50/8 更换为 JKLGYJ-150/20 部分，计算参数见表 6-15（由于无法实测分歧电流，此计算电流采用分歧理论平均值 I_{jf}=1.9848A）。

表 6-15　　计　算　参　数

杆塔号	原导线型号	直流电阻值≤(Ω/km)	改造前线路长度（km）	改造后导线型号	直流电阻值≤(Ω/km)	改造后线路长度（km）
分歧主干导线	LGJ-50/8	0.5946	18.682	JKLGYJ-150/20	0.206	18.682

$\Delta A = 3I_{jf}^2(R_1 - R_2) \times 10^{-3}t$

$= 3 \times 1.9848^2 \times (0.5946 \times 18.682 - 0.206 \times 18.683) \times 10^{-3} \times 24$

$= 2.06\text{kW} \cdot \text{h}$

小结：

（1）LGJ-50/8 更换为 JKLGYJ-150/20 后，日节省电量约 2.06kW·h，月节约电量月 61.8kW·h。

（2）其他分歧线路原 LGJ-25 更换为 JKLGYJ-70/10 部分，计算参数见表 6-16（由于无法实测分歧电流，此计算电流采用分歧理论平均值 I_{jf}=1.9848A）。

表 6-16　　计算参数

杆塔号	原导线型号	直流电阻值≤(Ω/km)	改造前线路长度（km）	改造后导线型号	直流电阻值≤(Ω/km)	改造后线路长度（km）
其他分歧线路	LGJ-25	1.131	23.593	JKLGYJ-70/10	0.443	23.593

$$\Delta A = 3I_{jf}^2(R_1 - R_2)\times 10^{-3}t$$
$$= 3\times 1.9848^2\times(1.131\times 23.593 - 0.443\times 23.593)\times 10^{-3}\times 24$$
$$= 4.604\text{kW}\cdot\text{h}$$

小结：

（1）LGJ-25 更换为 JKLGYJ-70/10 后，日节省电量约 4.604kW·h，月节约电量月 138.12kW·h。

（2）结论：10kV 灯烟线 2016 年 9 月关口供电量 1863700kW·h，售电量 1620192.15kW·h，损失电量 243507.85kW·h，线损率 13.0658%，经理论计算，灯烟线主干线及分歧线路改造后，可减少电量损失 77353.02kW·h，线损率降为 8.2784%。2020 年 6 月关口供电量 2081016.00kW·h，售电量 1919477.28kW·h，损失电量 161538.72kW·h，线损率 7.76%，达到预期改造成效。

三、结束语

由上述分析可以得出以下结论：

（1）合理的、有针对性的配电网线损计算有利于及早发现配电网中损耗过大环节，指导公司配电网建设方向，降低生产成本，是降损节能的有效工具，对于提高电网经济运行水平有着重要意义。

（2）对供电企业来说，更换大截面导线可降低线路损耗，降低生产成本，节约能源，有比较明显的经济效益。

（3）更换老旧裸导线，可有效降低线路跳闸率，降低运行风险，提高供电可靠性，有利于配电网安全稳定运行。

（4）在新建线路中，应考虑建成后 5～10 年用电负荷发展空间，合理确定导线截面，同时选用节约用电的新技术、新材料、新工艺、新设备，在其节能作用下可缩短投资回收期，经济效益更为显著。